FPInnovations[MC] réunit Feric, Forintek, Paprican et le Centre canadien sur la fibre de bois de Ressources naturelles Canada pour créer le plus important institut de recherche forestier à but non lucratif du monde. FPInnovations vise l'optimisation de la chaîne de valeur du secteur forestier. Il tire avantage des attributs de la fibre canadienne et développe de nouveaux produits et débouchés dans une perspective de développement durable. L'objectif ? Être le chef de file. Par l'innovation. Renforcer la compétitivité mondiale du secteur forestier canadien par la recherche, le transfert des connaissances et la mise en œuvre.

FPInnovations fournit des solutions novatrices, de judicieux conseils scientifiques, du soutien technique direct et des études économiques et de marché pertinentes. Il crée des solutions pour le bois – de la forêt au marché.

Remerciements

FPInnovations

aimerait remercier ses membres de l'industrie, Ressources naturelles Canada (Service canadien des forêts), les provinces de la Colombie-Britannique, de l'Alberta, de la Saskatchewan, du Manitoba, de l'Ontario, du Québec, de la Nouvelle-Écosse, du Nouveau-Brunswick et de Terre-Neuve-et-Labrador ainsi que le gouvernement du Yukon pour les conseils et le soutien financier qu'ils ont offerts au cours de cette recherche.

Catalogage avant publication de Bibliothèque et Archives Canada

Garrahan, Peter, 1953-
Le séchage de sciages du groupe épinette-pin-sapin / éditeur et auteur principal, Peter Garrahan ; auteurs collaborateurs, Graham Mackay ... [et al.].

(Publication spéciale, ISSN 1917-3539 ; SP-527F)
Traduction de: Drying spruce-pine-fir lumber.
Comprend des références bibliographiques.
ISBN 978-0-86488-541-8

1. Conifères--Séchage. 2. Bois--Séchage. I. Mackay, Graham II. FPInnovations (Institut)
III. Titre. IV. Collection: Publication spéciale (FPInnovations (Institut)) ; SP-527F

TS837.G3714 2009
674'.38

C2009-902502-7

ÉDITEUR ET AUTEUR PRINCIPAL :

Peter Garrahan

AUTEURS COLLABORATEURS :

Graham Mackay
Luiz Oliveira
Marc Savard
Diego Elustondo
Les Jozsa

LE SÉCHAGE DE SCIAGES DU GROUPE ÉPINETTE-PIN-SAPIN

RÉSUMÉ

Le présent manuel se veut une ressource didactique et un instrument de travail pour ceux et celles qui participent activement au séchage de sciages du groupe Épinette-Pin-Sapin (EPS). Il couvre un vaste éventail de sujets, depuis les principes de base du séchage jusqu'à l'application de techniques de séchage propres à ce groupe d'essences. La portée du contenu et la profondeur de son traitement ont été déterminées à la lumière de ces objectifs.

La diversité de la matière première au sein du groupe EPS et ses incidences sur les décisions concernant le séchage ont fait l'objet d'une attention particulière. Les auteurs ont tenté de formuler des solutions englobant un vaste éventail de conditions touchant la ressource et les opérations de séchage. Les premiers chapitres du manuel traitent des connaissances préalables pour l'analyse des solutions éventuelles que le lecteur pourra retenir à la lumière de sa situation particulière.

Des études menées dans nos laboratoires constituent une importante toile de fond pour l'information présentée dans ce manuel. Les rapports techniques énumérés à l'annexe VI, *Suggestions de lecture,* contiennent les résultats détaillés d'essais effectués chez FPInnovations–Division Forintek sur le séchage de sciages d'EPS.

Le séchage du bois d'œuvre ne se limite pas aux seules actions qui se déroulent dans les séchoirs ou dans le parc de séchage à l'air. Un des objectifs du présent manuel est de démontrer que l'opérateur de séchoir doit tenir compte d'un grand nombre de facteurs lors du processus de séchage. Selon Joseph M. Juran, pionnier dans le domaine de la gestion de la qualité, un processus est « ... *une série systématique d'actions axées sur l'atteinte d'un but. La performance du processus et des variations excessives auront des effets directs sur les résultats financiers d'une entreprise.* » [traduction] Il ne s'agit pas d'éliminer toute variation, mais d'en comprendre la nature et l'origine afin de minimiser ses incidences sur les résultats de l'opération.

« Les variations dans un processus sont normales; il faut s'y attendre. Mais il s'agit d'une bête sauvage qu'il y a lieu de maîtriser. » [traduction] (Gitlow et Gillow, The Deming Guide to Quality and Competitive Position).

REMERCIEMENTS

Ce manuel contient des résultats et références de nombreuses études sur le séchage de sciages d'EPS menées par FPInnovations–Division Forintek. L'annexe VI, *Suggestions de lecture*, en dresse une liste partielle. La préparation de ce manuel n'aurait pas été possible sans la collaboration de tous les membres du Groupe national sur le séchage de Forintek et les auteurs tiennent à les remercier tous.

REMERCIEMENTS PARTICULIERS

Arts graphiques, photographies et mise en page :
Sue Rollinson et Richard Gosselin
Préparation d'échantillons et photographies : Guy Labrecque
Traduction : Lexi-tech International
Révision : Marie-Claude Thibault

FPInnovations

NOTE AU LECTEUR

FPInnovations-Division Forintek est un organisme impartial. En conséquence, l'entreprise ne recommande ni ne privilégie aucune marque d'équipement particulière plutôt qu'une autre. Nous visons tout simplement à procurer aux industriels du sciage l'information susceptible de les aider à prendre les meilleures décisions en fonction de leur situation particulière et à tirer le meilleur rendement de leur équipement.

L'information présentée dans le présent manuel doit être utilisée à la lumière de nombreux facteurs spécifiques à chaque exploitation. Signalons, entre autres, les recommandations en matière de programmes de séchage et de sélection d'équipement. Dans la mesure du possible, l'éventail de facteurs dont chacun doit tenir compte sont énumérés, et il revient aux exploitants d'installations de sciage et de séchage de les examiner pour déterminer lesquels sont les plus pertinents par rapport à leur situation.

TABLE DES MATIÈRES

CHAPITRE 13

LE SÉCHAGE À L'AIR 81

CHAPITRE 14

SUIVI DU PROCESSUS DANS LES SÉCHOIRS 87

CHAPITRE 15

PROGRAMMES DE SÉCHAGE 93

CHAPITRE 21

CONSIDÉRATIONS ÉCONOMIQUES LIÉES AU SÉCHAGE 143

LISTE DES ANNEXES

LE SÉCHAGE DE SCIAGES DU GROUPE ÉPINETTE-PIN-SAPIN

ÉPINETTE BLANCHE
Picea glauca (Moench) Voss

ÉPINETTE D'ENGELMANN
Picea engelmannii Parry ex Engelm.

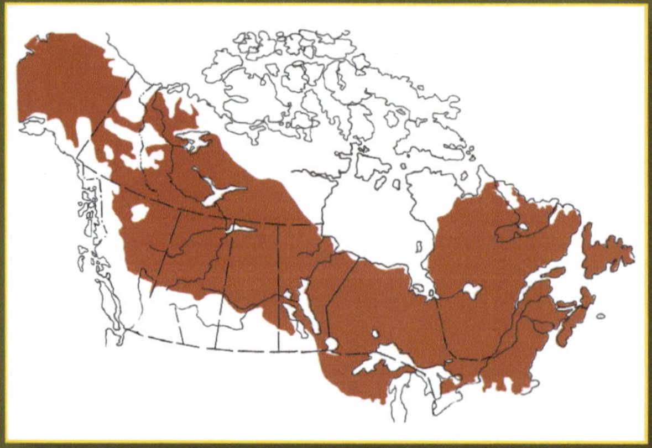

ÉPINETTE NOIRE
Picea mariana (Mill.) B.S.P.

ÉPINETTE ROUGE
Picea rubens Sarg.

PIN DE MURRAY
Pinus contorta Dougl.

PIN GRIS
Pinus banksiana Lamb.

SAPIN SUBALPIN
Abies lasiocarpa (Hook.) Nutt.

SAPIN BAUMIER
Abies balsamea (L.) Mill.

CHAPITRE 1

1

RÉGIONS DE CROISSANCE, DIVERSITÉ ET PROPRIÉTÉS DE SÉCHAGE DES ESSENCES DU GROUPE ÉPINETTE-PIN-SAPIN

1.1 LE GROUPE D'ESSENCES ÉPINETTE-PIN-SAPIN

Selon les Règles de classification pour le bois d'œuvre canadien de la Commission nationale de classification des sciages (NLGA), le groupe SPF, ou Épinette-Pin-Sapin (EPS), comprend huit essences. Les noms français et anglais courants de ces essences, ainsi que leur nom scientifique, sont énumérés au tableau 1-1. Ces huit essences ont été regroupées pour leur transformation et leur commercialisation parce qu'elles affichent des propriétés similaires et que leurs régions de croissance se chevauchent. Dans la plupart des régions du pays, les scieries qui transforment un mélange de ces essences doivent composer avec au moins trois ou quatre essences. Le présent manuel traite de questions concernant le séchage de ces essences séparément ou en mélange.

L'aire de distribution de quatre de ces essences s'étend à l'échelle du pays. En effet, on retrouve des peuplements d'épinette blanche, d'épinette noire, de pin gris et de sapin baumier depuis la côte est jusqu'aux montagnes Rocheuses et depuis la frontière sud jusqu'à la limite de croissance des arbres au nord. L'aire de distribution des quatre autres essences est surtout régionale, mais elles sont prédominantes dans leur aire de distribution respective. L'épinette rouge se limite essentiellement aux provinces Maritimes et au Québec. Le pin de Murray se retrouve partout en Colombie-Britannique et dans la partie ouest de l'Alberta. Enfin, c'est à l'intérieur de la Colombie-Britannique et dans les montagnes du contrefort des Rocheuses de l'Alberta que poussent l'épinette d'Engelmann et le sapin subalpin.

Étant donné le nombre d'essences dont il est question et le chevauchement de leurs aires de répartition respectives, la plupart des scieries transforment un mélange d'essences qui leur est propre. Voilà un des défis que pose la préparation d'un manuel comme celui-ci sur le séchage du bois d'œuvre issu de ce groupe d'essences.

1.2 DIVERSITÉ DE LA MATIÈRE PREMIÈRE

Le chapitre 2 met en lumière les propriétés physiques du bois influençant le séchage. Signalons, toutefois, l'existence de certains autres facteurs susceptibles d'entrer en ligne de compte. Comme certaines de ces essences sont réparties sur un vaste territoire, les caractéristiques du bois d'une essence donnée peuvent différer d'une région à l'autre. Dans une certaine mesure, cette variabilité découle probablement de différences génétiques entre des arbres d'une même essence séparés par de grandes distances. Mais la variabilité de ces propriétés peut aussi être attribuable aux différences des conditions de croissance à l'échelle locale. Par exemple, la croissance d'arbres de terres basses et marécageuses est en général beaucoup plus lente que celle d'arbres qui poussent dans des terres plus élevées et mieux drainées. Il existe de fortes différences sur les plans du taux de croissance, de la taille des billes et de leur forme au sein d'une même région de croissance (figure 1-1).

Figure 1-1
L'éventail des diamètres de billes d'essences du groupe EPS qui seront transformées dans une scierie donnée illustre la diversité qui caractérise ce groupe d'essences.

Tableau 1-1
Essences constituant le groupe Épinette-Pin-Sapin (EPS) selon les Règles de classification pour le bois d'œuvre canadien de la Commission nationale de classification des sciages (NLGA).

Nom courant (français)	Nom courant (anglais)	Nom scientifique
Épinette blanche	White spruce	*Picea glauca* (Moench) Voss
Épinette d'Engelmann	Engelmann spruce	*Picea engelmannii* Parry ex Engelm.
Épinette noire	Black spruce	*Picea mariana* (Mill.) B.S.P.
Épinette rouge	Red spruce	*Picea rubens Sarg.*
Pin de Murray	Lodgepole pine	*Pinus contorta* Dougl.
Pin gris	Jack pine	*Pinus banksiana* Lamb.
Sapin subalpin	Subalpine fir	*Abies lasiocarpa* (Hook.) Nutt.
Sapin baumier	Balsam fir	*Abies balsamea* (L.) Mill.

1.3 CARACTÉRISTIQUES GÉNÉRALES DE SÉCHAGE DE CHACUNE DES ESSENCES

1.3.1 ÉPINETTE BLANCHE

La récolte et la transformation du bois d'épinette blanche s'effectue en général avec celles d'autres essences, telles que l'épinette rouge dans les Maritimes et l'épinette d'Engelmann en Colombie-Britannique. Lorsque le bois d'épinette blanche est séché séparément, on peut employer des programmes de séchage accélérés et obtenir de bons résultats. Toutefois, cette essence pousse couramment en présence du sapin baumier. Conséquemment, les scieries transforment souvent des mélanges de ces deux essences. Cette situation pose problème, car le séchage du sapin baumier requiert de deux à trois fois plus de temps. Le séchage de ces mélanges exige des compromis qui entraînent habituellement soit le surséchage du bois d'épinette accompagné d'un déclassement excessif relié au séchage, soit un pourcentage élevé de bois de sapin baumier encore humide. Par ailleurs, le séchage d'un mélange de bois d'épinette blanche et d'épinette noire peut également poser un problème. Comme le bois d'épinette noire est plus dense que le bois d'épinette blanche, il met plus de temps à sécher. Toutefois, on compense habituellement cette différence en modifiant les programmes de séchage plutôt qu'en séparant les essences.

Le principal défaut de séchage touchant les sciages d'épinette blanche est le gauchissement. Comme c'est le cas pour toutes les essences d'épinette, l'épinette blanche est davantage susceptible de former du bois de réaction (moins, toutefois, que l'épinette noire). Le retrait du bois de réaction est sensiblement plus prononcé le long de l'axe longitudinal des pièces que le retrait du bois normal, ce qui intensifie les défauts de séchage, notamment le voilement de rive, le voilement de face et la torsion. Le tirant à cœur pose un problème, surtout dans le cas de sciages larges, en raison de l'écart important entre le retrait radial et le retrait tangentiel. L'uniformité de la teneur en humidité (TH) finale est toujours préoccupante lorsqu'il s'agit de sécher des sciages d'une essence d'épinette, y compris des sciages d'épinette blanche. Cette préoccupation tient à la variabilité de la TH initiale et de la densité du bois des essences d'épinette. Le bois d'épinette blanche est susceptible de s'affaisser en raison de sa densité relativement faible et de la TH initiale élevée de l'aubier. Les problèmes peuvent être sérieux en présence de conditions initiales sévères découlant, par exemple, d'un programme de séchage à haute température. On peut généralement éviter l'affaissement en maintenant un taux d'humidité relative élevé durant le premier stade de séchage.

1.3.2 ÉPINETTE D'ENGELMANN

L'épinette d'Engelmann est une essence de l'intérieur méridional (sud) de la Colombie-Britannique. L'épinette blanche pousse également dans cette région, et les deux essences sont parfois indifférenciables l'une de l'autre. Tout comme dans le cas de l'arbre, les propriétés du bois se ressemblent sur les plans de la densité, de la TH initiale et des caractéristiques de séchage. Ces deux essences ne sont pas séparées pour le séchage, car il est pratiquement impossible de les distinguer l'une de l'autre. En conséquence, les observations mentionnées dans la section précédente concernant l'épinette blanche s'appliquent également à l'épinette d'Engelmann.

1.3.3 ÉPINETTE NOIRE

En général, la récolte de l'épinette noire se fait conjointement à celle du pin gris, du sapin baumier et d'autres essences d'épinette. Il en va de même pour sa transformation. Dans un grand nombre de régions nordiques, l'épinette noire est l'essence dominante. En conséquence, lorsqu'on doit la sécher en mélange, on tient davantage compte des caractéristiques de cette essence. La majeure partie de la transformation de cette essence était traditionnellement destinée à la fabrication de bois d'œuvre affichant une TH finale de 19 % ou moins. En raison de l'excellente résistance du bois d'épinette noire, cette essence est aussi populaire pour la production de bois d'œuvre classé par contrainte mécanique (MSR) que l'on sèche habituellement à une TH finale légèrement inférieure. La faible dimension des arbres et la variabilité des propriétés du bois engendrent cependant une variation de la TH finale et des défauts supplémentaires de séchage. Pour la fabrication de produits spéciaux en bois d'épinette noire, on peut utiliser des programmes de séchage conservateurs pour favoriser l'uniformité de la TH finale et atténuer les défauts de séchage.

Le bois d'épinette noire a tendance à afficher des défauts de séchage attribuables, en grande partie, à un éventail de propriétés physiques et de caractéristiques liées à sa croissance. Le séchage du bois de cette essence pose un problème sérieux en termes de gauchissement. La présence fréquente de bois de réaction et de déviation du fil augmente indiscutablement le taux de voilement de rive, de voilement de face et de torsion. Enfin, la variabilité de la TH aggrave le problème en raison de l'effet du surséchage des pièces qui sèchent plus rapidement que les autres dans chacun des chargements. Par ailleurs, en raison du diamètre relativement faible des billes et de l'écart entre le retrait radial et tangentiel, le tirant à cœur posera un problème, notamment dans le cas de planches plus larges (surtout lorsqu'elles sont séchées à de faibles TH).

1.3.3.1 ÉPINETTE « JAUNE »

Dans certaines régions du pays, notamment dans le Nord québécois, le bois d'une partie des peuplements d'épinette noire est particulièrement difficile à sécher. Il s'agit du bois dit d'épinette « jaune » en raison de la teinte jaunâtre que l'on observe souvent à la surface de pièces fraîchement sciées. Bien qu'il n'existe aucune distinction botanique entre ce sous-groupe et l'épinette noire dite « normale », leurs caractéristiques physiques et leur comportement au séchage diffèrent considérablement. Des études menées par Forintek ont permis d'établir que l'épinette « jaune » affiche une densité et une TH initiale supérieures à celles de l'épinette noire « normale ». Le chapitre 3 du présent manuel fournit des renseignements précis sur ces propriétés. Le bois d'épinette « jaune » provient de terres basses et marécageuses où la croissance des arbres est très lente. L'examen de sections d'épinette jaune provenant de la région québécoise de l'Abitibi a révélé la présence de jusqu'à 35 cernes annuels par centimètre (moyenne de 19 par centimètre) comparativement à des valeurs moyennes plus habituelles de 7 cernes annuels par centimètre pour des tiges d'épinette noire normale de la même région. La figure 1-2 compare le taux de croissance d'échantillons d'épinette noire « normale » et d'épinette « jaune » à partir de l'extrémité des pièces. Les chapitres 11 et 15 fournissent de l'information sur les façons de traiter l'épinette « jaune » afin d'en atténuer les effets sur les opérations de séchage.

Figure 1-2
Photo d'extrémités de pièces de bois révélant la différence du taux de croissance de l'épinette « jaune » et de l'épinette noire normale.

1.3.4 ÉPINETTE ROUGE

L'épinette rouge pousse surtout dans les provinces Maritimes. La récolte et la transformation de cette essence s'effectuent conjointement à d'autres essences d'épinettes qui poussent également dans cette région, notamment l'épinette blanche et l'épinette noire. Lorsque le bois de cette essence est séché séparément, on peut employer des programmes de séchage relativement accélérés et obtenir de bons résultats. Le temps de séchage du bois de cette essence est semblable à celui du bois de l'épinette blanche. En conséquence, le séchage en mélange avec cette dernière ne pose aucun souci. Comme cette essence pousse couramment en présence du sapin baumier, les scieries transforment souvent des mélanges de ces deux essences. Mais cela pose un problème, car le sapin baumier prend généralement de deux à trois fois plus de temps à sécher. Par ailleurs, le séchage d'un mélange de bois d'épinette rouge et d'épinette noire peut aussi s'avérer problématique, car le bois d'épinette noire est plus dense que le bois d'épinette rouge et il met plus de temps à sécher. Toutefois, on compense cette différence en modifiant les programmes de séchage plutôt qu'en séparant ces essences.

Le principal défaut de séchage touchant les sciages d'épinette rouge est le gauchissement. Comme le bois des autres essences d'épinette, le bois d'épinette rouge a tendance à former du bois de réaction, ce qui intensifie les défauts de séchage, notamment le voilement de rive, le voilement de face et la torsion. Le tirant à cœur pose un problème, surtout dans le cas de sciages larges, en raison de l'écart important entre le retrait radial et le retrait tangentiel. L'uniformité de la TH finale est toujours préoccupante lorsqu'il s'agit de sécher des sciages d'épinette, y compris des sciages d'épinette rouge. Cette préoccupation tient à l'importante variabilité de la TH initiale et de la densité du bois d'épinette. Le bois d'épinette rouge est susceptible d'affaissement, notamment lors du séchage de sciages à TH initiale élevée selon un programme de séchage accéléré prévoyant des températures élevées. On peut généralement éviter l'affaissement en assurant une forte humidité relative dans le séchoir durant le premier stade de séchage.

1.3.5 PIN DE MURRAY

Le bois du pin de Murray est habituellement débité et séché pour la fabrication de bois de construction, mais on l'emploie de plus en plus pour la fabrication d'autres produits affichant une valeur ajoutée supérieure. Dans l'Ouest canadien, la récolte de cette essence et sa transformation s'effectuent généralement avec l'épinette blanche et, selon la région, une proportion variable de sapin subalpin ou de sapin baumier. Lorsqu'il est séché en présence de bois d'épinette blanche, ce dernier sèche plus rapidement et atteint une TH finale inférieure à celle du pin de Murray. Les TH finales des sciages de pin de Murray fluctuent davantage que celles des sciages d'épinette. Qui plus est, on constate parfois la présence de poches humides après le séchage. Cependant, les sciages de cette essence peuvent être séchés à haute température sans dégradation importante.

Les sciages provenant de bois prélevé près de la moelle, notamment dans le cas de billes de faible diamètre, sont susceptibles de torsion. Le diamètre des arbres de cette essence varie énormément et les billes de plus fort diamètre produiront, bien sûr, des sciages plus larges et de qualité supérieure. Les sciages de qualité supérieure sont séchés selon des programmes de séchage beaucoup plus conservateurs. Cela contribue à la préservation de leur qualité et de leur couleur, et à l'uniformité de la TH finale.

1.3.6 PIN GRIS

De façon générale, la récolte du pin gris et sa transformation s'effectuent conjointement à celles de différentes essences d'épinette et du sapin baumier. En raison de ses excellentes propriétés reliées au traitement de préservation et à l'usinage, cette essence est parfois triée en forêt ou à la scierie, et transformée séparément. Le bois de pin gris sèche facilement. Au terme du séchage, on constate habituellement une TH finale bien uniforme et peu de dégradation des sciages. Ce bois sèche plus rapidement que le bois d'épinette ou de sapin baumier. Conséquemment, le séchage de chargements comprenant un mélange de sciages d'épinette, de sapin baumier et de pin gris entraînera le surséchage du bois de pin gris. Ainsi, lorsque le bois de pin gris est séché séparément, on peut utiliser des programmes de séchage plus intensifs, incluant le séchage à haute température, et obtenir d'assez bons résultats pour des sciages de qualités destinées à la construction. Si l'utilisation prévue du bois comprend la fabrication d'un produit spécial, il y a lieu d'utiliser des programmes de séchage plus conservateurs pour favoriser l'uniformité de la TH finale et réduire au minimum les défauts de séchage.

En général, le bois de cette essence résiste aux principaux facteurs de déclassement reliés au séchage. Le bois de réaction, facteur de gauchissement important pour d'autres essences résineuses, ne pose à peu près pas de problème. En conséquence, le surséchage n'engendre pas de préoccupations concernant la possibilité de gauchissement plus prononcé. Cependant, en raison du diamètre relativement faible des billes et du différentiel entre le retrait radial et tangentiel, le tirant à cœur pose un problème pour ce qui est des sciages plus larges (notamment lors du séchage à de faibles TH). En général, le bois de cette essence n'affiche pas de problèmes comme, par exemple, les poches humides et les roulures. Lorsque le bois de pin gris entre dans la fabrication de produits spéciaux comme le bardage et les menuiseries préfabriquées, l'exsudation de résine peut s'avérer problématique. On peut cependant atténuer ce problème en utilisant un programme de séchage prévoyant des températures excédant 82 °C (180 °F) pendant une partie du cycle de séchage. En règle générale, la teneur en résine du bois de cette essence est inférieure à celle d'autres essences de pin comme le pin rouge et le pin blanc.

1.3.7 SAPIN SUBALPIN

La densité du bois de sapin subalpin est relativement faible, mais ce bois affiche une TH initiale d'aubier et de bois de cœur élevée. Le séchage du bois de cette essence est très difficile en raison des importantes variations du taux de séchage des pièces et de leur TH initiale. Semblable au bois de sapin baumier, le bois de sapin subalpin contient d'importantes proportions de poches de bois humide qui mettent sensiblement plus de temps à sécher que le bois « normal » de cette essence. Comparativement aux zones de bois « normal », les zones de bois humide affichent une TH initiale supérieure et sèchent plus lentement. Le chapitre 4 donne de l'information sur les façons de traiter le bois contenant des poches de bois humide.

Lorsqu'on sèche ensemble des sciages de sapin subalpin et des sciages d'épinette et de pin, ces deux dernières essences atteindront la TH cible bien avant les sciages de sapin subalpin. Les sciages d'épinette et de pin risquent donc d'être surséchés et d'afficher davantage de retrait et de gauchissement si on les laisse dans le séchoir jusqu'à ce que le bois de sapin subalpin atteigne la TH finale cible. Parmi les solutions à ce problème, signalons le triage des essences avant séchage, le séchage à l'air, le séchage à basse température et le triage après séchage des sciages « trop humides » en vue de leur reséchage. On aborde ces solutions dans des chapitres subséquents.

1.3.8 SAPIN BAUMIER

Dans la plupart des régions du pays, le sapin baumier n'est pas une essence dominante. En conséquence, la récolte et la transformation du bois de cette essence s'effectuent conjointement à d'autres essences du groupe EPS. Un certain nombre d'entreprises procèdent au triage de cette essence en forêt ou à la scierie pour vendre les sciages sur le marché du bois traité ou pour atténuer les problèmes de séchage. Bien que le bois de sapin baumier absorbe assez bien des produits de préservation du bois, il est plus difficile à sécher que d'autres essences du groupe EPS. Il s'agit en effet d'une essence dont le bois est difficile à sécher de façon individuelle, mais encore plus lorsqu'il fait partie de chargements comprenant également du bois d'épinette ou de pin. Le bois de cette essence présente fréquemment des poches de bois humide qui sont attribuables à une infection bactérienne de l'arbre debout. Le chapitre 4 traite de ce problème. La perméabilité de ce bois diffère sensiblement de celle du bois normal. En fait, le séchage de sciages comportant une forte proportion de bois humide peut prendre trois fois plus de temps que le séchage de sciages de bois normal. Jusqu'à présent, aucune technologie de séchage ou méthode visant à modifier les propriétés du bois n'ont permis de faciliter le séchage du bois de sapin baumier. Le chapitre 4 aborde des techniques pour le séchage de bois d'essences susceptibles de contenir des poches de bois humide.

Le bois de sapin baumier peut présenter un certain nombre de défauts attribuables au séchage, selon le système de séchage et l'intensité du programme de séchage. La principale préoccupation de la plupart des gens qui sèchent ou qui utilisent le bois de cette essence tient à la forte variabilité de la TH finale. Des poches humides localisées peuvent afficher une TH de 50 à 60 % ou même plus, et ce, même au terme de cycles de séchage prolongés. D'ailleurs, la variabilité de la TH finale entraîne la présence d'une forte proportion de sciages surséchés, et ainsi, davantage de déclassement attribuable au gauchissement. En termes de gauchissement, la torsion et le voilement de rive sont les principales préoccupations pour les classes de bois destinées à la construction. La faible densité et la forte TH initiale du bois de cette essence favorisent l'affaissement, lequel peut être très prononcé si on a recours à des programmes de séchage à haute température. Les gerces internes sont aussi une source de préoccupation découlant d'explosions de vapeur attribuables au séchage à haute température ou à des gradients d'humidité prononcés, qui restent présents au terme de la plupart des cycles de séchage.

1.4 DIFFÉRENTIATION DES ESSENCES

Le mélange d'essences du groupe EPS engendre une autre complication, à savoir l'identification exacte de l'essence ou des essences en présence. La différenciation d'essences particulières faisant partie du même genre botanique est souvent difficile. Elle s'avère même parfois impossible dans le cas des essences d'épinette. On peut aisément identifier les arbres de toutes les essences faisant partie de ce groupe à partir de la forme des arbres et des caractéristiques de leur écorce et de leurs aiguilles. Le livre intitulé *Les arbres du Canada* de Farrar (1995) contient de bonnes descriptions des essences individuelles.

Il est toutefois plus difficile d'identifier les essences une fois les arbres transformés en troncs entiers ou en billes. Les caractéristiques de l'écorce, c.-à-d. la texture et la couleur, sont les indices les plus couramment utilisés pour identifier une essence particulière à ce stade de la chaîne de transformation. Certaines entreprises procèdent au triage du sapin baumier ou du sapin subalpin en forêt, dans le parc à billes ou à l'alimentation du poste d'écorçage de la scierie. L'ouvrage de Farrar présente aussi les caractéristiques de l'écorce.

À nouveau, il est plus difficile de distinguer les essences les unes des autres après leur débitage en sciages. La couleur du bois, le fil ainsi que le nombre et la taille des nœuds sont autant de caractéristiques pouvant faciliter le triage visuel. Certaines de ces caractéristiques ont tendance à changer d'apparence à mesure que le bois sèche. Il est donc préférable de procéder à l'identification des essences dans des conditions normalisées d'éclairage et d'humidité du bois. Certaines entreprises procèdent au triage visuel à la scierie. Dans certains cas, cette décision est tributaire d'objectifs de commercialisation, par exemple le triage du pin gris aux fins de traitement de préservation sous pression. Dans d'autres cas, il s'agit peut-être de faciliter le séchage en écartant les sciages de sapin pour les sécher séparément. La distinction du genre (p. ex. épinette vs sapin vs pin) est assez précise à ce stade, mais la distinction d'essences au sein d'un même genre (épinette blanche vs épinette noire) est très difficile, sinon impossible, à partir des seules caractéristiques générales du bois. Dans la plupart des cas, cependant, l'examen à la loupe ou au microscope permet l'identification définitive des essences. La difficulté provient du fait que, pour des essences d'épinette, même l'examen microscopique ne permet pas toujours de distinguer et d'identifier avec certitude les essences en présence.

Cette confusion ou l'incapacité de différencier les essences ne serait pas problématique si ce n'était du fait que certaines de ces essences affichent des caractéristiques de séchage très différentes et qu'il est souhaitable, dans certains cas, de les séparer avant le séchage. Même en considérant les difficultés mentionnées précédemment, certaines scieries se limitent au triage visuel le long de la chaîne de triage. La précision de ce processus varie énormément d'une scierie à l'autre.

Un certain nombre de techniques de triage automatique des essences sur la ligne de production ont fait l'objet d'études. Signalons, entre autres, certaines techniques d'imagerie, l'analyse d'échantillons d'air prélevés à proximité de la surface des sciages et certains indicateurs chimiques. À ce jour, la seule technique mise en œuvre à l'échelle industrielle est celle des indicateurs chimiques. La technologie connexe a été mise au point et éprouvée par Forintek et fait désormais l'objet d'une convention de licence avec un équipementier. L'appareil en question est disponible commercialement sous l'appellation « Optimiseur de séchage du sapin et de l'épinette ». Comme son nom l'indique, il a été conçu essentiellement pour séparer le bois d'épinette du bois de sapin baumier. Un réactif (SAPTEK®) est appliqué aux extrémités des sciages et provoque un changement de couleur, comme on peut le voir à la figure 1-3.

Peu importe que la séparation des essences s'effectue en forêt, dans le parc à billes ou le long de la chaîne de triage, leur séparation présente des avantages certains en ce qui concerne les opérations de séchage. Comme on l'a vu dans les sections précédentes, les essences du groupe EPS affichent de nettes différences sur le plan des caractéristiques de séchage. L'industrie du sciage a mis en place des mesures pour améliorer son efficacité, mais doit faire face à une pression constante l'incitant à fabriquer des produits finis plus uniformes et de qualité supérieure. L'alimentation des séchoirs en produits affichant davantage d'uniformité initiale permettra aux entreprises de mieux répondre à ces deux attentes. La séparation des essences est un moyen de parvenir à cette fin. Cependant, il existe d'autres méthodes qui peuvent être utilisées indépendamment ou en plus du triage des essences. Le triage avant séchage est abordé plus en profondeur au chapitre 11.

Figure 1-3
Un système de triage commercial applique un réactif (SAPTEK®), provoquant un changement de couleur du bois de sapin baumier (à gauche) qui le distingue du bois d'épinette (à droite).

NOTES

IMPACT DE LA STRUCTURE DU BOIS SUR LE SÉCHAGE

2.1 INTRODUCTION

L'utilisation optimale de tout matériau exige une bonne connaissance de ses caractéristiques. C'est notamment le cas pour le bois en raison de la nature cellulaire de ce matériau et de la complexité de la structure de ses parois cellulaires. En 1928, un des plus grands architectes de tous les temps, Frank Lloyd Wright, a visé juste en déclarant : « Nous pouvons utiliser le bois intelligemment, à condition d'en avoir une bonne connaissance ». Les opérateurs de séchoirs et les responsables du contrôle de la qualité qui veulent avoir du succès dans leur travail doivent posséder une bonne connaissance non seulement des principes de la croissance des arbres et de la structure du bois, mais aussi des variations normales et anormales des propriétés du bois.

Bien que nous soyons entourés d'objets et de structures de bois et d'au moins 5 000 types de produits du bois (si l'on tient également compte du papier), la nature fondamentale du bois nous échappe parce que nos yeux n'en discernent pas les détails structuraux. En d'autres mots, la structure du bois échappe à l'acuité visuelle ordinaire. Il est impossible, à l'œil nu, de distinguer deux points objets dont la distance est inférieure à 0,1 mm, soit la limite de résolution de l'œil humain. Il appert que de trois à cinq fibres ligneuses pourraient être placées côte à côte dans un espace aussi étroit. C'est pourquoi l'étude de la structure du bois exige l'utilisation d'un microscope. Dans le présent chapitre, la structure du bois de résineux sera examinée à des grossissements de 200 à 5 000 fois, et comparée à divers objets bien connus, p. ex. des pailles et des tuyaux. Les détails, normaux et anormaux, de la structure du bois seront mis en lumière en rapport avec le séchage et la dégradation du bois attribuable au séchage.

2.2 CROISSANCE DES ARBRES ET ANATOMIE DU BOIS

Une coupe transversale d'un tronc d'arbre révèle les secrets de la croissance des arbres et de l'anatomie du

Figure 2-1
Représentation des différentes parties d'un arbre et de tissus ligneux à divers grossissements.

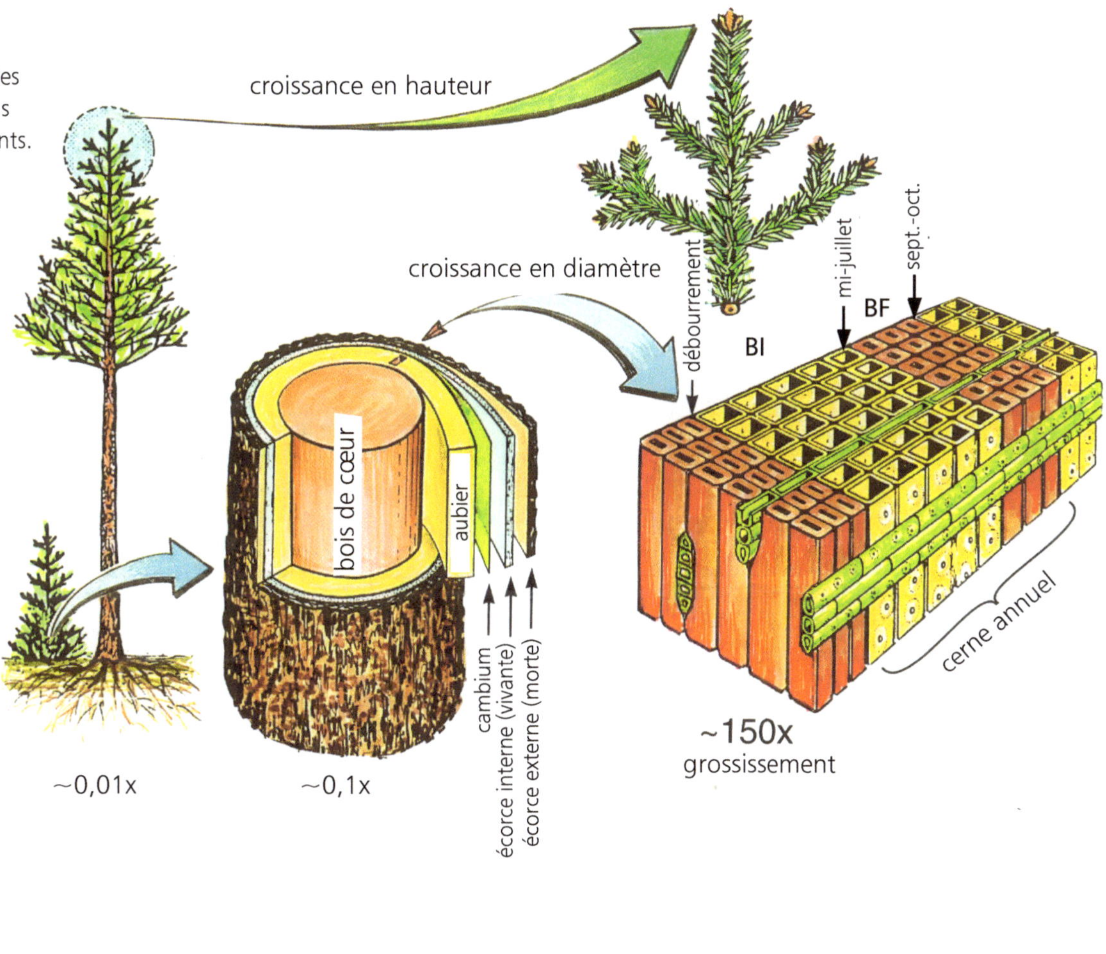

bois. La figure 2-1 montre les tissus visibles à l'œil nu, notamment la partie ligneuse séparée en couches par les cernes annuels. On peut aussi distinguer l'écorce, qui comprend deux couches : la couche intérieure vivante et la couche extérieure composée de cellules mortes. La couche intérieure se compose de cellules de transport et de cellules de stockage des substances nutritives de l'arbre (sucres simples fabriqués par le processus de photosynthèse) qui alimentent tous les systèmes de l'arbre.

La couche la moins apparente mais la plus importante de la section transversale d'un arbre est le cambium. Il s'agit d'une mince couche de cellules située entre l'écorce intérieure et l'aubier, comme on peut le constater à la figure 2-1. Toutes les cellules de l'aubier et de l'écorce proviennent du cambium par voie de la division cellulaire faisant appel à l'énergie dérivée des produits de la photosynthèse. Les fibres ligneuses se forment dans un milieu aqueux. Dans un arbre vivant, elles existent à l'état « vert » ou de gonflement maximal.

Dans la section transversale de la tige, les cernes annuels sont la représentation graphique de la croissance annuelle de l'arbre, qui dure environ 4 mois et demi. La division cellulaire dans le cambium (c.-à-d. la croissance de l'arbre) se déclenche avec le début du débourrement, période qui s'étend habituellement de la mi-mai à la mi-juin, alors que les bourgeons éclatent et révèlent leurs aiguilles. C'est la période de formation du bois initial (bois de printemps), de faible densité. Cette période s'étend jusqu'à la mi-juillet, lorsque la croissance des pousses apicales tire à sa fin et que s'amorce la maturation des nouvelles aiguilles. Le nouveau feuillage cesse alors de stocker le photosynthétat et devient un exportateur. Ces phénomènes s'accompagnent d'une réduction de la division cellulaire dans le cambium, ce qui augmente la matière disponible pour l'épaississement des parois des fibres ligneuses. En même temps, le ralentissement de l'activité cellulaire dans la cime limite la production d'hormones régulatrices de croissance, ce qui favorise la formation de bois final de densité élevée. L'arbre continue de former ce bois, affichant habituellement une apparence plus foncée, jusqu'à la fin de la saison de croissance, soit à la fin de septembre, lorsque les températures de plus en plus froides et la photopériode de plus en plus courte entraînent la dormance des arbres. Pour résumer, depuis l'éclatement des bourgeons jusqu'à la mi-juillet, les arbres forment des cellules de fort diamètre dont les parois sont minces. C'est le bois initial. Plus tard pendant la saison de croissance, l'arbre forme des cellules dont le diamètre est plus faible et dont les parois sont plus épaisses. C'est le bois final. Ces deux types de cellules forment ce qu'on appelle les cernes annuels ou anneaux de croissance (figure 2-1).

L'observation de la section transversale d'une tige révèle aussi deux types de bois affichant une couleur différente, soit l'aubier et le bois de cœur ou duramen. L'aubier est la partie active de l'arbre; il assure une communication constante entre le cambium et la couche intérieure et vivante de l'écorce. L'aubier transporte la sève depuis les poils racinaires jusqu'aux aiguilles (feuilles) de la cime, en passant par le tronc et les branches. L'aubier fait aussi fonction de réservoir de substances nutritives et d'eau. Le bois de cœur se trouve habituellement au centre des tiges matures. Il est généralement plus foncé que l'aubier en raison du dépôt de substances organiques (produits d'extraction du bois). Le bois de cœur est essentiellement du bois d'aubier transformé dont les cellules sont mortes. L'aubier contient jusqu'à quatre fois plus d'eau que le bois de cœur (voir le tableau 3-1). Malgré cela, il est habituellement plus difficile d'extraire l'eau de ce bois que de l'aubier.

2.3 STRUCTURE MICROSCOPIQUE DU BOIS

2.3.1 APERÇU DE LA MICROSTRUCTURE

Grossie 200 fois, l'image d'un morceau de bois évoque une poignée de pailles serrées fortement les unes contre les autres, au point où les seuls espaces d'air qui subsistent se situent à l'intérieur des pailles. À pareil grossissement, une fibre ligneuse présente un diamètre de 7 mm et une longueur de 700 mm environ (règle générale, la longueur des fibres de bois résineux correspond à 100 fois leur diamètre). On pourrait créer une fibre ligneuse représentative en alignant quatre pailles bout à bout.

Une pièce de 2 x 4 d'une longueur de 8 pieds contient environ 2,5 milliards de fibres disposées côte à côte et alignées dans le sens de la longueur de la pièce. Compte tenu de la géométrie de la plupart des produits du bois, comme la pièce de 2 x 4 en question, la migration de l'humidité se produit inévitablement en travers du fil. Dans leur migration depuis le centre d'une pièce jusqu'à sa surface, les molécules d'eau doivent passer à travers un grand nombre de parois cellulaires et orifices de ponctuation. En conséquence, l'état des ponctuations et l'épaisseur des parois cellulaires (densité du bois) influent de façon importante sur le taux de séchage.

Le bois est un matériau anisotrope, c'est-à-dire un matériau dont les propriétés diffèrent selon la direction considérée. En raison de la disposition des cernes annuels et de l'orientation horizontale et verticale des cellules individuelles, il convient de considérer la structure du bois de façon tridimensionnelle. En conséquence, trois plans se présentent aux fins de l'examen du bois : le plan transversal, le plan tangentiel (bois débité sur dosse) et le plan radial (bois débité sur quartier). La figure 2-2 illustre ces trois plans à divers grossissements. La surface supérieure du petit cube (qui correspond à un sciage court de 2 x 6) représente la surface transversale; la surface avant gauche représente le bois débité sur dosse (plan tangentiel) alors que la surface avant droite correspond au bois débité sur quartier (plan radial). Environ 95 % du volume du bois correspond à des fibres ligneuses orientées à la verticale. Le reste correspond surtout à des rayons, bien que certaines essences comptent aussi un faible pourcentage de cellules épithéliales ou sécrétrices qui forment des canaux résinifères.

2.3.2 PONCTUATIONS ARÉOLÉES ET LEUR INCIDENCE SUR LE SÉCHAGE

La figure 2-2 montre également deux fibres individuelles et quelques rayons ligneux pour illustrer la morphologie de ces éléments. Ces exemples démontrent que les fibres du bois final aux parois épaisses affichent peu de marques

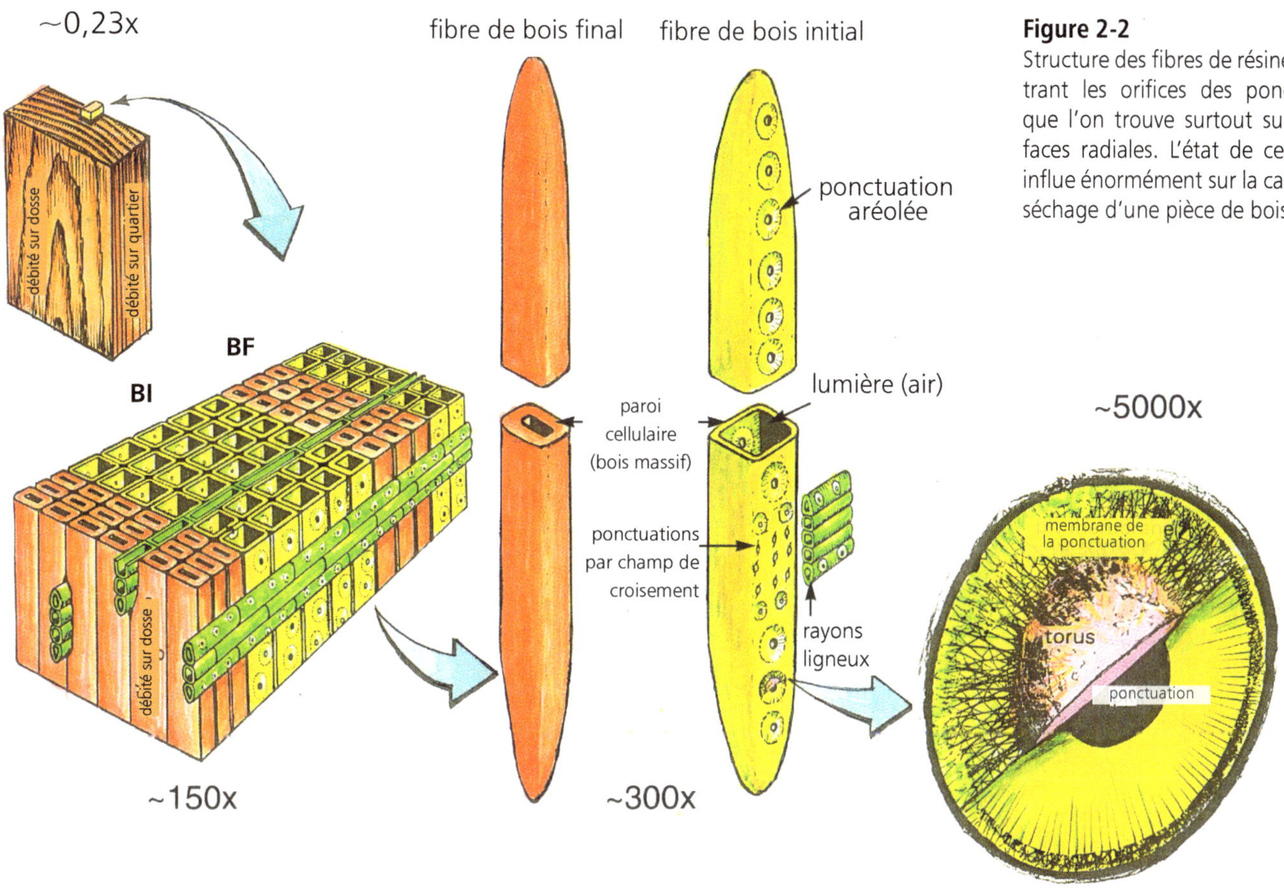

Figure 2-2
Structure des fibres de résineux montrant les orifices des ponctuations que l'on trouve surtout sur les surfaces radiales. L'état de ces orifices influe énormément sur la capacité de séchage d'une pièce de bois.

(ponctuations aréolées et ponctuations par champs de croisement), tandis que les fibres de bois initial de fort diamètre dont les parois sont minces affichent de nombreuses marques, mais seulement sur la face radiale. Les ponctuations sont des perforations de la paroi cellulaire des fibres. Si ces perforations ne sont pas bouchées, la sève (eau ou autres liquides et gaz) peut circuler d'une fibre à l'autre. Les ponctuations se manifestent presque exclusivement sur la face radiale des parois cellulaires des fibres. La présence accrue de ponctuations dans les fibres de bois initial est attribuable à l'activité physiologique supérieure qui a lieu durant la période de formation du bois de ce type.

En moyenne, chaque fibre de bois initial compte de cinq à dix zones de contact avec les cellules de rayons sur le sens de la longueur et environ une centaine de ponctuations aréolées. La forme et les dimensions des ponctuations de rayon dans ces régions révèlent d'importants indices diagnostiques aux fins de l'identification microscopique des essences.

Une ponctuation aréolée dans une fibre ligneuse est habituellement opposée à une autre ponctuation dans une fibre adjacente. Les deux forment un couple de ponctuations ou, en d'autres mots, une liaison de communication entre les cellules. Les couples de ponctuations sont en fait des perforations dans des parois cellulaires voisines; ils sont séparés sur une faible distance et forment une chambre séparée par une membrane criblée (ressemblant à un tamis) et un torus.

Le torus est la partie centrale épaissie de la membrane criblée; il agit comme une valve. Lorsqu'il se trouve en position centrale (ouverte), la sève ou d'autres liquides peuvent passer à côté et s'écouler librement à travers la membrane criblée de la ponctuation. Cette situation, propre à l'aubier, rend son bois très perméable. L'aubier sèche donc facilement et peut être imprégné sous pression avec des produits de préservation du bois. Habituellement, lorsque l'aubier devient bois de cœur, la valve (torus) se déplace d'un côté ou de l'autre dans la chambre de la ponctuation, la scellant ainsi. Une fois les canalisations bloquées, le bois de cœur devient imperméable. Voilà une raison qui explique pourquoi le bois de cœur de résineux est habituellement plus difficile à sécher (surtout au-dessus du point de saturation des fibres) et à imprégner de produits de préservation du bois que l'aubier.

La portée pratique de ces caractéristiques anatomiques du bois inclut la peignabilité et la séchabilité. En effet, la peinture adhère mieux à la surface radiale (bois débité sur quartier) qu'à la surface tangentielle (bois débité sur dosse) puisque que la peinture pénètre plus facilement le bois par les ouvertures des ponctuations aréolées. C'est pourquoi la peinture adhère moins bien au bois final (ou au bois débité sur dosse), sur lequel les ponctuations sont moins fréquentes. Fait intéressant, le bois humide sèche plus rapidement sur la face du bois débité sur dosse que sur la face du bois débité sur quartier. On semblerait être en présence d'une contradiction, mais il ne faut pas oublier que la pénétration de la peinture est très faible, tandis que la migration de l'humidité durant le séchage prend son départ au cœur de la pièce. Dans le cas du séchage du bois, les cellules des rayons constituent des canalisations pour la migration de l'humidité.

2.3.3 ORIENTATION DES MICROFIBRILLES

Un grossissement plus fort est nécessaire pour illustrer l'architecture des parois des fibres ligneuses et démontrer comment des détails structuraux microscopiques ont une incidence macroscopique. La substance bois, ou le matériau des parois cellulaires, se compose de blocs de matériau organique alignés avec grande précision. Ces blocs se composent à 45 % de cellulose, à 27 % d'hémicellulose et à 28 % de lignine.

La figure 2-3 illustre un fort grossissement de la structure stratifiée de la paroi cellulaire des fibres ligneuses. On y aperçoit la lamelle mitoyenne (LM), riche en lignine, une couche de « colle » liant les fibres individuelles d'une pièce de bois. (Cette « colle » est la cible du procédé de mise en pâte chimique, la dissolution de la LM entraînant la désintégration du bois en ses fibres constituantes et, par conséquent, la formation de la pâte.) La lignine confère au bois sa couleur brun foncé et sa rigidité. En l'absence de lignine, le bois n'est que cellulose, de couleur blanche, et il est aussi souple que le caoutchouc.

Figure 2-3
Fibre ligneuse de bois de résineux montrant le détail des microfibrilles de cellulose à l'intérieur de la paroi cellulaire. Dans ce spécimen « normal » de bois, les microfibrilles sont presque parallèles à la longueur de la fibre.

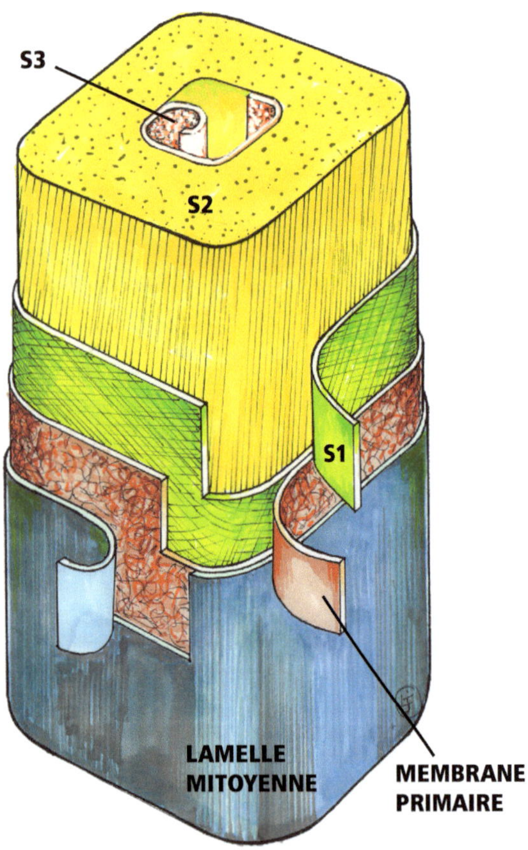

La membrane primaire (P) se compose d'un tissu lâche et peu structuré de microfibrilles cellulosiques entremêlées de lignine. Dans la paroi secondaire (couches S1, S2 et S3), les microfibrilles cellulosiques sont bien tassées. La couche S2 est la plus épaisse des trois. Conséquemment, elle influence particulièrement la performance des fibres lors d'essais de résistance mécanique et lors du retrait ou du gonflement. L'orientation, ou l'angle, des microfibrilles dans la couche S2 est particulièrement importante. L'angle des microfibrilles fait référence à l'angle de spirale moyen des microfibrilles dans la couche S2 de la paroi cellulaire par rapport à l'axe longitudinal de la fibre.

L'angle des microfibrilles a par ailleurs des incidences sur le plan macroscopique en raison de la nature anisotrope (qui a des propriétés qui dépendent de la direction considérée) du bois. Au fur et à mesure que le bois absorbe ou dégage de l'humidité, il gonfle ou rétrécit, et ce, davantage sur le plan tangentiel que sur le plan radial. Le retrait de la paroi des fibres et, par conséquent, du bois se produit avec l'évacuation de molécules d'eau liée depuis les espaces entre les microfibrilles cellulosiques. En conséquence, ces microfibrilles se rapprochent les unes des autres. L'ampleur du retrait est habituellement proportionnelle à la quantité d'eau évacuée du bois et à l'orientation des microfibrilles dans la paroi cellulaire. Le gonflement est tout simplement l'inverse de ce processus.

La figure 2-3 montre l'orientation des fibrilles de bois adulte, tandis que la figure 2-4 montre l'orientation des fibrilles de bois de compression. Le retrait longitudinal du bois adulte normal est pratiquement insignifiant, car l'angle des microfibrilles par rapport à l'axe des cellules est d'environ 7 degrés. En règle générale, le séchage de bois vert jusqu'à l'état anhydre s'accompagne d'un peu de retrait longitudinal, soit de 0,1 à 0,2 % pour la plupart des essences, mais rarement plus que 0,4 %. Par exemple, le retrait longitudinal d'un colombage de 8 pieds destiné à la construction du mur d'une maison serait d'environ 0,1 à 0,2 po (2 à 5 mm) en longueur au terme du séchage depuis l'état vert (TH >30 %) jusqu'à l'état anhydre (si la pièce provenait de bois normal). Si la pièce en question provenait de bois de compression ou de bois juvénile dans lequel l'orientation des microfibrilles peut atteindre jusqu'à 45 degrés, le retrait longitudinal pourrait être dix fois plus important (1,0 à 2,0 po ou 2,5 à 5,0 cm). Les problèmes de gauchissement se produisent lorsque le potentiel de retrait longitudinal varie au sein d'une même pièce de bois en raison de la présence simultanée de bois adulte normal et de bois juvénile ou de compression. Le prochain chapitre traite plus en profondeur du processus de gauchissement.

2.3.4 BOIS JUVÉNILE

La caractérisation du bois juvénile a été effectuée pour un certain nombre d'essences résineuses à partir de mesures de l'orientation des microfibrilles et du retrait longitudinal. Les résultats révèlent que l'orientation des microfibrilles à proximité de la moelle excède 35 degrés et que l'angle diminue en fonction de l'âge. Des mesures de retrait le long de l'axe moelle-écorce révèlent une tendance similaire, soit un retrait excessif de 1 à 2 % à proximité de la moelle par rapport à 0,3 % à l'âge de 20 ans. On a établi une corrélation entre le grand angle d'orientation des fibrilles du bois juvénile et la résistance mécanique et la rigidité inférieures du bois d'œuvre lorsque ces valeurs plus faibles ne peuvent pas être attribuées à de fortes différences sur le plan de la densité du bois.

2.3.5 BOIS DE COMPRESSION

Le bois de compression est du bois anormal qui se forme dans des tiges ou des branches qui ne poussent pas dans la verticalité. En règle générale, le bois de compression des résineux se forme dans la partie inférieure (du côté de la compression) de tiges inclinées. L'appellation de ce type de bois n'évoque que la position où il se forme et non le résultat d'une contrainte de compression.

Les deux principaux désavantages du bois de compression pour les personnes qui travaillent le bois sont ses effets néfastes sur la résistance mécanique et le retrait. La fragilité et la rupture d'éléments de charpentes sous charge (rupture anormale en travers du fil) peuvent fréquemment être attribuées à la présence de bois de compression. Dans les applications structurales où la force portante des éléments est d'une importance primordiale, p. ex. les montants d'échelles, il importe de ne pas utiliser de pièces contenant du bois de compression pour éviter toute rupture sous l'effet de charges inférieures aux charges prévues. Le gauchissement excessif peut aussi être attribuable à la présence de bois de compression, car le retrait de ce bois est de 10 à 20 fois supérieur au retrait du bois normal.

2.4 RÉSUMÉ

Ce bref exposé visait à mettre en lumière certains facteurs influençant la migration de l'humidité dans le bois et susceptibles d'avoir des répercussions sur le processus de séchage du bois d'œuvre à l'échelle industrielle. Une bonne compréhension des caractéristiques de la structure du bois et de leur effet sur la migration de l'humidité est d'une importance primordiale lorsque vient le temps d'élaborer des programmes de séchage. Un grand nombre des caractéristiques du bois décrites dans le présent chapitre serviront à expliquer certains comportements du bois au séchage ou le besoin d'utiliser des approches différentes lors du séchage.

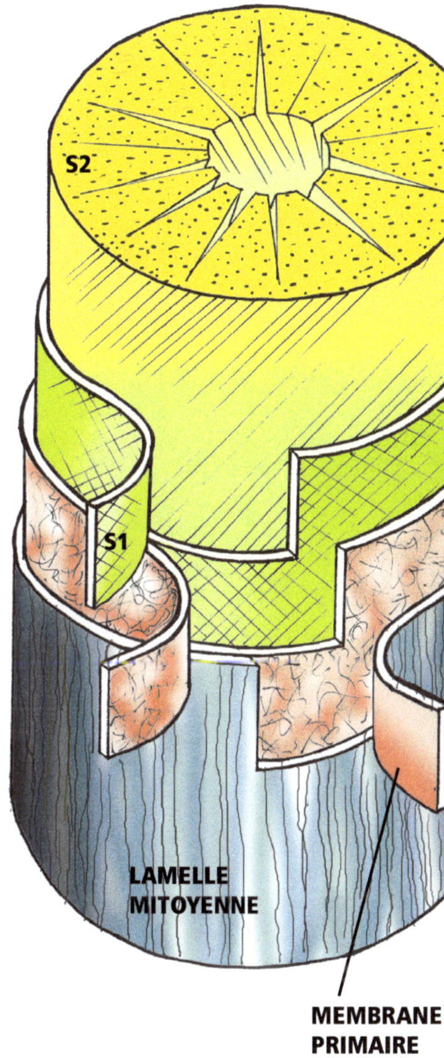

Figure 2-4
Fibre ligneuse de bois de compression. L'angle des microfibrilles n'est pas parallèle à la longueur de la cellule. Lors de la compaction des microfibrilles (retrait), la longueur et l'épaisseur de la cellules seront sensiblement réduites.

NOTES

RAPPORTS HUMIDITÉ-BOIS

3.1 L'HUMIDITÉ DANS LE BOIS

À l'état naturel, le bois contient une importante quantité d'eau, mais celle-ci varie d'un arbre à l'autre, d'une bille à l'autre et d'une planche à l'autre. Les variations de la quantité d'eau dans les planches provenant d'une même bille sont essentiellement attribuables à leur position dans la bille dont elles sont issues. Signalons que l'aubier d'un grand nombre d'essences résineuses est sensiblement plus humide que le duramen (bois de cœur). En conséquence, des planches de même dimension issues de ces deux types de bois contiendront des quantités différentes d'eau, et la masse des planches d'aubier sera supérieure à celle des planches de bois de cœur.

Dans le bois, l'humidité se présente sous deux formes différentes :

- **eau libre,** présente à l'état liquide ou de vapeur dans les lumières (cavités) des cellules;
- **eau liée,** retenue dans la structure des parois cellulaires.

Comme le terme l'indique, l'eau libre n'est aucunement liée au bois. Elle existe à l'état liquide ou solide (congelée) et de vapeur d'eau à l'intérieur des cavités des cellules. L'eau libre de surface ou à proximité de la surface du bois peut facilement s'évaporer et être évacuée du bois. Cependant, l'eau libre au centre d'une pièce doit cheminer à travers la structure du bois avant de s'évaporer à la surface. La migration de l'eau libre vers la surface, cependant, est limitée par les canalisations qu'elle peut emprunter. En termes généraux, la migration et l'évacuation de l'eau libre hors d'une pièce de bois s'effectuent beaucoup plus rapidement que la migration et l'évacuation de l'eau liée. La vapeur d'eau est une forme d'eau libre, mais elle ne compte que pour un faible pourcentage de la quantité totale d'eau présente dans le bois à l'état vert ou partiellement sec.

L'eau liée définit des molécules d'eau chimiquement liées au bois. La rupture d'une liaison chimique exige de l'énergie. Dans la plupart des procédés de séchage du bois, la chaleur fournit l'énergie nécessaire. L'eau liée est habituellement la dernière portion d'eau évacuée du bois; ce processus est aussi beaucoup plus lent que l'évacuation de l'eau libre. Durant la majeure partie du processus de séchage, le bois contient des quantités variables d'eau libre et d'eau liée. Au milieu du cycle de séchage du bois d'essences résineuses, par exemple, on retrouve seulement de l'eau liée à la surface des pièces et un mélange d'eau liée et d'eau libre au centre des pièces. Les mécanismes de migration de l'humidité sont abordés en détail au chapitre 6.

3.1.1 DÉFINITION DE LA TENEUR EN HUMIDITÉ

La teneur en humidité (TH) d'un échantillon de bois se définit comme la masse d'eau présente dans le bois, exprimée en pourcentage de la masse du bois anhydre. Pour calculer la TH, il suffit de faire la différence entre la masse initiale (humide) et la masse anhydre, de la diviser par la masse anhydre et de multiplier par 100.

$$\text{Teneur en humidité (\%)} = \frac{(\text{Masse initiale}^{1} - \text{Masse anhydre})}{\text{Masse anhydre}} \times 100$$

[1]Masse initiale = Masse du bois au moment du prélèvement de l'échantillon

Par exemple, la teneur en humidité d'un échantillon de bois pesant 40 grammes à l'état humide et 30 grammes à l'état anhydre se calcule comme suit :

$$\text{Teneur en humidité (\%)} = \frac{(40 - 30)}{30} \times 100 = 33{,}3\ \%$$

3.1.2 TENEUR EN HUMIDITÉ TYPIQUE DES ESSENCES DU GROUPE EPS À L'ÉTAT VERT

Le tableau 3-1 présente la TH moyenne, à l'état vert, des principales essences marchandes du groupe EPS. Ces valeurs représentent la TH mesurée directement à la suite de l'abattage dans des conditions qui se rapprochent le plus possible de l'état naturel de l'arbre vivant. Les valeurs relatives à la TH de l'aubier ou du bois de cœur représentent la TH d'une pièce ne contenant seulement que l'un ou l'autre de ces deux types de bois. Étant donné les dimensions relativement faibles des billes du groupe EPS, rares sont les planches composées à 100 % de bois d'aubier ou de cœur. En conséquence, la TH de bois très frais variera selon la proportion de bois d'aubier et de bois de cœur dans chaque planche. En outre, la TH variera le long de l'axe longitudinal d'une planche, selon la proportion de bois d'aubier et de bois de cœur en présence. La figure 3-1 montre une planche dont la proportion de bois d'aubier varie dans le sens de la longueur et l'incidence sur la TH moyenne à divers points le long de la planche.

Figure 3-1
Pièce typique de résineux comprenant du bois d'aubier et du bois de cœur dont la TH varie sensiblement.

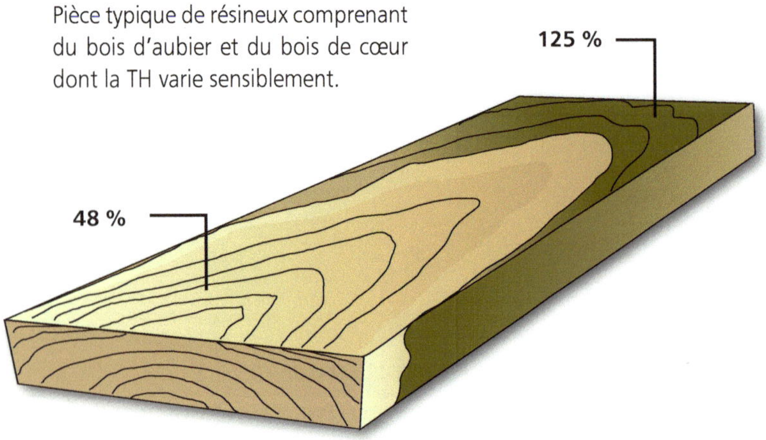

La TH du bois vert varie davantage lorsqu'elle est mesurée à la scierie ou avant le séchage. Les facteurs suivants, entre autres, influencent les valeurs de TH obtenues à différents moments durant le processus :

- la durée d'entreposage des billes en forêt;
- la durée d'entreposage et les conditions ambiantes dans le parc à billes;
- certains facteurs externes, p. ex. infestations d'insectes et incendies de forêt;
- la durée d'entreposage des sciages verts et les conditions ambiantes dans la cour de bois sciés avant le séchage.

Le tableau 3-2 fait état de valeurs moyennes typiques de TH obtenues à partir d'échantillons de bois d'œuvre provenant de scieries d'un peu partout au pays. Au lieu de donner les valeurs de TH du bois d'aubier et de cœur, le tableau fait état des valeurs minimales et maximales observées. Il va de soi que la grande variation des valeurs de TH énumérées dans ce tableau entraînera une forte variation des temps de séchage.

Tableau 3-1
Teneur en humidité après l'abattage (base anhydre) du bois d'aubier et du bois de cœur à l'état vert et TH moyenne en fonction de la proportion de bois d'aubier et de bois de cœur de chacune des essences.

	Essence	Teneur en humidité en % (base anhydre)		
		Bois de cœur	Aubier	Moyenne
Est	Épinette noire	52	113	77
	Épinette rouge	41	132	89
	Pin gris	33	124	51
	Sapin baumier	88	173	118
Ouest	Épinette blanche	38	144	55
	Épinette d'Engelmann	59	169	64
	Pin de Murray	38	115	50
	Sapin subalpin	56	153	65

Tableau 3-2
TH typique de bois d'œuvre vert mesurée à diverses scieries au Canada.

Essence et région	Teneur en humidité en % (base anhydre)			
	Moyenne	Écart type	Valeur maximale	Valeur minimale
Épinette noire – Nord du Québec	44	12	100	26
Épinette « jaune » (noire) – Nord du Québec	74	19	137	36
Pin gris – Nord de l'Ontario	48	15	106	28
Sapin baumier – Nord du Québec	114	34	207	41
Sapin subalpin – C.-B.	74	s.o.	200	30
Pin de Murray– C.-B.	61	s.o.	150	30
Épinette blanche – C.-B.	102	s.o.	255	30

3.2 MASSE DU BOIS

3.2.1 DENSITÉ

La densité est une caractérisque physique du bois qui se veut non seulement un indice de masse, mais aussi un indicateur de l'aptitude au séchage (tableau 3-3). En général, plus le bois est lourd, plus le taux de séchage sera lent et, conséquemment, plus le risque de défauts attribuables au séchage sera élevé. La densité se définit comme le rapport entre la masse d'un objet et la masse du volume d'eau déplacé par l'objet. La densité du bois est habituellement fondée sur le volume du bois à une TH donnée et sa masse anhydre.

$$\text{Densité} = \frac{\text{Masse anhydre du bois}}{\text{Masse d'un volume égal d'eau}}$$

Tableau 3-3

Densité des essences du groupe EPS (fondée sur le volume à l'état vert et la masse anhydre).

	Essence	Densité (moyenne)	Densité (étendue[1])
Est	Épinette noire	0,406	0,335 – 0,477
	Épinette « jaune » (noire)	0,460	0,351 – 0,553
	Épinette rouge	0,380	0,333 – 0,427
	Pin gris	0,421	0,348 – 0,494
	Sapin baumier	0,335	0,282 – 0,388
Ouest	Épinette blanche	0,354	0,283 – 0,425
	Épinette d'Engelmann	0,375	0,312 – 0,438
	Pin de Murray	0,403	0,333 – 0,473
	Sapin subalpin	0,331	0,260 – 0,402

[1] Intervalle de confiance de 95 %

Comme c'est le cas pour la plupart des propriétés du bois, la densité du bois d'une essence donnée peut varier énormément. Comme la densité influence le taux de séchage, ces variations expliquent en partie l'existence de TH finales différentes dans les pièces d'une même essence au terme du séchage. Les valeurs de densité peuvent servir au calcul de la masse du bois à l'état anhydre et à diverses TH, comme on le verra dans la section suivante.

3.2.2 MASSE VOLUMIQUE COURANTE DU BOIS ET DÉTERMINATION DE SA MASSE

Si la densité d'une pièce de bois vert est de 0,5, la masse anhydre d'un pied cube de bois vert égale la moitié de la masse d'un pied cube d'eau. Et comme un pied cube d'eau pèse 62,4 livres, un pied cube de bois anhydre dont la densité est de 0,5 affichera une masse de 62,4 x 0,5 = 31,2 livres. En unités du système international (SI) : 1 m^3 d'eau pesant 1 000 kg multiplié par une valeur de densité de 0,5 est égal à une masse volumique anhydre de 500 kg/m^3.

Plus la densité du bois est élevée, plus la quantité de bois par unité de volume est grande. Comme la TH s'exprime en pourcentage de la masse anhydre, les essences affichant une forte densité contiennent davantage d'eau que les essences de plus faible densité à la même TH. La masse d'un pied cube de bois à l'état vert se calcule à l'aide de la formule suivante :

$$\text{Masse à l'état vert} = \frac{\text{Densité x (TH (\%)+100) x 62,4}}{100}$$

L'équivalent, en unités SI :

$$\text{Masse à l'état vert (kg/m}^3\text{)} = \frac{\text{Densité x (TH (\%)+100) x 1000}}{100}$$

Par exemple, un pied cube de bois à l'état vert d'une essence affichant une densité de 0,4 à une TH de 75 % pèse 43,7 lb (19,8 kg). La masse anhydre (en substituant 0 pour la TH dans la formule) est de 25 lb (11,3 kg) et le bois contient 18,7 lb (8,5 kg) d'eau. Pour une densité de 0,6 et une TH de 75 %, la masse du bois à l'état vert serait de 65,5 lb (29,7 kg), la masse anhydre de 37,4 lb (17,0 kg) et la masse de l'eau de 28,1 lb (12,7 kg). Ainsi, en présence d'une même valeur de TH et d'un même volume de bois pour les deux essences, l'essence affichant la plus forte densité contient 9,4 lb (4,3 kg) de plus d'eau que l'autre.

On peut calculer la masse à l'état vert d'un volume de bois si on en connaît la densité et la TH. Il faut se rappeler, cependant, que le volume réel diffère sensiblement du volume nominal. Ainsi, pour obtenir une estimation exacte de la masse du bois, il faut disposer de données précises concernant les dimensions du bois en question.

3.2.3 MASSE VOLUMIQUE COURANTE ET DENSITÉ COURANTE

La masse à l'état vert représente la résultante de la masse volumique du bois et de sa TH. Comme on l'a déjà mentionné, ces deux propriétés du bois peuvent influencer le temps de séchage. Par conséquent, il est utile de disposer d'une seule valeur exprimant l'effet de ces deux propriétés pour effectuer des comparaisons valides entre différentes essences. On peut appeler masse volumique courante la masse à l'état vert exprimée en termes de masse par unité de volume. La densité courante, comme la densité, s'exprime comme un ratio (donc sans unité de mesure) et se calcule comme suit :

$$\text{Densité courante} = \text{Densité x} \left\{\frac{\text{(TH (\%)+100)}}{100}\right\}$$

Par exemple, la densité courante d'une pièce d'épinette noire affichant une densité de 0,406 et une TH de 65 % s'établirait à 0,670. Pour déterminer la masse volumique courante, il faut suivre les étapes décrites dans la section précédente pour déterminer la masse du bois par unité de volume, mais en substituant la valeur de densité courante à celle de la densité. On reviendra sur les notions de masse volumique courante et de densité courante plus loin, dans les sections traitant des facteurs qui influencent le taux de séchage et des options de triage du bois avant le séchage.

3.3 HUMIDITÉ DANS L'AIR

3.3.1 HUMIDITÉ RELATIVE

L'humidité relative (HR) est le terme le plus couramment employé pour exprimer la quantité de vapeur d'eau présente dans l'air. L'HR se définit comme le rapport entre la masse de vapeur d'eau présente dans un volume d'air donné et la masse de vapeur d'eau requise pour saturer ce volume d'air à la même température. Le rapport ainsi obtenu est ensuite multiplié par 100 afin d'exprimer l'HR en pourcentage. À une température donnée, l'HR d'un volume d'air contenant toute la vapeur d'eau qu'il peut contenir est égale à 100 %. Ce volume d'air est considéré comme saturé. Si l'air ne contient que la moitié de la quantité de vapeur d'eau qu'il peut contenir, il affichera une HR de 50 %. Si la température d'un volume d'air augmente ou diminue, sa capacité de rétention d'eau (la capacité de l'air d'emmagasiner de l'eau) augmente ou diminue également. Par conséquent, si la température d'un courant d'air augmente sans l'apport de vapeur d'eau, l'humidité relative de l'air diminuera. De même, si la température de l'air diminue, sans l'apport ou l'élimination de vapeur d'eau, son humidité relative augmentera. Le refroidissement de l'air en dessous de son point de saturation entraîne la condensation de vapeur d'eau sous forme de brume ou de gouttelettes dans l'air ou encore sous forme de rosée ou de condensation sur les surfaces. Une des raisons pour sécher le bois à des températures élevées tient au fait que la capacité de rétention d'eau de l'air augmente sensiblement aux températures supérieures. Par exemple, la capacité de rétention d'eau de l'air augmente de près de 20 fois lorsque la température augmente de 20 à 70 °C (de 68 à 158 °F).

3.3.2 TEMPÉRATURE DU THERMOMÈTRE SEC ET DU THERMOMÈTRE HUMIDE

Durant le séchage artificiel en séchoir, l'HR est souvent établie à partir de lectures d'un thermomètre sec et d'un thermomètre humide. La température du thermomètre sec (Ts) est la température mesurée par une sonde de température exposée à l'air. Dans les séchoirs à bois, les sondes de température prennent habituellement la forme de détecteurs de température à résistance électrique (« RTD »), de thermistances ou de thermocouples.

La température humide (Th) se définit comme la température mesurée lors de l'exposition d'une sonde de température dont la surface est gardée humide et exposée à un courant d'air en mouvement. La sonde en question est habituellement enveloppée d'une mèche de coton dont l'extrémité la plus basse trempe dans un réservoir d'eau. L'eau est absorbée et transportée jusqu'à la sonde par capillarité, ce qui en assure l'humectation permanente. L'évaporation depuis cette surface humide crée un effet de refroidissement. En conséquence, la température humide enregistrée par le système de commande est quelque peu inférieure à la température sèche. Si l'air auquel la mèche du thermomètre humide est exposée est saturé, l'évaporation ne se produira pas et la température sèche sera identique à la température humide. Cela signifie que l'HR est de 100 %. Lorsque l'air n'est pas complètement saturé, c'est-à-dire lorsqu'il affiche une pression de vapeur inférieure à la pression de vapeur saturante à la température sèche, il y aura évaporation depuis la mèche humide. La température humide sera alors inférieure à la température sèche et l'HR de l'air sera en dessous de 100 %. Des tableaux et des graphiques ont été élaborés pour montrer l'HR correspondant à une grande variation de températures sèches et humides ainsi que la teneur en humidité d'équilibre (THE). Le tableau 3-4 montre quelques exemples, tandis que l'annexe II présente une plus grande variation de conditions.

Dans le domaine du séchage du bois, l'expression « différence psychrométrique » ou, plus couramment, « dépression du thermomètre humide » (dépression) est souvent utilisée pour décrire l'intensité du séchage. Il s'agit tout simplement de la différence entre la température sèche et la température humide. Par exemple, étant donné une température sèche de 120 °F et une température humide de 110 °F, la dépression serait de 10 °F. Peu importe la température sèche, une augmentation de la dépression entraînera une diminution de l'HR et, par conséquent, un séchage plus draconien. De même, une faible dépression entraîne une HR élevée et des conditions de séchage moins exigeantes. Par conséquent, une façon de comparer les programmes de séchage consiste à comparer la dépression à divers stades du processus de séchage.

3.3.3 TENEUR EN HUMIDITÉ D'ÉQUILIBRE (THE)

Dans un environnement où la température et l'HR sont constantes, le bois vert séchera jusqu'à ce que sa TH atteigne un certain niveau. Une fois ce niveau atteint, la TH ne changera pas tant et aussi longtemps que les conditions atmosphériques seront stables. De même, le bois sec absorbera de l'humidité et sa TH augmentera en conséquence dans certaines conditions de température et d'HR. L'expression teneur en humidité d'équilibre (THE) désigne la TH à laquelle le bois n'absorbe ni ne dégage d'humidité dans des conditions données de température et d'HR. Une variation de la température ou de l'humidité de l'air entraînera une variation de la THE.

Des tableaux et des graphiques ont été élaborés pour illustrer les rapports entre les températures sèche et humide, l'HR et la THE. Le tableau 3-4 donne un exemple de ces rapports.

L'annexe II de ce manuel présente un tableau exhaustif de valeurs correspondant à une grande variation de températures.

La THE est une notion utile dans le domaine du séchage du bois, car elle facilite l'établissement de rapports entre les conditions de séchage et la TH du bois. Comme on l'a déjà signalé, si la THE diffère de la TH du bois, le bois absorbera ou perdra de l'humidité jusqu'à ce qu'il atteigne un équilibre. En outre, plus l'écart entre la THE de l'air et la TH du bois est grand, plus la TH du bois changera rapidement. Par conséquent, afin d'accélérer le séchage, il faut réduire la THE de l'air afin d'accroître l'écart entre la THE et la TH du bois. Pour faire augmenter ou diminuer la température du séchoir sans trop affecter le taux de séchage, il suffit de varier l'HR (ou la température humide) pour faire en sorte que le séchoir fonctionne à la même THE. En règle générale,

Tableau 3-4
Humidité relative (HR) et teneur en humidité d'équilibre (THE) en fonction de la température sèche (Ts) et de la température humide (Th).

Ts (°F)	Th (°F)	HR (%)	THE (%)
90	80	65	11,5
90	70	36	6,8
90	60	13	3,0
130	120	73	12,0
130	110	52	8,2
130	100	35	5,9
170	160	78	11,7
170	150	60	8,2
170	140	45	6,2

les programmes de séchage sont élaborés de manière à ce que la THE soit progressivement abaissée durant la période de séchage. Conserver la même THE pendant une longue période ralentit le taux de séchage.

La THE est aussi utile pour apprécier le comportement de certaines pièces d'un chargement de séchage. Les programmes de séchage où la THE est très faible à la fin du programme entraîneront le surséchage du bois. Les essences de bois qui sèchent rapidement atteindront plus vite une TH qui se rapproche de la THE que le reste du chargement. Si la THE d'un séchoir est réglée à 12 %, par exemple, aucune pièce de bois n'atteindra une TH inférieure à 12 %. En revanche, à une THE de 2,5 %, le risque de surséchage d'une partie du chargement est élevé. La surface des planches peut aussi être durement touchée par la THE puisque le bois à la surface des pièces réagit rapidement aux variations de la THE. La différence entre la TH au centre et à la surface des planches (le gradient d'humidité) est souvent la cause de défauts de séchage. Comme la TH de surface approche rapidement la THE, une façon de gérer l'évolution du gradient d'humidité consiste à porter une attention particulière à la THE dans le séchoir. Le chapitre 15 (Programmes de séchage) aborde ces questions plus en détail.

3.4 POINT DE SATURATION DES FIBRES

On peut envisager les cellules ligneuses comme de longs tubes dont la paroi et la cavité peuvent contenir de l'eau.

L'eau se présente sous deux états distincts : les lumières des cellules (cavités) contiennent de l'eau libre, tandis que les parois cellulaires contiennent de l'eau liée. L'eau libre est comparable à l'eau que l'on pourrait retrouver dans une tasse ou un seau. Elle n'a aucun lien avec le matériau constituant de la tasse ou du seau. Il en va de même avec l'eau dans les cavités des fibres ligneuses; elle n'a aucun lien avec la matière constituante des parois cellulaires. On ne peut toutefois pas vider les cellules de leur eau comme on viderait une tasse ou un seau en raison du très faible diamètre des canalisations par lesquelles l'eau doit cheminer.

L'eau liée s'entend de l'eau contenue dans les parois des cellules du bois. Cette différence entre l'eau libre et l'eau liée influence énormément le processus de séchage, notamment le taux de séchage et les propriétés du bois.

Au fur et à mesure que sèche une pièce de bois, la cavité de chaque cellule se vide, mais ce n'est qu'une fois la cavité vidée de toute l'eau qu'elle contenait que l'assèchement de la paroi cellulaire s'amorce. Durant le séchage, le moment où les cavités cellulaires du bois sont vides d'eau, alors que les parois cellulaires sont toujours saturées, est un stade important dénommé « point de saturation des fibres » (PSF). Chez la plupart des essences, le PSF survient à une TH de 25 à 30 %. Pratiquement tous les résineux sont séchés à une TH finale de 19 % ou moins. Par conséquent, le processus de séchage consiste à éliminer toute l'eau libre présente dans les cellules du bois et, selon l'utilisation finale du bois, une certaine proportion de l'eau liée qu'elles contiennent.

Comme on l'a signalé précédemment, le PSF ne correspond pas à une TH exacte. Il variera selon un certain nombre de facteurs, notamment l'essence, la densité, la température ambiante (du bois) et d'autres facteurs. En ce qui a trait aux effets du retrait, on considère souvent que le PSF a une valeur de 30 %. Les calculs dans les sections suivantes sont fondés sur cette valeur.

En réalité, durant le cycle de séchage du bois, on ne peut à aucun moment affirmer qu'une pièce entière de bois est au PSF. En fait, comme le séchage se produit à partir de la surface des pièces, le processus engendre inévitablement un gradient d'humidité. En conséquence, pour une pièce donnée, la surface peut atteindre le PSF bien avant le centre. En effet, si on examine une mince couche de surface, le retrait débute peu après le chargement dans le séchoir et bien avant que la TH « moyenne » atteigne le PSF.

3.5 RETRAIT

Le retrait est une conséquence normale et pratiquement inévitable du séchage du bois à une TH inférieure au PSF (de 25 à 30 %). Le retrait compte parmi les caractéristiques les plus indésirables du bois, mais il ne constitue pas, en soi, une dégradation de la qualité du bois ou un dommage. Il peut cependant entraîner certains défauts de séchage du bois, par exemple les fentes et le gauchissement. Une bonne compréhension du processus de retrait et des facteurs qui le causent et l'influencent permettra à l'opérateur de séchoir de prendre les mesures nécessaires pour réduire les pertes attribuables au séchage.

3.5.1 RAPPORT ENTRE LE RETRAIT ET LA TENEUR EN HUMIDITÉ

Le retrait des parois des cellules du bois est un processus graduel. Au fur et à mesure que l'eau liée est évacuée des espaces entre les fibrilles, celles-ci se rapprochent les unes des autres. Le retrait dans une cellule donnée débute au moment de l'évacuation de l'eau liée qu'elle contient; il s'arrête lorsque toute l'eau liée a été évacuée et que la cellule en question atteint une TH de zéro.

Entre le PSF et une TH de zéro, le retrait est proportionnel à la variation de la TH. À titre d'exemple, en considérant que le PSF correspond à une TH de 30 %, le séchage faisant passer le bois d'une TH de 30 % à 20 % entraînera un retrait d'un tiers [(30 - 20)÷30] du retrait potentiel. Le séchage faisant passer le bois d'une TH de 30 % à 10 % entraînera un retrait égal aux deux tiers du retrait potentiel. En d'autres mots, la paroi des cellules du bois rétrécit de 1/30 de son retrait potentiel chaque fois que la TH diminue de 1 % entre 30 % et 0 %. La figure 3-2 illustre le rapport linéaire entre le retrait et la TH.

Lors du séchage d'une pièce de bois, les cellules extérieures s'assèchent, atteignent le PSF et rétrécissent avant les cellules plus profondes. Ainsi, le retrait peut s'amorcer alors que la TH moyenne de l'ensemble de la pièce en question se situe toujours au-dessus du PSF. Le séchage à une TH inférieure au PSF entraînera le retrait jusqu'à ce toutes les cellules de la pièce atteignent la TH finale.

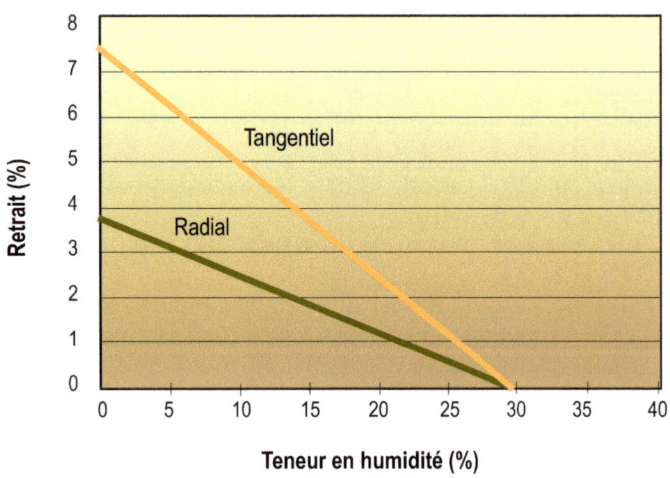

Figure 3-2
Retrait radial et tangentiel du bois d'épinette noire en fonction de la teneur en humidité.

3.5.2 RAPPORT ENTRE LE RETRAIT ET LA FORME DES PIÈCES DE BOIS

Le retrait des parois des cellules du bois se produit principalement dans le sens de leur épaisseur. Le retrait dans le sens de la longueur est non significatif. Par conséquent, le retrait d'une pièce de bois débité s'effectuera principalement dans le sens transversal, tandis que le retrait dans le sens des fibres sera négligeable. Le retrait transversal d'une pièce de bois fait référence au retrait dans le sens de la largeur et de l'épaisseur. L'observation du bout d'une planche ou d'une bille révèle la présence de deux principales orientations du fil, soit l'orientation radiale (en travers des cernes annuels) et l'orientation tangentielle (parallèle aux cernes annuels). La face large d'une planche débitée sur dosse affiche une orientation tangentielle, c.-à-d. tangente aux cernes annuels, de sorte que les cernes annuels sont parallèles à la face large. La face large d'une planche débitée sur quartier affiche une orientation radiale, c.-à-d. dans le sens d'un rayon entre la moelle et l'écorce, de sorte que les cernes annuels sont parallèles aux rives de la planche.

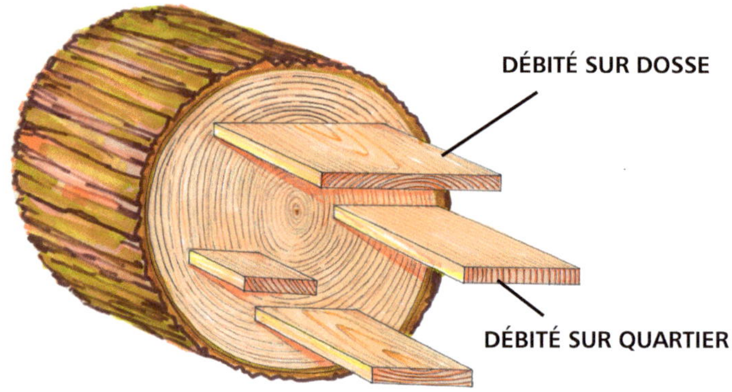

Figure 3-3
Bout d'une bille montrant les diverses orientations du fil de bois scié.

L'ampleur du retrait transversal n'est pas égale dans tous les sens. En raison de l'effet de retenue de certaines caractéristiques anatomiques des cellules dans le sens radial, le retrait tangentiel est approximativement le double du retrait radial. Soit deux planches de dimensions identiques issues d'une même bille, l'une débitée sur dosse, l'autre débitée sur quartier et les deux séchées à la même TH :

(a) la planche débitée sur dosse rétrécira deux fois plus dans le sens de la largeur que la planche débitée sur quartier;

(b) la planche débitée sur quartier rétrécira deux fois plus dans le sens de l'épaisseur que la planche débitée sur dosse.

De telles différences sur le plan du retrait sont les principales causes du gauchissement des sciages. Une planche débitée sur dosse qu'on laisse sécher sans la maintenir à plat affichera un tirant à cœur de courbure inverse aux cernes annuels. Cela s'explique par le fait que les cernes annuels sont davantage parallèles sur la face du côté de l'aubier. En conséquence, le retrait tangentiel est davantage prononcé sur cette face de la planche que sur la face du bois de cœur. Une pièce de bois carrée dont les côtés ont été débités sur dosse et sur quartier rétrécira au point d'afficher une forme rectangulaire. Toutefois, si les cernes ont une orientation diagonale d'un coin opposé à l'autre, la différence sur le plan du retrait entraînera la transformation de la forme de la pièce en losange. La figure 17-8 montre des exemples de déformations attribuables au retrait.

La superficie de la section transversale des sciages influence aussi l'ampleur du retrait. En général, le retrait des pièces ayant une importante superficie de section transversale est moins prononcé que le retrait qui se produit dans les pièces dont cette superficie est plus petite. Cette situation est attribuable au séchage de la zone extérieure des sciages de fortes dimensions, alors que la zone centrale de bois humide non rétréci tend à freiner le retrait de la pièce en question. Dans les sciages dont la section transversale est mince, la surface et la zone centrale des pièces sèchent sensiblement à la même vitesse. En conséquence, le retrait s'effectue simultanément dans ces deux zones. Et comme ni l'une ni l'autre des zones ne freine le retrait de l'autre, le retrait dans les sections transversales minces est proportionnellement plus important que le retrait qui se produit dans les sections transversales plus épaisses.

3.5.3 MESURE ET CALCUL DU RETRAIT

Dans la plupart des situations, l'opérateur d'un séchoir se préoccupera de déterminer le retrait en fonction d'une TH finale particulière plutôt que le retrait total dont nous avons exposé la méthode de calcul précédemment. Combien restera-t-il de bois si on le fait sécher, par exemple, à une TH de 12 %? La règle établie consiste à exprimer le retrait du bois en pourcentage de ses dimensions à l'état vert dans les plans tangentiel et radial une fois séché à une TH donnée.

Des valeurs de retrait total ont été établies pour la plupart des essences commerciales importantes. Les valeurs des essences du groupe EPS sont présentées au tableau 3-5. Des valeurs calculées en fonction de TH finales particulières entre le PSF et l'état anhydre sont présentées à l'annexe III.

L'annexe III montre que le bois d'épinette blanche, par exemple, rétrécira de 1,6 % (direction radiale) et de 3,5 % (direction tangentielle) pendant le séchage du bois vert à une TH finale de 15 %. Il pourrait être nécessaire de connaître, en termes absolus, l'ampleur du retrait pendant le séchage à cette TH. La formule pour le calcul du retrait est la suivante :

$$\text{Retrait réel} = \frac{\text{Dimension à l'état vert x Pourcentage de retrait}}{100}$$

Soit une pièce parfaitement débitée sur quartier mesurant exactement 6 po sur 2 po.

Retrait tangentiel (épaisseur) = 2 × 3,5/100 = 0,070 po

Retrait radial (largeur) = 6 × 1,6/100 = 0,096 po

Ainsi, les dimensions finales de la pièce seront les suivantes :

Plan tangentiel (épaisseur) = 2 - 0,070 = 1,930 po

Plan radial (largeur) = 6 - 0,096 = 5,904 po

Dans le cas d'une pièce débitée sur dosse, la valeur de retrait tangentiel s'appliquerait à la largeur de la pièce et la valeur de retrait radial s'appliquerait à l'épaisseur. Dans notre exemple, l'épaisseur et la largeur finales de la pièce auraient été de 1,968 po et de 5,790 po respectivement.

Il est important d'utiliser les bonnes valeurs de retrait de manière à ce que les valeurs de retrait tangentiel s'appliquent à la largeur des pièces débitées sur dosse et à l'épaisseur des pièces débitées sur quartier, et à ce que les valeurs de retrait radial s'appliquent à l'épaisseur des pièces débitées sur dosse et à la largeur des pièces débitées sur quartier.

Dans le cas d'un chargement de sciages, il est habituellement impossible de déterminer spécifiquement la direction des fibres tant pour l'épaisseur que pour la largeur des planches. Pour calculer la tolérance de retrait des dimensions cibles d'une scierie, il est recommandé d'utiliser la pire des hypothèses. Supposons et calculons alors la marge de retrait en fonction des valeurs de retrait tangentiel dans les deux directions. Cependant, l'inspection rapide des sciages révèle que la plupart des pièces sont débitées sur dosse. Cette constatation justifie l'application des valeurs de retrait radial à l'épaisseur des pièces et l'application des valeurs de retrait tangentiel à leur largeur. Mais il faut aussi tenir compte de la valeur de TH finale qu'il faut appliquer. Dans notre exemple, nous avons supposé une TH finale de 15 %, mais on sait bien que même le meilleur programme de séchage n'atteint pas l'uniformité totale de la TH finale. Par conséquent, dans le but d'obtenir la pire des valeurs de retrait, il faut considérer la plus faible TH à laquelle les sciages seront séchés. Supposons aussi, dans le cadre de notre exemple, qu'une vérification de la TH révèle que certaines pièces affichent une TH finale aussi faible que 9 %. En pareil cas, comme l'annexe III ne propose pas de valeur précalculée, il est nécessaire de faire un ajustement pour la TH finale. Les paragraphes suivants décrivent la procédure à cette fin.

Comme nous l'avons mentionné précédemment, on peut exprimer le retrait en termes de retrait maximal ou de retrait total. Il s'agit tout simplement du retrait depuis le PSF ou toute valeur supérieure, et ce, jusqu'à une TH de zéro. Le tableau 3-5 présente des valeurs de retrait total.

Supposons, par exemple, qu'il faille sécher une planche de bois vert d'épinette blanche débitée sur dosse d'une largeur de 10 po à une TH de 10 %. Le PSF est atteint à une TH de 30 % et le retrait tangentiel total pour cette essence est de 6,9 %. Quelle sera l'ampleur du retrait dans le sens de la largeur lorsque la pièce atteindra la TH de 10 % visée?

On ne peut résoudre le problème en une seule étape. Il faut d'abord calculer le pourcentage du retrait. Rappelons que le retrait sera proportionnel à la baisse de la TH depuis le PSF jusqu'à une TH de zéro.

$$\text{Retrait (\%)} = \frac{(\text{PSF - TH finale})}{\text{PSF}} \text{ x Retrait total}$$

$$\text{Retrait (\%)} = \frac{(30 - 10)}{30} \text{ x } 6{,}9$$

$$\text{Retrait (\%)} = 4{,}6\ \%$$

Ainsi, lorsque la TH de la planche atteindra 10 %, le retrait dans le sens de la largeur sera de 4,6 %. La deuxième étape tient au calcul du retrait réel. On utilise à cette fin la formule de retrait présentée précédemment :

$$\text{Retrait réel} = \frac{\text{Dimension à l'état vert x Pourcentage de retrait}}{100}$$

$$\text{Retrait réel} = \frac{10 \times 4{,}6}{100} = 0{,}46 \text{ po}$$

En soustrayant 0,46 po de 10 po, on obtient la largeur finale de la planche, soit 9,54 po. Cette méthode de calcul peut être utilisée dans chaque situation où l'essence et la TH finale sont connues.

Tableau 3-5
Valeurs de retrait total d'essences du groupe EPS dans les orientations radiale et tangentielle.

Essence	Retrait radial (%)	Retrait tangentiel (%)
Épinette noire	3,8	7,5
Épinette rouge	4,0	7,9
Pin gris	4,0	5,9
Sapin baumier	2,7	7,5
Epinette blanche	3,2	6,9
Épinette d'Engelmann	4,2	8,2
Pin de Murray	4,7	6,8
Sapin subalpin	2,6	7,4

L'annexe III du présent manuel présente une méthode simplifiée pour calculer le retrait à certains niveaux de TH.

3.5.4 EFFET DU TYPE DE BOIS SUR LE RETRAIT

En règle générale, le retrait du bois se produit dans le plan transversal. Cependant, il existe certains types irréguliers de bois qui rétrécissent dans le sens des fibres du bois. Le bois de réaction, lequel se forme dans les branches et les tiges penchées, est l'exemple le plus courant. Chez les résineux, il se forme sur la face inférieure des tiges penchées et on le dénomme bois de compression.

Le bois de compression se reconnaît à son apparence. Dans une bille de bois, il ne se forme pas sur le périmètre complet d'un cerne annuel. En conséquence, dans une section transversale, il affiche un motif en demi-lune. Les cernes annuels présentent une largeur exceptionnelle et semblent contenir une proportion élevée de bois final. Le bois de compression présentera aussi une couleur rouge foncé et, dans les pièces, une apparence terne.

Ce type de bois affiche un retrait longitudinal exceptionnellement important. Comme le bois de compression se présente habituellement sous forme de stries ou de plaques, il se produit des interactions entre le bois normal qui résiste au retrait longitudinal et le bois de compression qui tend à rétrécir, ce qui engendre des déformations prononcées lorsque les pièces sèchent.

D'autres types de bois affichent un retrait longitudinal important qui entraîne des problèmes durant le séchage. On retrouve parfois du bois affichant un fil tors ou diagonal là où les cellules de bois ne sont pas parallèles à la longueur de la pièce. Lorsque les cellules rétrécissent durant le séchage, elles provoquent le retrait longitudinal de la pièce, ce qui peut entraîner une déformation prenant la forme de torsion. Le bois juvénile près de la moelle d'un arbre présentera fréquemment un retrait longitudinal plus prononcé que la normale. Une pièce contenant du bois juvénile ou du bois de compression le long d'une rive et des fibres normales le long de l'autre rive développera une situation de différence de retrait au fur et à mesure que le bois sèche à une TH inférieure au PSF. Dans ce cas, la pièce courbera (voilement de rive) probablement, comme le montre la figure 3-4.

3.6 REPRISE D'HUMIDITÉ ET GONFLEMENT

Le seul changement du volume de bois lié à la TH décrit jusqu'à présent est le retrait attribuable à la baisse de la TH en dessous du PSF. Cependant, si on place du bois sec dans un milieu humide, les parois des cellules du bois peuvent absorber de l'eau et gonfler. Il s'agit du mécanisme inverse au retrait. De l'humidité, sous forme d'eau liée, pénètre dans les espaces entre les fibrilles des parois cellulaires. Les parois gonflent, ce qui entraîne une augmentation des dimensions du bois sur le plan transversal.

La principale préoccupation lors du séchage du bois est l'atteinte d'une TH suffisamment faible. Cependant, si le bois devient trop sec, certains problèmes s'ensuivront. Par exemple, des meubles fabriqués avec du bois séché à une faible TH peuvent être endommagés par le gonflement du bois et la rupture de joints collés si on les place dans un milieu trop humide.

La reprise d'humidité peut aussi poser un problème si la

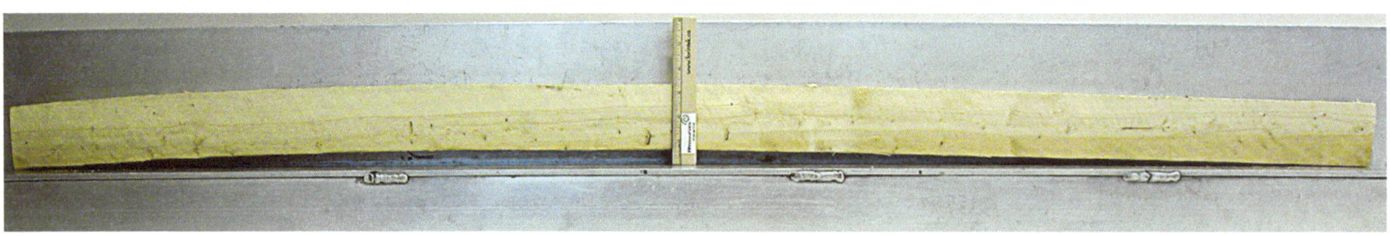

Figure 3-4
Le voilement de rive dans cette planche a été causé par le retrait plus prononcé du bois de compression (fibres foncées) le long de la rive inférieure que le retrait du bois normal le long de la rive supérieure.

TH du bois excède le niveau spécifié par le client. Comme on l'a signalé précédemment, une THE supérieure à la TH du bois entraînera une reprise d'humidité. Ce phénomène d'échange d'humidité est provoqué seulement par des changements de l'humidité relative de l'air ambiant et de la quantité d'eau liée dans les cellules du bois. Par conséquent, la situation ne sera préoccupante que lorsque la THE excède la TH visée. Si, par exemple, le bois est séché à une TH de 19 % et moins, une reprise d'humidité ne serait possible que si la THE excédait 19 %. À une température de 70 °F, il faudrait que l'humidité relative atteigne 88 % ou plus (voir l'annexe II) sur une assez longue période afin d'élever la TH du bois en question. Ainsi, c'est le bois séché à des TH finales beaucoup plus faibles qui est le plus à risque d'une reprise d'humidité à partir des conditions ambiantes. En pratique, seul le bois séché à une TH de 12 % ou moins nécessitera une certaine protection contre un milieu caractérisé par une humidité relative élevée. Dans la plupart des cas, si la TH du bois vient à dépasser 19 % après le séchage, c'est que le bois aura été exposé à de l'eau à l'état liquide sous forme de pluie, de neige fondante ou de flaques d'eau au sol. C'est contre ces sources d'humidité qu'il y a lieu de le protéger lorsque vient le moment d'entreposer ou d'expédier le bois d'œuvre.

3.7 COLLAPSE

Une forme particulière de retrait se produit chez certaines essences. Il s'agit d'un retrait anormal qu'on désigne sous le nom de collapse ou affaissement. Il est important de reconnaître les différences entre le retrait normal et le collapse.

Le phénomène du collapse s'explique par le fait que, dans le cas de bois très humide, les cavités cellulaires d'un certain nombre de cellules sont complètement remplies d'eau libre, laquelle ne laisse aucune place à l'air. Au fur et à mesure que ces cellules sèchent, l'eau libérée doit être remplacée par l'air. Mais le passage de l'air dans le bois humide est très lent. L'eau libre peut s'échapper des cellules saturées plus rapidement que l'air ne s'y introduit, notamment dans des conditions de chaleur élevée et de faible humidité. Le cas échéant, les parois cellulaires sont attirées les unes vers les autres sous l'effet de la tension capillaire. Les forces exercées par la tension capillaire déformeront les parois cellulaires au point où la cavité se refermera complètement. Signalons que ce n'est pas la pression de l'air sur les surfaces extérieures du bois qui est responsable du collapse, mais bien la force de cohésion de l'eau qui entraîne le rapprochement des parois cellulaires. Le collapse de groupes de cellules confère une apparence de planche à laver à la surface du bois d'œuvre. Des gerces internes peuvent aussi se développer dans les pièces épaisses.

La principale différence entre le collapse et le retrait normal tient au fait que le collapse ne se produit que dans les cellules d'où l'eau libre s'échappe, tandis que le retrait normal se produit seulement dans les cellules dont les cavités ne contiennent pas d'eau libre et dont les parois se vident d'eau liée. Par conséquent, le collapse se produit seulement au-dessus du PSF, tandis que le retrait normal se produit seulement dans les cellules dont la TH est inférieure

Figure 3-5
Collapse causant l'effondrement de la surface d'une planche.

au PSF.

Voici quelques caractéristiques du collapse :

- Le collapse se manifeste rarement dans le bois d'aubier, celui-ci étant généralement davantage perméable que le bois de cœur. Ainsi, l'air peut envahir les cavités cellulaires alors que l'eau libre s'en échappe.

- Le collapse survient plus fréquemment dans les essences affichant une TH initiale très élevée et une faible perméabilité. Au sein du groupe EPS, le sapin baumier, le sapin subalpin et l'épinette rouge ou blanche (notamment le bois issu de plantations) sont sujets au collapse.

- Le collapse se manifeste davantage dans le bois initial que dans le bois final parce que les parois des cellules de bois initial sont plus minces que celles du bois final et qu'elles résistent moins bien aux forces de rapprochement des parois.

- Le collapse entraîne l'ondulation de la surface du bois. Les crêtes représentent le bois final dont l'effondrement est inférieur à celui du bois initial que l'on retrouve dans les creux.

Lorsque le bois affichant une TH élevée est chauffé, les parois des cellules deviennent molles et malléables; le collapse est dont plus susceptible de se manifester lorsque le séchage artificiel s'effectue à des températures trop élevées. Lorsqu'une essence est sujette au collapse, une solution consiste à sécher le bois à l'air avant de le soumettre au séchage artificiel.

NOTES

CONSÉQUENCES DES POCHES DE BOIS HUMIDE SUR LE SÉCHAGE

4.1 LE BOIS DES POCHES HUMIDES

Les poches de bois humide présentes dans certaines essences ont des effets très prononcés sur les propriétés de séchage du bois. En général, le bois des poches humides a une TH supérieure et un taux de séchage plus lent que le bois normal. On a établi un lien entre la présence de bactéries anaérobies et la présence de ce qu'on qualifie de « bois humide » ou bois des poches humides. De toutes les essences du groupe EPS, le sapin baumier et le sapin subalpin sont les plus susceptibles de contenir des poches de bois humide. Le problème des sciages contenant des poches de bois humide n'est pas tant qu'il sèche lentement, mais plutôt qu'il est difficile de le détecter (et de l'isoler). En conséquence, ces sciages sont habituellement séchés en même temps que d'autres dont le taux de séchage est plus rapide. Et dès lors que les sciages d'un chargement donné affichent des caractéristiques de séchage différentes, le travail de l'opérateur de séchoir se complique considérablement.

Les bactéries associées au bois des poches humides ont possiblement pénétré dans les tissus de l'arbre par les racines (dans le sol) ou par des blessures (p. ex. branches cassées le long du tronc). Peu importe la voie qu'elles empruntent, nous savons que le problème prend naissance dans l'arbre vivant. Cependant, l'étendue des poches de bois humide dans une pièce ou une bille donnée peut varier énormément. On pense que cette variation dépend du stade d'infestation par les bactéries. Que la bactérie pénètre à partir d'un seul ou de plusieurs points d'entrée, l'infestation se propage lentement à l'échelle d'un arbre ou d'une bille. Le procédé de transformation de billes en sciages entraîne inévitablement le débitage de bois de zones infestées et de zones non infestées. En conséquence, certains sciages issus d'une bille peuvent contenir une importante proportion de bois humide, tandis que d'autres n'en contiennent pas du tout. C'est aussi ce qui explique la présence de poches de bois humide dans une section d'un sciage individuel, alors que le reste n'en contient pas et sèche normalement.

Un des effets secondaires qu'entraînent les poches de bois humide dans les sciages est la présence ou la formation de roulure durant le séchage artificiel. On croit que les bactéries mentionnées précédemment agissent sur le matériau intercellulaire (lamelle mitoyenne) dans la zone qui sépare les cernes annuels les uns des autres. Cela crée une zone de faiblesse entre les cernes. Parfois, la roulure est manifeste dans le bois vert. Le cas échéant, elle constitue un indice de zones susceptibles de contenir des poches de bois humide. Cependant, la roulure se manifeste le plus souvent après le séchage et le retrait du bois, lequel est alors exposé à des contraintes de séchage. Ces contraintes entraînent la rupture entre les fibres ligneuses dans les zones de faiblesse mentionnées précédemment, et la manifestation de la roulure.

4.2 DÉTECTION DES POCHES DE BOIS HUMIDE

On a associé un certain nombre de caractéristiques au bois des poches humides, mais aucune méthode spécifique n'a encore été mise au point qui en permette la détection dans le bois vert. Le bois des poches humides se reconnaît habituellement à la forme particulière du profil d'humidité des sciages verts ou séchés. Dans le bois vert, il se présente sous forme de zones foncées à la surface du bois, lesquelles affichent une apparence davantage humide (mouillée) que celle du bois environnant. La figure 4-1 montre un échantillon de sapin subalpin à l'état vert affichant des bandes foncées dans la zone de bois humide. Les zones foncées se présentent souvent sous forme d'un motif marbré, lequel ne correspond pas toujours à l'orientation du fil du bois.

Figure 4-1
Échantillon de sapin subalpin à l'état vert affichant des bandes foncées dans les zones de bois humide.

Durant le séchage du bois, on assiste inévitablement au développement d'un gradient d'humidité. En l'absence de traitements particuliers, par exemple un conditionnement, il se formera autour des sciages une enveloppe de bois plus sec que le bois au centre des pièces en question. L'importance du gradient d'humidité dépend de l'intensité du programme de séchage utilisé. Ces sujets font l'objet d'explications plus détaillées aux chapitres 15 à 18. Il faut toutefois signaler que la présence de poches de bois humide dans une pièce nuit au développement d'un gradient d'humidité normal.

La figure 4-2 montre des gradients d'humidité normaux et anormaux typiques d'une pièce de bois contenant des poches humides et séchée artificiellement. Dans l'échantillon normal, on note une augmentation régulière (et prévisible) de l'humidité depuis la surface jusqu'au centre de la pièce. Dans l'échantillon contenant des poches de bois humide, le gradient d'humidité n'affiche aucun motif prévisible. Les zones de la section transversale fortement infestée auront séché beaucoup plus lentement que les zones de bois normal, qui se trouvent à seulement quelques centimètres des zones de bois humide. La figure 4-2 montre la photo d'une section transversale d'une pièce contenant des poches humides peu après sa sortie du séchoir.

Figure 4-2

Bouts de pièces illustrant des pièces avec des poches humides et des pièces ne contenant pas de poches humides.

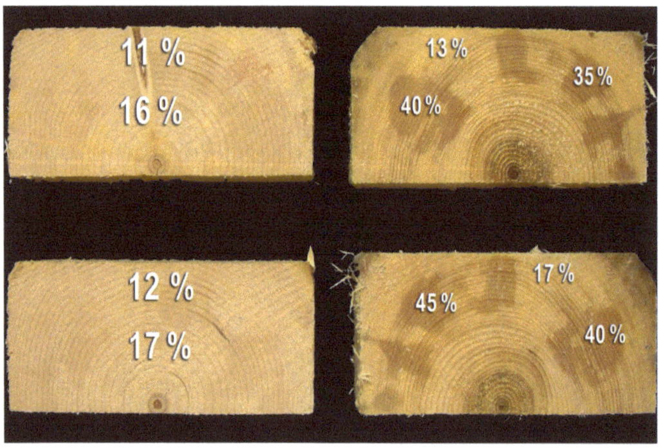

Lors de l'utilisation d'un humidimètre pour déterminer la TH de sciages, la distribution aléatoire de valeurs élevées et faibles dénote la présence de poches humides. Supposons, par exemple, que cinq lectures dans le sens de la longueur d'une pièce indiquent une très faible TH, mais que la sixième lecture grimpe à 35 %. Voilà un indice typique de la présence de bois contenant des poches de bois humide.

D'autres essences susceptibles de contenir des poches de bois humide affichent souvent des caractéristiques qui facilitent le dépistage des sciages infestés à l'état vert. Le bois de chêne, par exemple, dégagera une odeur de vinaigre. Par ailleurs, divers essais ont révélé que les zones de bois humide affichent un pH plus faible (plus acide) que celui des zones de bois normal. En conséquence, les séchoirs qui traitent de fortes quantités de poches de bois humide affichent davantage de problèmes de corrosion en raison de l'acidité des condensats qui se forment sur les parois du séchoir. Certaines essences, dont le sapin subalpin et le sapin baumier, présentent une couleur différente dans les zones contenant des poches de bois humide. Cette différence de couleur est toutefois très subtile. Elle se manifeste habituellement par une légère teinte bleutée.

Et pour compliquer les choses, l'infestation bactérienne n'est pas toujours localisée dans les pièces les plus humides. Il n'y a aucun lien direct entre la TH initiale et la présence de poches humides après le séchage. Des essais sur du bois de pin blanc effectués par Forintek ont révélé que le bois dont la TH se situe à peu près au milieu de la plage de TH initiale était plus susceptible de contenir des poches de bois humide que le bois dont la TH initiale se situe dans la partie supérieure de cette plage. Dans le cas de ces essais (et c'est probablement le cas pour d'autres essences résineuses susceptibles de contenir des poches de bois humide), c'est l'aubier qui affichait la TH la plus élevée. Le bois d'aubier est très perméable, et bien qu'il affiche une TH élevée, il sèche facilement et on peut l'inclure dans un chargement de bois de cœur affichant une TH « normale » plus faible. Des mesures de la TH de bois de sapin baumier vert de l'Est du Canada ont montré des résultats variant de 41 à 207 %. Le bois affichant la TH la plus faible est probablement entièrement du bois de cœur. Le bois affichant la TH la plus élevée (c.-à-d. 160 % et plus) est probablement du bois d'aubier, tandis que le bois affichant une TH s'inscrivant au milieu de la plage est le plus susceptible de contenir des poches de bois humide. Par conséquent, on ne peut se fier totalement aux systèmes de mesure de la TH en continu pour trier le bois contenant des poches de bois humide.

Les indices visuels suivants facilitent l'identification des sciages de sapin baumier les plus susceptibles de contenir des poches de bois humide :

- Les pièces affichant une coloration grisâtre sont davantage susceptibles de contenir des poches de bois humide;
- Les pièces affichant une apparence marbrée indiquant la présence de zones plus humides et de zones plus sèches sont davantage susceptibles de contenir des poches de bois humide;
- Les pièces de bois vert affichant de la roulure sont susceptibles de contenir des poches humides après le séchage;
- Les pièces qui affichent une apparence de bois très humide mais uniforme sur une importante surface sont peut-être des pièces de bois d'aubier et sécheront probablement facilement. La présence de flaches ou la position de la pièce par rapport à la section transversale de la bille sont des indices qu'il s'agit en fait de bois d'aubier. De telles pièces peuvent être incluses avec du bois qui sèche rapidement.
- Des pièces lourdes qui ne proviennent manifestement pas de l'aubier (p. ex. pièces contenant de la moelle) doivent être considérées comme contenant des poches de bois humide et séchées avec du bois qui sèche plus lentement.

Certaines scieries ont formé du personnel apte à reconnaître ces indices et mis en œuvre une procédure de triage axée sur l'inspection visuelle du bois vert.

4.3 EFFET DES POCHES DE BOIS HUMIDE SUR LES CARACTÉRISTIQUES DE SÉCHAGE

Il est entendu que des sciages contenant des poches de bois humide sèchent plus lentement que des sciages de bois normal d'une essence donnée ou d'autres essences du groupe EPS. Des essais en laboratoire menés sur le sapin baumier et le sapin subalpin ont révélé que le bois d'aubier est le bois le plus perméable, que le bois de cœur est le moins perméable, et que la perméabilité du bois des poches humides se classe entre celle des deux autres types de bois. Par conséquent, les différences sur le plan de la perméabilité n'expliquent pas complètement les différences observées en pratique relativement au temps de séchage. Quel que soit le mécanisme en présence, il apparaît clairement que la présence de poches de bois humide aura des répercussions plus lourdes sur les caractéristiques de séchage tant qu'il reste de l'eau libre dans le bois. Une fois la TH du bois réduite en dessous du PSF (de 25 à 30 %), la migration de l'eau libre n'est pas affectée par les facteurs mentionnés précédemment. Rappelons que la baisse de la TH moyenne en dessous du PSF ne signifie pas nécessairement que toute l'eau libre a été évacuée. Un gradient d'humidité normal ou des poches de bois humide entourées de bois sec peuvent expliquer la présence d'eau libre. Par conséquent, lorsqu'il s'agit de sécher du bois d'œuvre destiné à la construction à une TH de 19 % ou moins, la présence de poches de bois humide influence une bonne partie, sinon la totalité, du cycle de séchage.

4.4 EFFET DES POCHES DE BOIS HUMIDE SUR LE TAUX DE SÉCHAGE

Une étude antérieure de Forintek a révélé que le bois de sapin baumier à TH élevée (moyenne de 129 %) exigeait un cycle de séchage de 161 heures comparativement à 124 heures pour du bois dont la TH initiale était plus faible (85 %). Une autre étude a permis d'établir une plage de temps de séchage pour des sciages de TH initiale et de densité différentes. Le tableau 4-1 résume les résultats de cette étude. Le temps de séchage augmente avec une augmentation de la TH initiale et de la densité du bois.

Tableau 4-1

Temps de séchage selon les résultats d'essais en laboratoire sur des pièces de sapin baumier.

Description	TH initiale (%)	Densité	Temps de séchage (h)[1]
Faible TH initiale Faible densité	88,3	0,31	113
Faible TH initiale Densité élevée	83,4	0,36	122
TH initiale élevée Faible densité	131,6	0,30	156
TH initiale élevée Densité élevée	122,2	0,36	167

[1] Le temps de séchage se définit comme le temps nécessaire pour que 95 % des sciages atteignent une TH de 19 % ou moins.

Une autre étude de Forintek a donné des résultats similaires pour du bois de sapin subalpin. Dans le cadre de cette étude, le taux de séchage a été mesuré en % de TH/heure à divers stades du processus de séchage. La figure 4-3 établit une comparaison de taux de séchage pour les trois principales essences du groupe EPS de l'Ouest du Canada. Le graphique illustre les résultats pour du bois trié pour sa TH initiale élevée. On voit que le bois de sapin subalpin sèche plus lentement que le bois d'épinette ou de pin, peu importe la TH, mais que l'écart est plus prononcé aux TH supérieures. Cela prouve encore une fois que le bois des poches humides affiche non seulement une TH plus élevée, mais aussi qu'il sèche plus lentement. Des résultats similaires ont été obtenus pour du bois trié provenant du lot à TH moyenne. Par contre, pour le bois trié pour sa faible TH, le temps de séchage était semblable à celui du bois d'épinette.

Figure 4-3

Taux de séchage des trois principales essences du groupe EPS de l'Ouest du Canada.

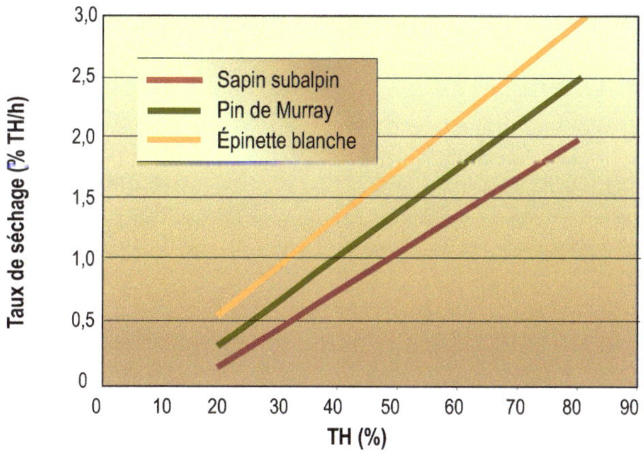

4.5 TRAITER LES ESSENCES SUSCEPTIBLES DE CONTENIR DES POCHES DE BOIS HUMIDE

Les sections précédentes du présent chapitre ont traité de la nature du bois des poches humides et de son impact sur les caractéristiques de séchage. Les explications fournies aideront les opérateurs de séchoir et les exploitants de scieries à comprendre pourquoi ils doivent modifier leurs méthodes de travail pour sécher du bois contenant des poches de bois humide. La présente section traitera de certaines techniques disponibles à cette fin.

Deux variables influencent l'adoption de méthodes de séchage spécifiques pour le bois contenant des poches humides, soit le pourcentage de sciages de sapin subalpin ou de sapin baumier et la qualité de ces sciages. Les scieries qui ont la bonne fortune de compter une très faible proportion de sapin (c.-à-d. moins de 10 %) dans leur approvisionnement peuvent souvent inclure les sciages de ce bois avec les autres sciages sans risque pour la qualité du séchage. Comme on l'a souligné précédemment, l'emploi d'un programme de séchage normal pour l'épinette ou le pin permettra de sécher adéquatement une certaine proportion du sapin. Par conséquent, si le pourcentage de sapin est faible, les quelques sciages trop humides peuvent être tolérés dans le produit final ou encore retirés et vendus comme sciages de qualité inférieure. Il faut cependant tenir compte de la qualité des sciages de sapin faisant partie du mélange de bois. Selon les conditions de la région de croissance, le sapin baumier ou subalpin sera plus ou moins infesté par les bactéries à l'origine des poches de bois humide. Ainsi, on peut tolérer une certaine proportion de sciages de sapin dans un mélange de bois sans nécessairement modifier les opérations de séchage. Certaines scieries peuvent maîtriser le problème en limitant la proportion de billes de sapin transformées dans leurs installations. Si le triage des essences s'effectue en forêt, l'excédent de billes de sapin peut être acheminé à d'autres installations ou transformé séparément comme bois vert.

4.5.1 SÉCHAGE DE BOIS CONTENANT DES POCHES HUMIDES EN MÊME TEMPS QUE LE BOIS NORMAL

Le séchage simultané de sciages dont les caractéristiques de séchage diffèrent exige toujours un compromis. L'opérateur de séchoir doit déterminer les aspects du séchage exigeant un compromis ainsi que l'importance de ce compromis. Il doit déterminer, par exemple, s'il y a lieu d'adopter un programme de séchage lent et ainsi réduire la productivité du séchoir, ou d'adopter un programme accéléré et obtenir davantage de pièces rejetées en raison de bois trop humide et davantage de gauchissement des sciages surséchés. Le compromis qu'il adoptera variera selon la situation, car chaque scierie doit tenir compte non seulement de son propre mélange de bois, mais aussi d'exigences particulières en matière de productivité des séchoirs et de la qualité des sciages.

Cela étant dit, il est possible de sécher ensemble des sciages à séchage lent et à séchage rapide, et d'obtenir de bons résultats (sur le plan de la qualité des sciages). On y parvient en adoptant un programme de séchage relativement conservateur prévoyant un long traitement d'équilibrage à la fin du cycle de séchage. Voilà la seule façon de prévenir le surséchage des sciages à séchage rapide et de faire en sorte que les sciages à séchage plus lent atteignent la TH finale visée. Malheureusement, la plupart des scieries ne peuvent pas se payer le temps de séchage nécessaire pour des raisons de productivité ou de rentabilité. Lorsqu'il faut introduire dans un seul séchoir deux groupes de sciages dont les caractéristiques de séchage diffèrent, il ne faut pas oublier que le cycle de séchage nécessaire pour obtenir un produit final de bonne qualité sera, dans la plupart des cas, plus long que le séchage, de façon séparée, des sciages dont le séchage prend le plus de temps. C'est parce qu'il faut retarder la progression du programme de séchage et amorcer le processus d'équilibrage du séchage dès que les sciages à séchage rapide ont atteint, ou presque atteint, la TH finale visée. La figure 4-4 montre un diagramme pour expliquer ce concept. On peut constater que le taux de séchage des sciages de sapin et d'épinette diminue sensiblement une fois la phase d'équilibrage amorcée. Le chapitre 15 traite plus en détail des programmes de séchage pour les mélanges d'essences et du concept d'équilibrage.

4.5.2 SÉCHAGE DE CHARGEMENTS CONTENANT UNIQUEMENT DU SAPIN BAUMIER OU SUBALPIN

Le triage et le séchage de façon individuelle d'essences contenant des poches de bois humide présente certains avantages par rapport au séchage en combinaison avec d'autres essences. Dans le cas des essences du groupe EPS, on obtiendra de meilleurs rendements en séchant les autres

Figure 4-4

Programme de séchage au terme duquel on a prévu un traitement d'équilibrage prolongé.

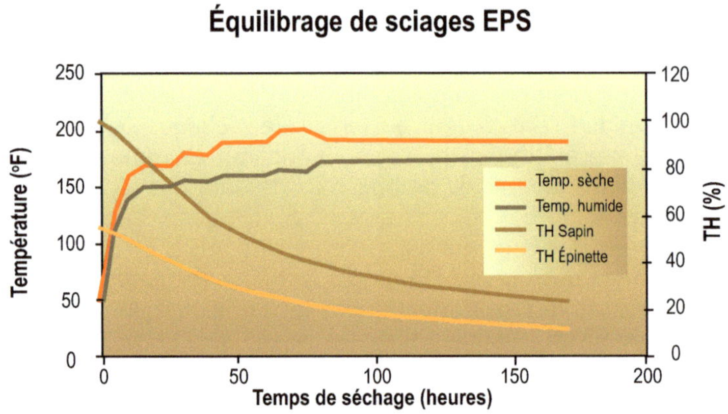

essences sans y mélanger de sapin baumier ou subalpin. Le temps de séchage des différentes essences d'épinette et de pin du groupe EPS est davantage uniforme en l'absence de sciages de sapin baumier ou de sapin subalpin. Par conséquent, le séchage de sciages d'essences autres que ces deux essences problématiques donne un bien meilleur résultat en termes d'uniformité de la TH finale. Qui plus est, cette pratique contribue à diminuer le taux de dégradation causée par le séchage. Cela étant dit, qu'est-ce qu'on fait avec le sapin (et autres essences contenant des poches de bois humide) lorsqu'il est séché séparément?

Des essais de Forintek sur un séchoir expérimental ont révélé que le temps de séchage du sapin baumier peut varier considérablement. Ces essais ont démontré que certaines pièces séchaient en aussi peu que 27 heures, tandis que d'autres pouvaient prendre jusqu'à 151 heures. L'inclusion de sciages affichant des caractéristiques de séchage aussi variables dans un même chargement exige le même genre de compromis que la situation décrite précédemment pour le séchage d'un mélange d'essences. Tout comme dans le cas du mélange d'essences, une des solutions tient à l'emploi de longs programmes de séchage prévoyant un traitement d'équilibrage. Le cas échéant, les compromis décrits précédemment s'imposent.

Le séchage à l'air devient une possibilité envisageable une fois que les essences de sapin en présence ont été séparées. Le séchage à l'air permet d'obtenir le même résultat qu'un programme de séchage lent de longue durée suivi d'un programme d'équilibrage. Les conditions de THE (teneur en humidité d'équilibre) à l'extérieur sont relativement douces comparativement aux conditions prévues par la plupart des programmes de séchage. Dans la plupart des régions du pays, il est impossible d'atteindre une TH en dessous de 12 à 15 %, ce qui nécessite au moins une ou deux saisons de séchage. L'objectif, dans le cas du séchage à l'air de bois de sapin baumier ou subalpin, est de réduire la quantité d'eau libre présente dans le bois, voire de l'éliminer complètement. Comme cela a été souligné précédemment, l'effet des poches de bois humide n'entre en ligne de compte que lorsque la TH du bois est inférieure au PSF. En favorisant le séchage à l'air jusqu'à ce que la TH des sciages s'approche du PSF, le bois peut alors être séché selon un programme accéléré de séchage au séchoir. Cela réduit le risque d'observer des poches humides en fin de séchage ou une dégradation excessive des sciages. Une étude de Forintek sur les essences du groupe EPS de l'Est a révélé qu'au bout de 6 à 8 semaines de séchage à l'air dans des conditions printanières ou estivales, on pouvait mélanger des sciages de sapin baumier avec des sciages d'épinette et de pin à l'état vert pour les besoins d'un cycle de séchage se rapprochant davantage des temps de séchage de l'épinette et du pin. Le séchage à l'air fait l'objet d'un traitement plus détaillé au chapitre 13.

Dans certains cas, on opte pour le séchage à l'air comme traitement complet au lieu de le considérer comme un traitement initial des sciages. Si le pourcentage de sciages de sapin baumier est relativement faible, il peut être sensé de les laisser sécher à l'air jusqu'à ce qu'ils atteignent la TH finale visée. La procédure à cette fin est décrite au chapitre 13. On y retrouve aussi des données sur les taux de séchage. Lors de l'aménagement d'un parc de séchage à l'air, il faut prendre les mesures nécessaires pour assurer le séchage du bois le plus rapide et le plus uniforme possible. Comme nous l'avons mentionné précédemment, on peut atteindre une TH finale de 19 % ou moins dans la plupart des régions du pays. Selon les règles de classement de la NLGA, on peut estampiller de tels sciages « S-DRY ». Récemment, toutefois, certaines usines ont dû revoir leur façon de procéder à la lumière de prescriptions de traitement thermique de bois destiné aux marchés d'exportation. Pour atteindre une température de 133 °F (56 °C) au centre des pièces en question, il faut les introduire dans un séchoir (ou dans une chambre de traitement thermique) à un moment donné. Si on a recours au séchage à l'air comme traitement préalable au séchage artificiel, le problème ne se présente pas (se reporter à la section sur le traitement à la chaleur). On peut toutefois soumettre le bois en question à un traitement à la chaleur rapide en séchoir avant de l'acheminer au parc de séchage à l'air. L'une ou l'autre de ces deux approches est conforme aux exigences phytosanitaires.

Certaines scieries utilisent des séchoirs à basse température pour sécher les sciages de sapin baumier et subalpin. On parvient ainsi à atteindre les objectifs visés par un programme d'équilibrage. Un des avantages d'un tel système tient au fait qu'il est plus facile de maintenir des THE plus élevées aux températures de fonctionnement inférieures de ce type de séchoir. Le temps de séchage avec ces séchoirs est plus long que celui d'un séchoir à moyenne ou à haute température, mais moins long et plus prévisible que le séchage à l'air. Quiconque entend sécher à basse température des sciages triés contenant des poches de bois humide devrait envisager d'installer un séchoir à basse température conçu à cette fin plutôt que d'utiliser un séchoir classique et de le faire fonctionner à basse température. Les coûts d'immobilisation du capital et les frais d'exploitation associés à un séchoir à basse température seront inférieurs aux coûts et aux frais associés à un séchoir classique de capacité équivalente.

Soulignons que les programmes de séchage accélérés de sapin baumier et subalpin ne donnent pas de bons résultats. Que le séchage se fasse à basse ou à haute température, une forte dépression (différence psychrométrique) au début du programme entraînera l'affaissement des cellules (collapse). Dans la mesure du possible, il y a lieu d'éviter une dépression initiale de plus de 15 à 20 °F (8 à 11 °C). Le chapitre 15 traite plus en détail des programmes de séchage. Signalons, toutefois, que l'efficacité du séchage à basse température de sciages de ces essences de sapin est attribuable au fait qu'il est plus facile d'atteindre et de maintenir une faible dépression à des températures sèches plus basses.

4.5.3 SÉPARATION DES SCIAGES CONTENANT DES POCHES DE BOIS HUMIDE ET DES SCIAGES DE BOIS NORMAL

Certaines des caractéristiques décrites précédemment dans les sections intitulées Le bois des poches humides et Détection des poches de bois humide sont utiles pour séparer les sciages de sapin baumier ou subalpin des sciages des autres essences. L'objectif consiste à éliminer la partie difficile à sécher de la partie plus facile à sécher. Comme nous l'avons mentionné précédemment, une partie des sciages séchera plus facilement en fonction de programmes de séchage établis pour les sciages d'épinette et de pin. Il s'agit de repérer ces sciages et de les mettre à l'écart. Certaines usines effectuent un triage visuel à partir des caractéristiques décrites dans les premières sections du présent chapitre. D'autres scieries font appel à divers systèmes pour automatiser le procédé de différenciation des sciages. Des détecteurs de la TH à l'état vert ont été employés dans le passé. Le défi, avec de tels appareils, consiste à trouver un détecteur qui n'est pas affecté par les autres propriétés du bois, plus particulièrement par les variations de densité du bois. Il n'existe présentement aucun dispositif sur le marché que l'on pourrait désigner de véritable détecteur de la TH à l'état vert. Cependant, certains appareils dont le fonctionnement est fondé sur la mesure par radiofréquences (RF) ou sur la mesure de la masse des pièces ont été mis au point et sont actuellement en service. Dans un cas comme dans l'autre, la mesure effectuée dépend de la quantité de bois (c.-à-d. sa densité) et de la quantité d'eau présentes. Les variations d'une pièce à l'autre des valeurs de ces deux variables sont très importantes, sur le plan du séchage, lorsqu'une essence est traitée à la fois (peu importe la présence ou l'absence de poches de bois humide). Lorsque plusieurs essences sont traitées, la variation de la densité d'une essence à l'autre peut compliquer le processus de repérage et de séparation des sciages difficiles à sécher d'avec ceux qui sèchent plus facilement.

Une fois la séparation effectuée, on peut mettre au point des routines de séchage qui répondent aux exigences spécifiques de chaque groupe de sciages. Il arrive souvent que la proportion de sciages de sapin baumier ou subalpin faciles à sécher puisse être traitée avec des sciages d'épinette et de pin selon un programme de séchage établi pour ces essences. La proportion difficile à sécher peut ensuite être séchée à l'air, partiellement séchée à l'air ou séchée dans un séchoir selon un long programme de séchage conservateur. En réduisant au minimum la proportion de bois qu'il faut absolument soumettre à un long programme de séchage, on réalise plusieurs avantages. La proportion facile à sécher peut être soumise à un programme de séchage accéléré avec un moindre risque de dégradation des sciages, et ce, tout en favorisant la productivité du séchoir. Les économies de temps ainsi réalisées justifient le recours à des cycles de séchage plus longs pour sécher le bois plus difficile à sécher.

4.5.4 RESÉCHAGE DE SCIAGES CONTENANT DES POCHES HUMIDES

Les mesures abordées jusqu'à présent offrent des solutions au problème des sciages contenant des poches de bois humide qui peuvent être mises en œuvre avant ou pendant le séchage du bois. Une solution de rechange consiste à aborder le problème une fois les sciages sortis du séchoir. Peu importe que l'on sèche le sapin subalpin ou baumier de façon séparée ou avec d'autres essences, on obtiendra un vaste éventail de TH finales. La figure 4-5 montre une distribution typique des TH à la fin du cycle de séchage de sciages du groupe EPS contenant une des essences sujettes au développement de poches de bois humide. Si un tel chargement est exposé à des conditions de séchage intensives, les sciages dont la TH s'inscrit au bas de l'échelle des valeurs de TH deviendront surséchés, ce qui entraînera davantage de dégradation attribuable au séchage. En outre, ils afficheront un gauchissement accru (se reporter à la section sur l'effet de la TH finale sur la dégradation attribuable au séchage du chapitre 17). Une solution de rechange consiste à retirer prématurément tous les sciages du séchoir avant la fin du cycle de séchage, d'en mesurer la TH au moyen d'un humidimètre en continu et de mettre à l'écart les sciages qui doivent être séchés de nouveau. L'effet net de cette approche se traduit habituellement par une réduction du temps de séchage moyen ainsi que par une amélioration du rendement en qualité. L'inconvénient tient au surplus de manutention des sciages et à la nécessité d'installer, d'une part, un système pour mesurer l'humidité et, d'autre part, de l'équipement pour mettre les sciages « trop humides » à l'écart avant le rabotage.

Figure 4-5

Distribution typique de la TH finale d'un mélange de sciages d'épinette et de sapin (subalpin ou baumier).

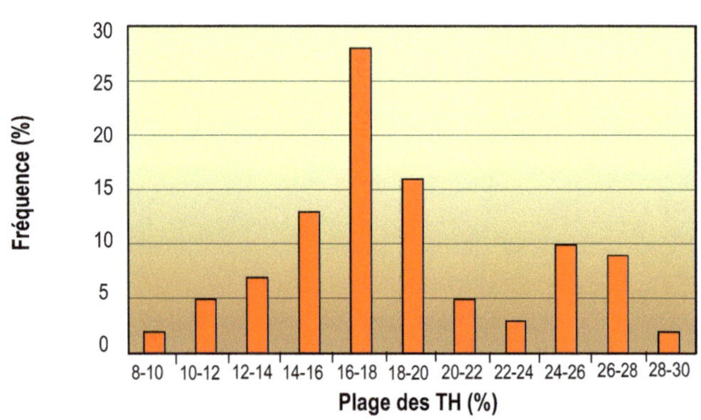

Les sciages « trop humides » sont les pièces retirées d'un lot de sciages à moitié séché, mais qui ne sont pas considérées humides au sens couramment attribué au bois à l'état vert. Il s'agit probablement d'un mélange de bois normal à séchage lent (la plus faible proportion) et de pièces contenant des poches humides. La proportion de bois contenant des poches humides dans ces sciages varie. En conséquence, même un chargement de sciages destinés au reséchage affichera une grande variation des conditions d'humidité et les sciages eux-mêmes présenteront de nombreuses caractéristiques de séchage. Certains sciages n'exigeront qu'un court cycle de reséchage, tandis que d'autres mettront beaucoup plus de temps à atteindre la TH visée. Par conséquent, la meilleure façon de traiter de tels sciages dans un séchoir classique consiste à les soumettre à un cycle de séchage conservateur afin d'équilibrer le chargement. Le chapitre 15 formule des suggestions concernant les programmes de reséchage.

Le reséchage peut s'effectuer dans un séchoir classique selon la procédure décrite précédemment, ou au moyen de tout autre système de séchage. On s'est vivement intéressé à la possibilité de combiner le séchage à haute fréquence sous vide (HFV) et le séchage dans un séchoir classique. Le raisonnement à la base de ces efforts s'articule comme suit : les sciages peuvent être séchés dans un séchoir classique selon un cycle de séchage raccourci au terme duquel on retire les sciages « trop humides » aux fins de reséchage. On accumule les sciages destinés au reséchage et on les prépare en conséquence. Le séchage à HFV n'exige pas l'empilement des sciages sur des baguettes, ce qui facilite la manutention et l'empilement des sciages « trop humides ». Le cycle de séchage d'un séchoir à HFV est relativement rapide (se reporter à la description des systèmes de séchage au chapitre 7). En conséquence, on peut procéder au reséchage de sciages issus d'un séchoir classique dans une chambre de faible volume. Ce concept a été concrétisé à l'échelle commerciale pour le séchage de sciages du groupe pruche de l'Ouest-sapin (un autre groupe d'essences touchées par les poches de bois humide). On l'a aussi proposé pour le séchage des sciages du groupe EPS. Des essais effectués par Forintek et Hydro-Québec ont confirmé la faisabilité technique de ce concept. Dans le cadre d'essais portant sur le reséchage de sciages d'épinette noire mesurant 2 po d'épaisseur, le séchage à HFV s'est avéré quatre fois plus rapide que le séchage classique. Un séchoir à HFV permet de réduire la TH des sciages de 2,2 % par heure, comparativement à 0,6 % par heure dans le cas d'un séchoir à air chaud climatisé. Pour le moment, cependant, cette approche n'est pas le meilleur choix, car le coût de l'équipement et les frais d'exploitation connexes sont supérieurs aux méthodes de rechange pour le reséchage.

Comme pour n'importe quelle décision concernant un équipement ou un procédé, les critères ultimes qui seront considérés sont le coût de production et la valeur du produit. Le reséchage peut s'avérer positif sur ces deux critères, aussi s'agit-il d'une option qu'il vaut la peine d'analyser. C'est particulièrement vrai dans le cadre de la planification et de l'installation d'un nouveau système de séchage, car il est alors plus facile d'y intégrer le flux des sciages pour le reséchage. Même si le reséchage n'est pas envisagé au départ, l'aménagement d'installations de manière à pouvoir saisir toutes les possibilités de triage et de re-manutention des sciages à divers points du processus de transformation, ne serait-ce que prévoir de l'espace en prévision de modifications du système à l'avenir, procurera une bonne marge de manœuvre future.

DÉTERMINATION DE LA TENEUR EN HUMIDITÉ DU BOIS

5.1 APERÇU

La teneur en humidité (TH) est la plus importante des propriétés du bois qui doit être évaluée dans une installation de séchage du bois. Du bois vert jusqu'au bois sec, en passant par les divers stades de séchage, la disponibilité de données de TH précises est d'une importance capitale pour la prise adéquate de décision ou l'appréciation d'une situation nécessitant du jugement. Malheureusement, aucune méthode de mesure de la TH n'est suffisamment précise et pratique pour répondre à tous les besoins d'information sur la TH du bois. Le présent chapitre met en lumière les méthodes couramment utilisées pour mesurer la TH. La méthode utilisée dans le cadre d'une application donnée dépendra du niveau de précision requis et du temps qu'il faudra pour obtenir les résultats visés.

5.2 MÉTHODE DE SÉCHAGE AU FOUR

La méthode classique pour déterminer la TH du bois est la méthode de séchage au four (méthode au four). Cette méthode directe peut être utilisée pour toutes les essences, y compris celles du groupe EPS. Elle permet d'obtenir une détermination très précise de la TH du bois dans la plage complète de TH, depuis l'état vert jusqu'à l'état anhydre. C'est aussi une méthode de référence pour l'étalonnage et la comparaison de systèmes de mesure indirecte de l'humidité.

Supposons, par exemple, qu'il s'agisse de déterminer la TH moyenne d'une pièce. Ce qui suit est la procédure, étape par étape, qui est reconnue comme donnant les résultats les plus précis.

1. Découper, à chaque extrémité de la pièce, une section d'environ 2 pi (0,6 m) qui sera par la suite supprimée. On élimine ainsi la possibilité que le séchage ait débuté aux extrémités de la pièce.
2. Prélever un échantillon d'une longueur d'environ 1 po (25 mm) dans le sens du fil à chaque extrémité fraîchement découpée. Ces échantillons, qui serviront à la détermination de la TH, doivent être libres de nœuds, de carie, de poches de résine ou de tout autre défaut.
3. Enlever tous les éclats de bois et la sciure des échantillons.

Figure 5-1
Modèle de découpage d'échantillons pour déterminer la TH par la méthode au four.

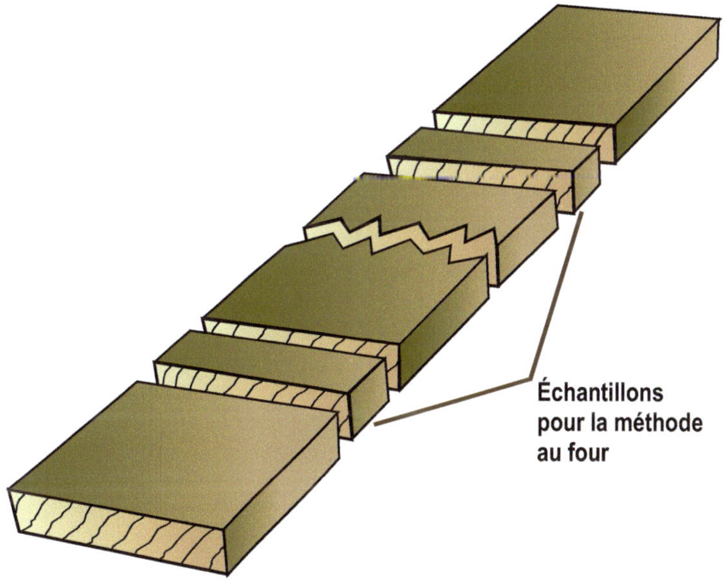

4. Peser les échantillons sans tarder et noter les mesures obtenues comme étant la masse initiale ou à l'état vert. S'il est impossible de peser les échantillons immédiatement, il y a lieu de les envelopper dans un sac en plastique. La méthode recommandée pour mesurer la masse des échantillons consiste à utiliser une balance électronique capable d'indiquer la masse avec une précision de 0,1 gramme (g).
5. Placer les échantillons dans un four ventilé à une température de 215 à 220 °F (102 à 104 °C) et les laisser sécher jusqu'à ce qu'ils atteignent une masse constante (habituellement de 18 à 24 heures). On considérera alors que la TH du bois est de 0 %.
6. Prendre à nouveau le poids des échantillons dès leur retrait du four et noter leur masse comme étant la masse anhydre.

7. Utiliser la méthode décrite précédemment (chapitre 3) pour calculer la TH de chaque échantillon. Exemple :

Échantillon 1
Masse initiale = 80 g
Masse anhydre = 47 g

$$\text{Teneur en humidité} = \left[\frac{(80-47)}{47}\right] \text{x } 100 = 70\ \%$$

Échantillon 2
Masse initiale = 101 g
Masse anhydre = 54 g

$$\text{Teneur en humidité} = \left[\frac{(101-54)}{54}\right] \text{x } 100 = 87\ \%$$

Puisque les deux échantillons ont été prélevés à chaque extrémité de la pièce, la moyenne des deux valeurs de TH (78,5 %) constitue une estimation de la TH moyenne de la pièce.

Un des désavantages de la méthode au four tient au délai qu'elle engendre avant d'obtenir les résultats. On peut toutefois raccourcir ce délai en asséchant les échantillons dans un four à micro-ondes. Mais comme la puissance nominale des fours à micro-ondes varie énormément, aucune procédure précise ne peut être recommandée. L'utilisation d'un four à micro-ondes comporte un risque de brûler les échantillons. Ce phénomène débute normalement au centre de l'échantillon, et il est habituellement bien avancé au moment où l'on s'en aperçoit. Une des façons de parer à cette possibilité consiste à utiliser un faible réglage d'intensité. Il est aussi recommandé de retirer l'échantillon du four et de le replacer en alternance afin d'en permettre le refroidissement. Il peut être possible de réduire la durée totale pour obtenir les résultats, mais le coût de la main-d'œuvre nécessaire à cette fin sera souvent plus onéreux que celui de la méthode standard de séchage au four.

Comme la méthode au four requiert beaucoup de temps et est destructive, en ce sens qu'il faut prélever des échantillons à partir de toutes les pièces à évaluer, il est nécessaire d'utiliser des méthodes de rechange pour déterminer la TH du bois séché au séchoir.

5.3 MÉTHODES ÉLECTRIQUES

Dans un contexte industriel, la méthode au four pour déterminer la TH de sciages exige souvent trop de temps et constitue un gaspillage de sciages. Heureusement, il existe des humidimètres électriques portatifs qu'une personne seule peut facilement utiliser pour déterminer rapidement la TH. Ce type d'appareil mesure une des propriétés électriques du bois qui varie selon la TH, par exemple la résistance électrique, la constante diélectrique ou la perte de puissance des ondes à haute fréquence.

5.3.1 HUMIDIMÈTRES À RÉSISTANCE ÉLECTRIQUE

Plusieurs fabricants offrent des humidimètres à résistance électrique, mais tous ces appareils fonctionnent selon le même principe, à savoir que le bois anhydre est un excellent isolant électrique. En d'autres mots, il affiche une très forte résistance électrique. Cette résistance diminue rapidement avec l'augmentation de la TH du bois jusqu'au point de saturation des fibres (PSF = TH de 25 à 30 %). Au-dessus du PSF, toute augmentation de la TH n'entraîne qu'un changement négligeable de la résistance.

Un humidimètre à résistance est conçu pour mesurer la résistance électrique entre deux points d'une pièce de bois. La résistance se mesure habituellement entre deux électrodes ou aiguilles enfoncées dans le bois dans le sens du fil. Les électrodes sont habituellement munies de poignées (communément appelées « marteaux ») qui permettent de les enfoncer dans le bois et de les retirer avec peu d'effort. Dans le cas des petits appareils, les électrodes font partie intégrante de l'appareil.

(a)

(b)

Figure 5-2
Exemple d'un humidimètre à résistance électrique avec une sonde externe (a). La plupart des appareils de ce type sont étalonnés en fonction de lectures lorsque les électrodes sont parallèles au fil du bois (b).

Pour prendre une lecture, on enfonce les électrodes dans le bois dans le sens du fil. Au bout d'une seconde ou deux, pour assurer la stabilité de la lecture, on note la TH qui s'affiche habituellement en pourcentage sur l'humidimètre. Il faut toutefois se garder de penser que cette lecture correspond à la TH, car la température et l'essence influencent la lecture qui doit être ajustée en conséquence. Ces ajustements peuvent être effectués par le logiciel intégré dans l'humidimètre ou manuellement. Peu importe la méthode utilisée, l'utilisateur doit se soucier que les facteurs de correction les plus appropriés seront appliqués.

La température du bois dont on tente de déterminer la TH influence la lecture de l'humidimètre parce que, à une TH donnée, l'augmentation de la température entraîne une diminution de la résistance du bois. Habituellement, la lecture de l'humidimètre reflète l'étalonnage de l'appareil à une température du bois de 70 °F (21 °C). Lorsque la température est plus élevée ou plus basse, il faut apporter une correction à la lecture. Il faut donc connaître la température du bois en présence, puis utiliser des tables de correction pour corriger les lectures de l'humidimètre. Le tableau 5-2 présente des valeurs de correction de température pour les humidimètres à résistance et les humidimètres diélectriques.

Une méthode pratique pour mesurer la température du bois consiste à insérer une sonde de température, par exemple un thermocouple, dans un trou pratiqué par les aiguilles de l'humidimètre et de prendre une lecture de la température du bois directement à partir du lecteur de température.

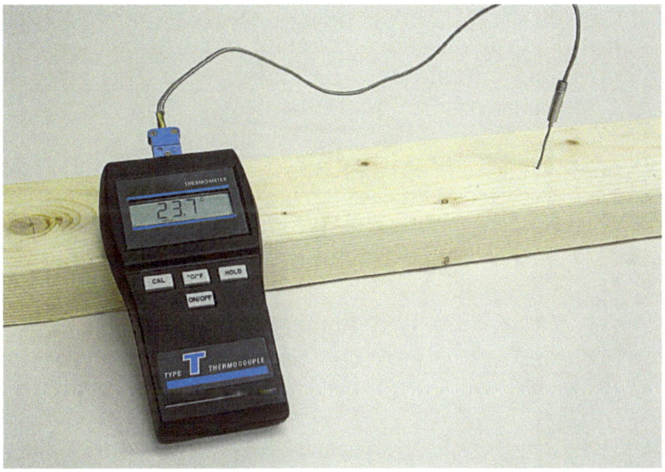

Figure 5-3
On peut mesurer la température du bois avec un thermomètre électronique muni d'une sonde thermoucouple dont le diamètre en permet l'insertion dans un trou laissé par l'enfoncement des électrodes de l'humidimètre.

La résistance électrique du bois varie selon l'essence, et ce, en raison de différences sur le plan de la structure du bois et de la concentration d'électrolytes dans les cellules ligneuses. Des facteurs de correction ont été établis pour les essences résineuses commercialement importantes. Le groupe EPS comprend des essences habituellement transformées ensemble, ce qui pose un problème lorsqu'il faut utiliser un humidimètre à résistance électrique, puisqu'on ne peut, de façon réaliste, régler l'appareil d'une planche à l'autre en fonction de son essence. Ce problème peut être réglé de deux façons. Il faut d'abord déterminer si le groupe des essences en présence comprend une proportion dominante d'une essence donnée; le cas échéant, il y a lieu de régler l'humidimètre en fonction de cette essence et d'accepter toute erreur de mesure de la TH du bois des autres essences. La seconde façon consiste à utiliser un facteur de correction global conçu spécifiquement pour le bois du groupe EPS. Au Canada, le Conseil d'accréditation des normes canadiennes du bois a établi un facteur de correction global pour le groupe EPS qui est utilisé par les organismes de classement du bois d'œuvre et un grand nombre de scieries. Pour le bois d'œuvre portant une estampille de qualité donnée, le procédé fonctionne bien, car tous les intervenants utilisent le même facteur de correction et s'entendent sur le classement résultant. Dans le cas de produits à valeur ajoutée, cependant, ou pour toute autre situation où un degré de précision supérieure s'impose, il est recommandé d'utiliser les facteurs de correction spécifiques des essences particulières en présence.

On peut obtenir la liste des facteurs de correction spécifiques d'essences particulières auprès de plusieurs sources, y compris les fabricants d'humidimètres et divers instituts de recherche. Forintek a publié un livret de facteurs de correction disponibles qui tiennent compte à la fois de l'effet de la température du bois et de l'essence. Comme nous l'avons mentionné précédemment, il incombe à l'utilisateur d'employer les facteurs de correction les plus appropriés. Dans certains cas, les facteurs sont imposés par le client ou l'organisme d'inspection qui établit les normes concernant le bois sec. En pareil cas, il faut suivre la procédure établie pour réduire au minimum le risque de divergence par rapport à la norme.

La plupart des fabricants offrent maintenant des humidimètres avec des facteurs de correction selon la température et l'essence. L'utilisateur peut donc sélectionner les facteurs désirés et obtenir directement sur l'affichage de l'appareil les valeurs corrigées ou même les télécharger dans un système informatisé de collecte de données. L'utilisateur doit être sensible à la source des corrections et décider si elles représentent le meilleur choix dans les circonstances. Dans certains cas, les fabricants offrent un choix de facteurs de correction préprogrammés dans l'humidimètre ou la possibilité de programmer plusieurs versions des facteurs dans le même appareil.

Les électrodes ou aiguilles sont soit isolées, soit non isolées. La longueur des électrodes isolées peut varier infiniment. Elles se reconnaissent à un revêtement non conducteur sur toute leur longueur, sauf à leur extrémité où une section de 1/8 po (3 mm) est exposée. De cette manière, la résistance, et ainsi la TH, est mesurée seulement entre les extrémités des électrodes. En enfonçant la paire d'aiguilles dans le bois à des profondeurs différentes, on peut établir le profil de la TH.

Dans la majorité des cas lorsque les sciages viennent d'être retirés du séchoir, la distribution de l'humidité dans le bois n'est pas uniforme. En règle générale, il existe un gradient d'humidité où la TH est à son plus faible à la surface et augmente graduellement jusqu'au centre des pièces. On peut établir cette distribution de l'humidité avec précision au moyen d'électrodes isolées dont la longueur permet de les enfoncer jusqu'au milieu des pièces en présence. Si on utilise des aiguilles non isolées, la TH indiquée sera toujours celle du bois le plus humide entre les électrodes, peu importe la profondeur à laquelle elles sont enfoncées. Rappelons que la résistance électrique est plus faible dans le bois humide et que le faible courant électrique entre les électrodes suivra toujours la voie de la moindre résistance.

La figure 5-4 montre l'évolution d'un gradient d'humidité après séchage dans du bois de dimension du groupe EPS. On peut constater, à l'examen de ce diagramme, que si les aiguilles sont enfoncées jusqu'au centre de la pièce, la TH moyenne du bois sera surestimée. Inversement, si les électrodes sont placées à la surface ou si elles sont peu enfoncées, la TH moyenne sera sous-estimée. Forintek a effectué des essais pour déterminer une profondeur appropriée pour mesurer la TH du bois de dimension du groupe EPS. De façon générale, on enfoncera les électrodes à une profondeur d'environ un cinquième de l'épaisseur de la pièce. En conséquence, pour mesurer la TH de bois de dimension de 2 po, on enfoncerait les électrodes à une profondeur d'environ 3/8 po (9,5 mm) dans des sciages de bois brut sec et à une profondeur d'environ 5/16 po (8 mm) dans des sciages de bois sec raboté. La profondeur recommandée est moins fiable s'il s'agit de bois séché rapidement à haute température et n'est pas du tout fiable dans le cas de bois qui contient des poches ou des stries humides. Cette mise en garde s'applique évidemment au bois d'essences du groupe EPS séché à haute température et au bois de sapin baumier et de sapin subalpin dans lequel on retrouve couramment des poches humides.

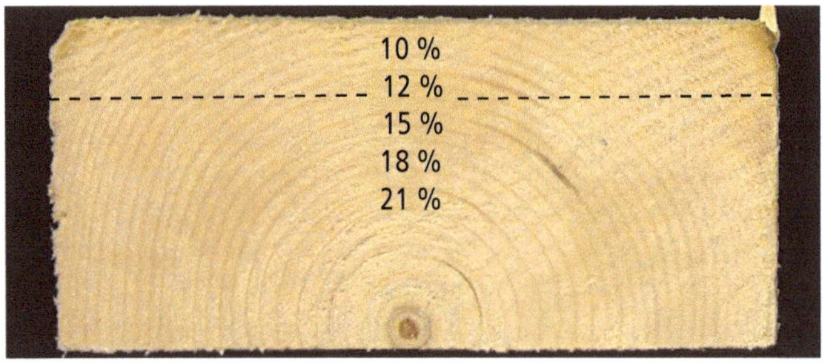

Figure 5-4
Diagramme de l'extrémité d'une pièce affichant un gradient de TH normal et la profondeur cible pour mesurer la TH moyenne (1/5 de l'épaisseur de la pièce).

Si la surface du bois séché au séchoir a absorbé de l'humidité à la suite d'une exposition à un milieu humide, l'utilisation d'aiguilles non isolées (ou d'aiguilles dont le revêtement isolant est usé) résultera toujours en une TH fortement surestimée, et ce, peu importe la longueur des aiguilles. Si l'utilisateur avait employé des aiguilles isolées, l'humidimètre aurait indiqué une TH élevée lorsque les aiguilles auraient pénétré les couches de surface de la pièce, mais la TH affichée aurait diminué à mesure que les extrémités conductrices des aiguilles se seraient approchées du centre de la pièce. Si la surface des pièces a été fortement exposée à la pluie ou à la neige fondante, même l'utilisation d'aiguilles isolées n'empêchera pas les erreurs de lecture.

Signalons que ce type d'humidimètre peut mesurer de manière fiable les TH s'inscrivant dans une plage de 6 à 25 %. Au-dessous de 6 %, la résistance électrique est trop importante et ne peut être facilement mesurée. Au-dessus de 25 %, la variation de la résistance est trop faible pour permettre des mesures précises. L'échelle de certains humidimètres s'étend au-delà de 25 %, mais la partie supérieure de l'échelle sert à apporter des corrections de température jusqu'au PSF. L'utilisateur de tels appareils doit se garder de penser qu'ils permettent le calcul exact de la TH au-delà de cette limite. Il ne faut pas croire, cependant, que les valeurs élevées ne sont pas valides. Elles indiquent que la TH excède (et probablement de beaucoup) la TH visée.

Il y a lieu de vérifier le bon fonctionnement de l'humidimètre en procédant à un contrôle d'étalonnage chaque fois qu'on envisage de l'utiliser, par exemple avant une vérification à chaud ou l'inspection de bois sec à l'usine de rabotage. Un grand nombre d'humidimètres possèdent un contrôle d'étalonnage interne permettant de vérifier le fonctionnement des composants internes. Dans le cas d'un humidimètre à résistance électrique, il est aussi recommandé d'effectuer un contrôle de résistance pour vérifier le fonctionnement de l'appareil, des sondes et des câbles. La figure 5-5 montre l'application des électrodes sur un bloc dont la résistance est connue. Vu que l'humidimètre a été réglé en fonction d'une essence et d'une température données (habituellement le Douglas taxifolié à 70 °F), la lecture devrait correspondre à la mesure de la TH de cette essence à cette température. Tout en maintenant les électrodes en contact avec le bloc de résistance, on peut tirer et pousser doucement sur les câbles pour repérer toute connexion lâche. Les opérateurs de séchoirs doivent être à l'affût d'autres indices témoignant d'une défectuosité de l'humidimètre (non-retour de l'affichage à zéro entre les lectures ou les lectures très erratiques).

Pour prévenir les erreurs découlant du séchage des extrémités des sciages, il est recommandé de ne pas prendre de lectures à moins de 2 pi (0,6 m) de l'une ou l'autre des extrémités d'un sciage.

Figure 5-5
On peut vérifier l'étalonnage des humidimètres à résistance électrique à l'aide d'un bloc étalon de résistance connue.

5.3.2 HUMIDIMÈTRES DIÉLECTRIQUES

Le terme « diélectrique » désigne un vaste éventail d'humidimètres dont le principe de fonctionnement repose sur d'autres propriétés électriques que la résistance. La plupart des matériaux, y compris le bois et l'eau, influent sur la transmission des ondes radioélectriques. Les humidimètres diélectriques mesurent la capacitance, la perte de puissance ou une combinaison des deux. Lorsqu'une pièce de bois est placée dans le champ électrique créé par ces appareils, la quantité de bois et l'humidité qu'elle contient en modifient les propriétés électriques. En soustrayant l'effet du bois de la lecture, on peut observer l'effet net de l'humidité présente dans le bois. Le mécanisme de fonctionnement précis de ces appareils n'est pas aussi apparent que celui des humidimètres à résistance. En conséquence, il est impossible de fournir une description détaillée des divers appareils offerts sur le marché. L'utilisateur de ces appareils doit être au courant des conditions qui en régissent l'utilisation et du niveau de précision auquel il peut s'attendre.

La densité du bois influence la lecture de l'humidimètre. Cependant, l'humidimètre en tient habituellement compte avant d'indiquer une estimation de la TH. Il faut toutefois s'assurer que l'humidimètre est ajusté correctement à la densité de l'essence dont il faut mesurer la TH. Comme nous l'avons signalé aux chapitres 1 et 2, la densité du bois d'une essence donnée peut varier. En général, les fabricants d'humidimètres utilisent les valeurs moyennes publiées d'essences pour élaborer leurs facteurs de correction. Dans certains cas, il y a lieu de vérifier la densité du bois pour s'assurer qu'elle est égale à la valeur programmée dans l'humidimètre ou qu'elle s'en rapproche. La plupart des humidimètres permettent de compenser les valeurs d'essences non incluses dans la programmation d'un appareil ou les valeurs programmées qui ne sont pas adéquates.

Un des avantages des humidimètres diélectriques tient au fait qu'ils n'endommagent pas le bois et ne laissent aucune marque sur sa surface. Cette caractéristique présente certains avantages là où la présence de trous d'aiguilles dans le produit fini est inacceptable. Leur principal désavantage, toutefois, découle du fait qu'ils ne génèrent pas de données sur la distribution de l'humidité à l'intérieur d'une pièce de bois. Dans certains cas, la présence d'un gradient d'humidité peut avoir un effet négatif sur les lectures obtenues avec ce type d'humidimètre. Le champ diélectrique créé par l'humidimètre subit l'effet des matériaux en présence. Des essais effectués chez Forintek ont révélé que l'application du champ diélectrique sur du bois affichant un gradient d'humidité normal après séchage permet d'obtenir des estimations assez justes de la TH moyenne. Dans des conditions anormales, la précision des lectures diminue. Par exemple, les résultats obtenus à partir de bois dont la surface a été réhumidifiée après le séchage pourront s'avérer trompeurs. Même une mince couche de bois affichant une TH élevée à la surface des pièces haussera la lecture d'un humidimètre diélectrique au point d'entraîner une surestimation de la TH moyenne. Par ailleurs, l'utilisation d'un humidimètre diélectrique pour mesurer la TH de bois contenant une importante poche humide juste sous une couche de bois très sec entraînera une sous-estimation de la TH moyenne. Il y a donc lieu d'éviter de telles situations ou, tout au moins, d'en tenir compte aux fins d'interprétation des lectures de ce type d'humidimètre.

Comme pour les humidimètres à résistance électrique, un certain nombre de facteurs physiques et ambiants influent sur le fonctionnement des humidimètres diélectriques. Le tableau 5-1 résume les facteurs qui influencent le fonctionnement d'un humidimètre diélectrique d'usage courant. Bien qu'il soit impossible d'effectuer des corrections pour tous ces facteurs, on peut fréquemment utiliser ce type d'humidimètre dans des situations où ces facteurs n'influencent pas les lectures obtenues. Une autre approche consiste à normaliser les procédures d'essais afin que les lectures prises à un moment donné puissent être comparées aux lectures prises soit avant, soit après.

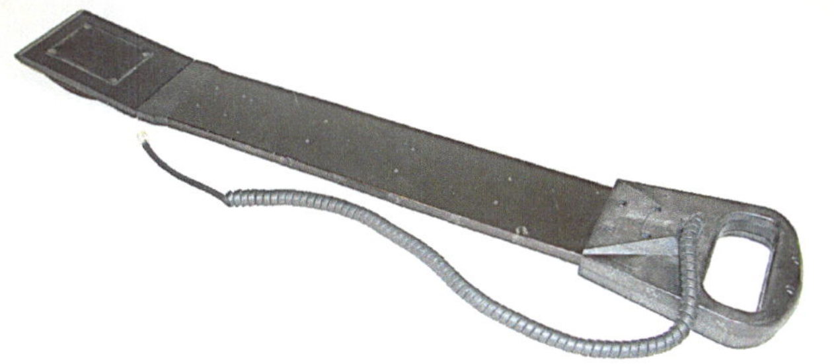

Figure 5-6
Humidimètre diélectrique avec sonde externe utilisé pour obtenir des estimations de la TH dans un chargement de sciages empilés sur baguettes.

Comme on le constatera ci-après, la température du bois influence aussi les lectures des humidimètres diélectriques. Des essais effectués chez Forintek au moyen d'un appareil de marque particulière ont révélé que l'ampleur de l'effet de la température est d'environ la moitié de l'effet constaté avec l'utilisation d'humidimètres à résistance. Bien que des fluctuations mineures de la température du bois ne posent pas de problème lors de l'utilisation de ce type d'humidimètre, il y a des situations où il faut tenir compte de compensations de température. Signalons, entre autres, l'évaluation de bois très froid ou très chaud, par exemple du bois d'œuvre entreposé en hiver ou des sciages à peine sortis du séchoir ou toujours dans le séchoir. Le tableau 5-2 énumère les corrections de température établies par Forintek pour l'humidimètre diélectrique de marque Wagner. On peut se procurer un rapport contenant plus de détails sur l'effet de la température et d'autres variables sur les lectures de l'humidimètre.

Tableau 5-1
Facteurs influençant les estimations de la TH au moyen d'humidimètres diélectriques.

Facteur	Effet sur la lecture
Essence (épinette noire)	Sous-estimation de la TH au-dessus de12,5 % environ. Surestimation de la TH en dessous de ce niveau.
Densité	Des variations au sein d'une même essence influenceront la précision des lectures. Sous-estimation de la TH si la densité choisie sur l'humidimètre est supérieure à la densité réelle du bois. Surestimation de la TH si la densité choisie sur l'humidimètre est inférieure à la densité réelle du bois.
Gradient d'humidité	L'humidité en surface (supérieure ou inférieure à la TH moyenne de la section) influence les lectures de l'humidimètre.
Température du bois	La valeur des lectures augmente avec l'augmentation de la température du bois (voir tableau 5-2).
État de la surface du bois	Sous-estimation de la TH à partir de la surface de bois brut comparativement à la surface de bois raboté.
Largeur des planches	Sous-estimation de la TH lorsque la largeur d'une planche est inférieure à la largeur de la plaque sensible du capteur de l'appareil.

Figure 5-7
Contrôle de l'étalonnage d'un humidimètre diélectrique avec un bloc étalon qui produit une réponse connue.

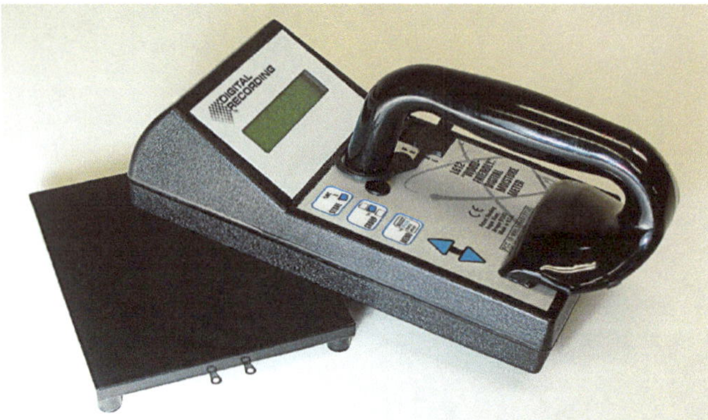

Comme le montre la figure 5-6, les humidimètres diélectriques peuvent être dotés d'une sonde externe qui permet d'obtenir des lectures dans des paquets de sciages empilés sur baguettes. On peut donc obtenir un éventail d'échantillons plus large et plus représentatif. Il faut toutefois s'assurer que la tête du capteur est bien centrée au-dessus d'un sciage avant d'enregistrer une lecture. Si la tête du capteur n'est pas centrée et qu'elle fait le pont entre deux sciages à la fois, ou si elle est partiellement exposée à un espace d'air, les lectures de l'humidimètre seront plus basses. Tous les facteurs mentionnés précédemment et qui influencent les lectures d'humidimètres diélectriques sont pertinents, et ce, peu importe que l'on utilise l'appareil seul ou avec une sonde externe pour le bois empilé.

Comme c'est le cas pour les humidimètres à résistance électrique, il y a lieu de vérifier régulièrement l'étalonnage des humidimètres diélectriques. Lorsque c'est possible, un contrôle d'étalonnage interne peut servir à vérifier les composants internes de l'appareil, mais le meilleur contrôle consiste à effectuer un essai sur une plaque étalon. Il ne faut toutefois pas utiliser un bloc de bois, car la TH de toute pièce de bois variera avec le temps. Les fabricants fournissent une plaque de matériau composite dont les propriétés électriques sont connues et stables (figure 5-7). Le capteur de l'appareil, qu'il soit situé sur l'humidimètre ou sur la sonde externe, peut être appliqué sur cette plaque pour vérifier la précision des lectures. Cette manœuvre ne prend que quelques secondes et s'impose avant chaque utilisation de l'appareil.

5.3.3 UTILISATION ET INTERPRÉTATION DES RÉSULTATS PROVENANT D'HUMIDIMÈTRES PORTATIFS

Il est important de tenir compte des directives techniques particulières formulées précédemment lorsque vient le moment d'utiliser l'un ou l'autre des deux principaux types d'humidimètres portatifs. Les observations générales formulées ci-après s'appliquent à l'interprétation des résultats obtenus avec un humidimètre de l'un ou de l'autre type.

Diverses études, chez Forintek et ailleurs, ont révélé que les humidimètres diélectriques et à résistance électrique peuvent afficher des niveaux de précision similaires s'ils sont utilisés correctement et si les bons facteurs de correction sont appliqués. Tout comme pour les humidimètres à résistance électrique, les appareils diélectriques ont été conçus pour mesurer la TH de bois dont le degré d'humidité se situe en dessous du PSF. Le fonctionnement de ces humidimètres affiche une stabilité accrue lorsqu'on détermine le degré d'humidité de bois dont la TH est relativement faible, c.-à-d. en dessous de 10 %. En effet, la précision des lectures prises avec les deux types d'humidimètres sera plus grande pour les valeurs situées dans la partie inférieure de leur plage de sensibilité. Aussi, les lectures individuelles au-dessus de 19 % afficheront une marge d'erreur supérieure à celles des lectures de TH plus faibles. Dans ces conditions, les deux types d'humidimètres affichent généralement une précision de la TH de plus ou moins 1 à 2 %.

Tous les humidimètres affichent des erreurs dont l'ampleur varie, d'une pièce de bois à l'autre, en raison des variations des propriétés du bois, comme la densité et la teneur en produits d'extraction. Cependant, en présence d'un important échantillonnage de pièces, les erreurs devraient tendre vers la moyenne. Par conséquent, une façon d'obtenir de bonnes estimations de la TH d'un chargement ou d'un groupe de sciages consiste à tenir compte des statistiques de la population plutôt que de lectures individuelles. Divers paramètres, par exemple la moyenne, l'écart-type et le pourcentage de matériel s'inscrivant dans une certaine étendue de TH, sont utiles pour évaluer et comparer des lots de sciages. L'exemple du tableau 5-3 témoigne de la qualité de l'estimation de la TH moyenne

Tableau 5-2
Effet de la température du bois sur les lectures d'humidimètres diélectrique et à résistance électrique. (Source : étude de Forintek)

Type d'humidimètre	Correction des lectures pour une température du bois de (°C)									
	-30	-20	-10	0	10	20	30	40	50	60
Diélectrique	+2,5	+2,0	+1,5	+1,1	+0,6	+0,1	-0,4	-0,9	-1,3	-1,8
Résistance électrique	+5,2	+4,3	+3,3	+2,4	+1,3	+0,3	-0,8	-1,9	-3,1	-4,3

pour un échantillon de pièces relativement restreint. Dans le cas en question, l'humidimètre a permis d'obtenir une TH moyenne du groupe de sciages affichant une erreur de moins de 0,5 % par rapport à la TH moyenne obtenue par la méthode au four. Même si les lectures des pièces, prises individuellement, montrent des erreurs plus importantes, les valeurs positives et négatives s'égalisent fréquemment.

Bien qu'aucun des deux types d'humidimètre ne soit recommandé pour mesurer la TH du bois au dessus du PSF, cela ne veut pas dire que des lectures plus élevées soient complètement non fiables. Dans la plupart des cas d'utilisation d'un humidimètre, la principale préoccupation est de savoir si la TH des sciages en présence se situe dans la fourchette des TH finales visées ou si elle en dépasse les limites. Pour la majorité des produits du groupe EPS, la TH finale doit être égale ou inférieure à 19 %. Ainsi, les lectures inférieures à ce pourcentage représentent un indice fiable que le bois en question est sec. Bien que les lectures au-dessus de cette valeur soient moins fiables, elles n'en représentent pas moins un bon indice que l'humidité est supérieure à la limite acceptable. Une fois de plus, en considérant que des erreurs d'estimation se produisent dans les deux sens, le pourcentage de sciages « trop humides » dans un lot important de sciages sera généralement un bon indicateur de ce paramètre.

Les directives formulées précédemment s'appliquent dans la plupart des situations d'échantillonnage. Cependant, lorsqu'il s'agit de bois susceptible de contenir des poches humides, certaines précautions s'imposent. La figure 5-8 montre des histogrammes de TH finale de mélanges d'essences du groupe EPS avec et sans bois contenant des poches humides. L'échantillon sans poches humides affiche une courbe de distribution normale. Les recommandations formulées précédemment concernant l'usage de statistiques s'applique en l'occurrence. Le deuxième histogramme montre une distribution asymétrique en raison de pièces humides causées par la présence de bois contenant des poches humides. Pour ce type de bois, les paramètres statistiques, comme la moyenne et l'écart-type, sont moins utiles. En pareille situation, il vaut peut-être mieux tenir compte du pourcentage de sciages dont la TH du bois est supérieure à une certaine valeur. Comme le surséchage est une préoccupation en présence de sciages « trop humides », il vaut peut-être la peine de considérer le pourcentage de bois s'inscrivant dans les limites d'une étendue jugée acceptable, puis de calculer le pourcentage du bois surséché et du bois « trop humide ».

5.4 HUMIDIMÈTRES EN CONTINU POUR LE BOIS SEC

Des humidimètres en continu sont offerts sur le marché depuis des années, mais ce n'est que depuis peu qu'on les retrouve de façon plus fréquente dans les usines de rabotage du bois d'EPS. La plupart des usines modernes de rabotage sont munies d'un humidimètre en continu qui permet de mesurer la TH de chaque pièce de bois séchée au four. La présente section traite de la valeur et de l'utilisation des données générées par ces appareils.

La technologie des humidimètres en continu est semblable à celle des humidimètres diélectriques portatifs. Les dimensions et la puissance des plaques de lecture des humidimètres en continu sont plus grandes que celles des humidimètres portatifs, mais un grand nombre des facteurs influant sur la performance des appareils portatifs s'appliquent également aux appareils en continu. Le gradient d'humidité, la température du bois et la densité sont autant de facteurs qui doivent soit être corrigés, soit pris en considération dans l'interprétation des lectures prises au moyen de ces appareils.

Les humidimètres en continu permettent de recueillir des données détaillées sur la TH finale qu'il est impossible d'obtenir par tout autre moyen. Les données de TH de chaque pièce peuvent être utilisées de plusieurs façons pour améliorer l'efficacité d'une installation de séchage.

L'utilisation évidente d'un humidimètre en continu est de s'assurer que la TH de tous les sciages respecte les spécifications du client. Ces appareils sont habituellement installés en aval (après) de la raboteuse afin d'assurer une distribution de la TH conforme aux exigences. Lorsqu'on obtient un trop grand nombre de sciages « trop humides », on peut les retirer du lot ou leur attribuer une qualité inférieure. Les prochains chargements de séchoir feront alors l'objet d'un séchage plus long. Voilà un avantage important découlant de l'utilisation de ce type d'humidimètre, mais s'y limiter serait de fermer les yeux sur d'autres possibilités.

Tableau 5-3

Exemple de l'effet du calcul de la moyenne d'un ensemble de lectures d'humidimètre sur la qualité des estimations de la TH malgré les importantes erreurs associées à certaines lectures individuelles.

	Lectures individuelles										Moyenne
TH au four	18,5	17,9	16,2	13,4	15,4	18,1	16,9	17,1	16,4	16,1	16,6
Estimation de la TH par l'humidimètre	17,2	18,1	15,6	13,6	16,8	19,8	15,8	17,5	16	16,9	16,7
Erreur (TH au four - TH humidimètre)	+1,3	-0,2	+0,6	-0,2	-1,4	-1,7	+1,1	-0,4	+0,4	-0,8	-0,1

Nota : Cet exemple s'applique à tout type d'humidimètre. On suppose que les lectures reflètent l'application de corrections pour la température, l'essence et d'autres facteurs mentionnés dans les sections précédentes.

Figure 5-8
Histogrammes affichant des courbes normale (b) et asymétrique (a) de la distribution de la TH finale. Chacun des graphiques indique aussi la proportion de sciages surséchés et de sciages « trop humides ».

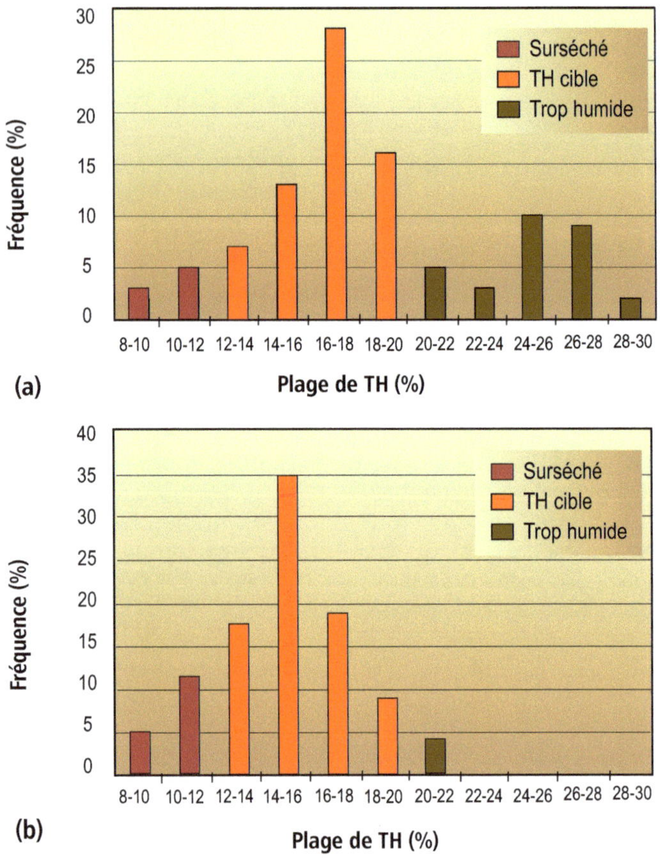

L'analyse des données provenant d'un humidimètre en continu peut mettre en lumière divers problèmes relatifs aux programmes de séchage ou à l'équipement. Une façon de faire consiste à dresser la carte de la distribution des TH finales dans le séchoir. La figure 5-9 montre comment on peut analyser les données générées par l'humidimètre pour déceler des variations de la TH finale à l'intérieur du séchoir. On y constate l'existence d'une zone plus humide que le reste du chargement. Pareille constatation témoigne peut-être d'un problème au séchoir. Il pourrait s'agir d'un problème de circulation d'air ou de distribution de température. L'opérateur du séchoir, ainsi averti, peut prendre les mesures correctives nécessaires avant que la situation n'entraîne des problèmes pour les clients. À cette fin, les données de TH finales doivent être compilées et transmises à l'opérateur de séchoir. En « fermant la boucle » de cette façon, l'opérateur de séchoir peut mesurer l'effet d'autres variables, par exemple les modifications du programme de séchage ou des opérations de prétriage. L'humidimètre en continu devrait être considéré comme le principal outil de contrôle de la qualité et d'amélioration des procédés pour les installations de séchage des essences du groupe EPS.

Les humidimètres en continu offrent aussi la possibilité de mettre en œuvre une stratégie de reséchage. Le reséchage est abordé plus en détail aux chapitres 4 et 15. Toutefois, la seule façon d'implanter une telle stratégie exige l'utilisation d'un humidimètre en continu. Qui plus est, l'humidimètre doit être installé en amont (avant) de la raboteuse. On doit aussi prévoir un mécanisme permettant de séparer les sciages bruts « trop humides » des autres sciages. On pourra ainsi les réacheminer au séchoir (ou à tout autre procédé de séchage) aux fins de reséchage.

5.5 CORRÉLATION DES LECTURES D'HUMIDIMÈTRES DIFFÉRENTS

Étant donné le vaste éventail de facteurs influençant chacune des méthodes électriques de mesure de la TH, la comparaison des résultats de mesure posera inévitablement des difficultés. Ce sera le cas, peu importe qu'on utilise différents types d'humidimètres ou encore le même type d'humidimètre à différents stades du procédé de transformation. Il y a donc lieu d'uniformiser la procédure de mesure, d'accepter le fait que différents types d'humidimètres afficheront des estimations différentes de la TH, et de mettre au point une méthode pertinente de corrélation des données. Le chapitre 14 traite des techniques de corrélation de données et en donne un exemple. Avant de procéder, cependant, il faut établir une base de référence à partir de laquelle la corrélation sera effectuée. Il peut s'agir de la TH selon la méthode au four, mais dans la plupart des cas, il s'agira d'un type particulier d'humidimètres et de facteurs de correction particuliers. En général, il s'agira de l'humidimètre avec lequel le personnel d'usine est le plus familier, celui en lequel ils ont le plus confiance ou l'humidimètre utilisé par leur agence d'inspection des sciages ou leurs clients.

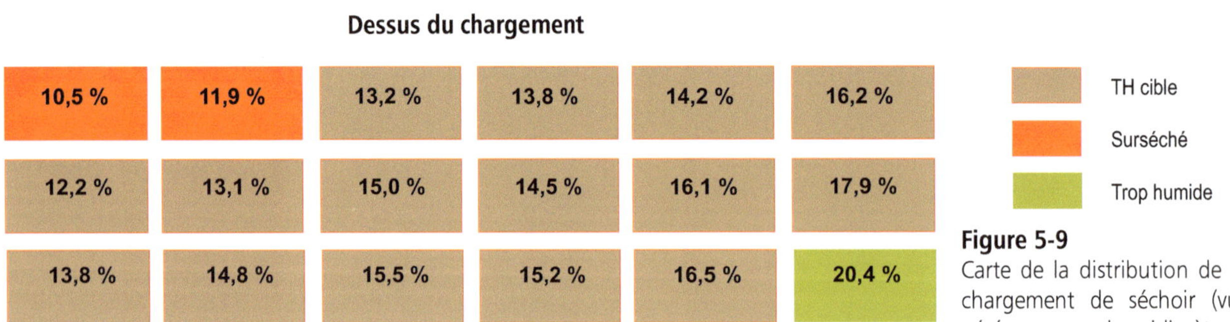

Figure 5-9
Carte de la distribution de la TH finale d'un chargement de séchoir (vue de côté) générée par un humidimètre en continu. Les couleurs indiquent les zones du séchoir qui contribuent au surséchage ou au bois « trop humide ».

6

FACTEURS PHYSIQUES INFLUENÇANT LE SÉCHAGE DU BOIS

Les effets de la température, de l'humidité et de la circulation de l'air sur le mécanisme de migration de l'humidité dans le bois sont à ce point complexes que seul un aperçu des principes de base peut être abordé dans le présent manuel.

6.1 L'EAU DANS LE BOIS

Tel qu'il est décrit dans les chapitres précédents, l'eau est présente dans le bois sous trois formes principales : l'eau libre à l'état liquide, l'eau libre à l'état gazeux (vapeur d'eau) et l'eau liée. Durant le séchage du bois d'œuvre, la migration de ces formes d'eau vers la surface s'effectue selon différents principes et chemins d'écoulement. En fonction des conditions qui prévalent à l'intérieur du bois, l'eau peut se transformer d'un état à l'autre durant sa migration vers la surface. Par exemple, à des températures normales, l'eau liée compte pour environ 30 % de la masse sèche du bois d'œuvre à l'état vert; comme la teneur en vapeur d'eau est négligeable, l'eau libre compte pour le reste. Dans le cas du bois d'épinette affichant une teneur en humidité (TH) initiale d'environ 60 %, l'eau liée et l'eau libre sont présentes en proportions à peu près égales. Le bois de sapin subalpin affichant une TH initiale de 90 % contient deux fois plus d'eau libre que d'eau liée. Durant le séchage, c'est d'abord l'eau libre des couches de surface qui est évacuée. En conséquence, l'eau des couches de surface se trouve rapidement presqu'entièrement constituée d'eau liée et d'une quantité négligeable de vapeur d'eau. L'eau se déplaçant du centre des pièces de bois se transforme d'abord en eau liée, puis en vapeur d'eau. C'est sous cette forme qu'elle s'échappe du bois.

6.1.1 MIGRATION DE L'EAU LIBRE

La migration de l'eau libre dans le bois est le résultat de forces capillaires engendrées par l'évaporation de l'eau des cellules de surface. Ces forces entraînent la migration des molécules d'eau depuis les couches intérieures du bois jusqu'à la surface. Le facteur le plus important agissant sur l'écoulement capillaire est la perméabilité du bois. Le phénomène de la capillarité est le mécanisme de migration de l'eau le plus rapide et celui qui exige le moins d'énergie. Voilà pourquoi le bois d'aubier perméable chargé d'humidité sèche habituellement plus rapidement que le bois de cœur.

L'écoulement capillaire est au moins 50 fois plus rapide dans le plan longitudinal du bois que dans le plan transversal, car l'eau se heurte moins souvent aux obstructions que sont les ponctuations aréolées (qui sont des goulots d'étranglement, même dans les bois perméables) ou à d'autres obstacles.

La migration de l'eau libre ne peut toutefois se produire que lorsqu'on retrouve de l'eau libre, c'est-à-dire au-dessus du PSF. Il faut aussi une quantité d'eau suffisante pour assurer la continuité de l'écoulement capillaire depuis la surface du bois (zone d'évaporation) jusqu'aux zones intérieures. Par conséquent, la migration de l'eau libre est plus rapide aux TH supérieures.

La température du bois constitue aussi un facteur influençant l'écoulement capillaire. À des températures plus élevées, la viscosité de l'eau diminue. Ainsi, pour une tension capillaire donnée, l'écoulement sera plus rapide. Une augmentation de la température du bois de 70 °F (21 °C) à 210 °F (99 °C) réduit la viscosité de l'eau par un facteur de trois.

6.1.2 DÉBIT MASSIQUE

Le séchage à haute température déclenche un autre processus de séchage, soit le débit massique. Lorsqu'on chauffe du bois d'œuvre dont la TH est au-dessus du PSF à une température supérieure au point d'ébullition de l'eau, une proportion de l'eau se transforme en vapeur dont la pression est plus élevée que la pression atmosphérique. Si le bois en question est perméable, la vapeur s'en échappe en raison du différentiel de pression et le bois sèche. Toutefois, si le bois est imperméable, le séchage ne peut se produire que par diffusion, mais le processus est assez rapide à cette température. Comme la vapeur d'eau produite dans le bois chauffé au-dessus du point d'ébullition peut créer une pression suffisante pour fendre le bois, le séchage de bois imperméable à haute température peut entraîner un important déclassement des pièces et il y a lieu de l'éviter. Cependant, le séchage à haute température de bois d'essences plus perméables, comme le pin gris et certaines variétés d'épinette, est efficace et sûr.

6.1.3 DIFFUSION DE LA VAPEUR

La vapeur d'eau se déplace sous l'effet de la diffusion, processus qui provoque le déplacement aléatoire et dans toutes les directions des molécules d'eau. Si une forte concentration de molécules se produit dans une zone donnée alors qu'une faible concentration de molécules se produit dans une autre zone, le nombre de molécules qui fuiront la zone de forte concentration sera supérieur au nombre de molécules qui y entreront. Et s'il s'agit de molécules d'eau, la TH du bois diminuera. De même, s'il y a capture, condensation ou transfert de molécules d'une autre zone, cela entraînera le mouvement de molécules dans cette direction et un apport net dans la zone en question. Le taux de diffusion de la vapeur est donc proportionnel à la différence entre les concentrations de molécules d'eau qui se diffusent ou, plus précisément, au différentiel de pression de vapeur d'eau d'une zone à l'autre. L'augmentation de la TH augmente la tension de vapeur dans le bois jusqu'au PSF. Ainsi, lors du séchage, un gradient de tension de vapeur se développera, depuis la zone où la TH est égale ou supérieure au PSF jusqu'à la surface du bois. La zone où la TH est supérieure au PSF n'affichera aucun gradient de tension de vapeur appréciable. Cela veut dire qu'aucune migration significative de vapeur d'eau n'a lieu au-dessus du PSF. Comme la diffusion de vapeur d'eau d'une zone à l'autre exige la présence d'un chemin d'écoulement continu, la stricte diffusion de la vapeur n'est définitivement possible que dans du bois perméable.

La perméabilité du bois résulte de la présence de ponctuations communicantes entre les cellules ligneuses et n'a rien à voir avec la dureté du bois ou sa résistance. Elle dépend seulement du degré d'ouverture de ces voies de communication. Les liquides et les gaz s'échappent des bois perméables à une vitesse qui permet un séchage rapide. Dans le bois imperméable, la plupart des voies, sinon toutes, sont obstruées et empêchent la migration des liquides et des gaz. La diffusion de la vapeur doit donc s'effectuer conjointement avec la diffusion de l'eau liée. Le bois d'aubier des essences du groupe EPS est perméable, mais le bois de cœur de la plupart des essences résineuses l'est beaucoup moins. Le bois de cœur du sapin subalpin ou baumier est imperméable, celui du pin gris et du pin de Murray est semi-perméable, celui de l'épinette blanche et de l'épinette rouge est soit semi-perméable, soit perméable, tandis que celui de l'épinette noire est soit semi-perméable ou imperméable. Le bois d'épinette « jaune » est définitivement imperméable.

6.1.4 DIFFUSION DE L'EAU LIÉE

La migration de l'eau liée à travers les parois des cellules ligneuses s'effectue aussi par diffusion. Comme cela se produit dans le cas de la diffusion de la vapeur d'eau, le nombre de molécules qui s'échappent de zones sèches est inférieur au nombre de molécules qui s'échappent de zones plus humides. Par conséquent, la migration de l'eau liée s'effectue depuis les zones humides vers les zones sèches du bois. Comme la surface d'une pièce de bois est habituellement plus sèche que le centre, la migration a lieu depuis le centre vers la surface et un gradient d'humidité se développe.

Le mécanisme de diffusion de l'eau liée est le même que celui qui entraîne la diffusion de la vapeur d'eau, soit le gradient de pression de vapeur. Cependant, la diffusion de l'eau liée est un processus beaucoup plus lent que celui de la diffusion de la vapeur d'eau.

6.1.5 DIFFUSION COMBINÉE DE L'EAU LIÉE ET DE LA VAPEUR D'EAU

Durant le séchage du bois, la diffusion de l'eau liée et de la vapeur d'eau ont lieu simultanément. Dans le chemin allant du centre d'une pièce de bois à sa surface, l'humidité s'échappe par les parois cellulaires sous l'effet de la diffusion de l'eau liée. Elle s'évapore dans les cavités cellulaires, qu'elle traverse sous l'effet de la diffusion de la vapeur d'eau. L'humidité est ensuite absorbée par la paroi cellulaire voisine qu'elle traverse sous l'effet de la diffusion de l'eau liée. Ce processus se répète jusqu'à ce que l'humidité atteigne la surface du bois. La figure 6-1 illustre cette séquence à l'intérieur d'une pièce de bois vers le milieu d'un cycle de séchage.

Figure 6-1
Illustration d'une section transversale de cellules ligneuses de la surface dont la TH est au-dessous du PSF jusqu'au centre de la pièce où se trouvent des cellules contenant à la fois de l'eau liée et de l'eau libre.

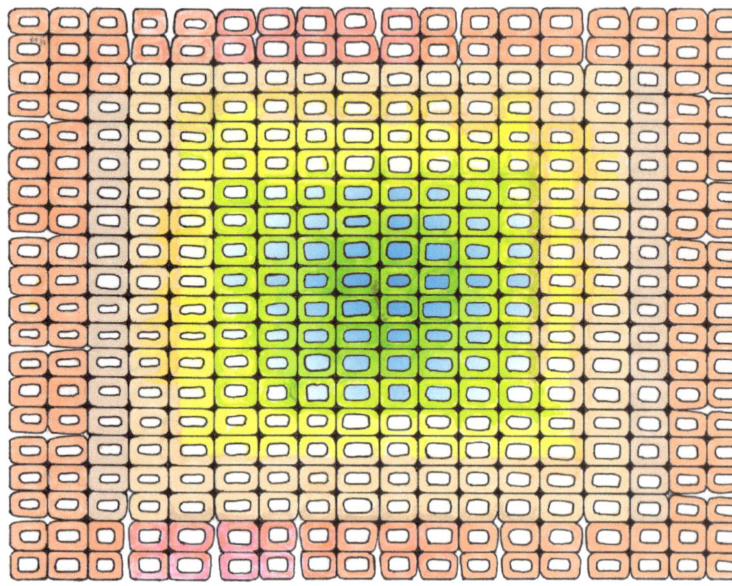

Lors du séchage des extrémités des sciages, le chemin qu'emprunte l'humidité comporte un nombre inférieur de parois cellulaires. La majeure partie de la migration de l'humidité s'effectue à travers les cavités cellulaires, et ce, par le processus beaucoup plus rapide de diffusion de la vapeur d'eau. En conséquence, le séchage par les extrémités des sciages s'effectue beaucoup plus rapidement que le séchage par les faces des pièces. Dans le bois dense, le rapport entre les parois cellulaires et les cavités cellulaires est beaucoup plus élevé que dans le bois de basse densité (léger). Et comme la migration de l'eau liée à travers les parois cellulaires est un processus plus lent, le taux de séchage des bois denses dont la TH est au-dessous du PSF est beaucoup plus lent que celui des bois légers. La résistance supérieure au séchage du bois dense peut entraîner le développement d'un gradient d'humidité plus prononcé et engendrer des contraintes supérieures dues au retrait. En conséquence, la possibilité de déclassement de sciages de feuillus denses est beaucoup plus grande que le déclassement de la plupart des sciages de résineux, y compris ceux de toutes les essences du groupe EPS.

6.2 GRADIENTS DE TENEUR EN HUMIDITÉ DURANT LE SÉCHAGE

Dans le bois, la migration de l'eau s'effectue normalement depuis les zones de TH élevée vers les zones de TH plus faible. C'est pourquoi on dit couramment que « le bois sèche de la surface jusqu'au centre », ce qui signifie que la surface du bois doit être plus sèche que le centre pour que l'humidité s'en échappe. Le processus de séchage se divise en deux phases : le mouvement d'eau depuis l'intérieur vers la surface du bois, puis l'évacuation de l'eau depuis la surface. La migration de l'eau du centre vers la surface est beaucoup plus lente dans le bois de cœur que dans le bois d'aubier parce que les ponctuations aréolées des cellules sont obstruées par des produits d'extraction. Durant le séchage, les fibres à la surface de pièces de bois de cœur de la plupart des essences atteignent l'équilibre hygroscopique avec l'air environnant peu après le début du processus de séchage. Cela correspond au début du développement d'un gradient de teneur en humidité typique illustré à la figure 6-2. Durant le séchage, la TH de la partie centrale de la pièce sera supérieure à la TH plus près de la surface. La figure 6-2 compare aussi les différences de gradient de teneur en humidité lorsque le bois vert est exposé à des THE élevées et des THE faibles. De plus, les fibres de surface du bois d'aubier atteignent l'équilibre hygroscopique avec l'air ambiant si la vitesse de circulation de l'air est suffisamment élevée pour évaporer l'humidité à la surface du bois dès qu'elle y parvient. Si la vitesse de la circulation de l'air est trop lente, la surface des sciages de bois d'aubier met davantage de temps pour atteindre l'équilibre hygroscopique. Voilà une des raisons qui explique l'importance de la circulation de l'air, notamment au début du cycle de séchage au séchoir.

La migration de l'eau dans le bois s'effectue à l'état liquide ou gazeux, et ce, par différentes voies : cavités des cellules, cellules des rayons, chambres de ponctuations et les ouvertures de leurs membranes, canaux résinifères de certains résineux et autres espaces intercellulaires. La plus grande partie de l'eau évacuée durant le séchage s'échappe par la voie des cavités cellulaires et des ponctuations. Elle migre à travers ces voies dans toutes les directions, dans le sens du fil et à contrefil. En général, les essences de bois moins denses sèchent plus rapidement que les essences plus denses parce que leur structure anatomique contient davantage d'ouvertures par unité de volume.

Durant le séchage du bois, plusieurs forces peuvent intervenir simultanément pour stimuler la migration de l'eau.

1. L'action capillaire entraîne la migration de l'eau libre à travers les cavités cellulaires et les ponctutions.
2. Des valeurs différentes d'HR entraînent la migration de la vapeur d'eau par diffusion à travers les cavités cellulaires, ce qui déplace l'eau depuis les zones de haute HR vers les zones d'HR plus faible. Les parois cellulaires sont la source de vapeur d'eau. En d'autres mots, l'eau présente dans les parois cellulaires s'évapore par les cavités des cellules.
3. Des valeurs différentes de TH entraînent la migration de la vapeur d'eau par diffusion à travers les cavités cellulaires, ce qui déplace l'eau depuis les zones de TH élevée vers les zones de TH plus faible. En général, toute molécule d'eau qui se déplace dans le bois par diffusion migre à travers les parois des cellules et les cavités cellulaires. L'eau présente dans les parois cellulaires peut s'évaporer et s'échapper dans les cavités des cellules. Elle peut ensuite être absorbée dans la paroi cellulaire opposée, traverser la paroi cellulaire par diffusion, et ainsi de suite jusqu'à ce qu'elle atteigne la surface de la planche.

Lorsque le bois vert commence à sécher, l'évaporation de l'eau depuis les cellules de surface active les forces capillaires qui attirent l'eau libre présente dans le bois sous la surface, amorçant ainsi la migration ou l'écoulement de l'eau. Le phénomène est analogue à la migration de l'eau dans une mèche. La migration d'une importante proportion de l'eau libre présente dans l'aubier s'effectue ainsi. Signalons cependant que, comparativement au processus de diffusion, celui de l'écoulement capillaire est rapide.

La diffusion longitudinale s'effectue de 10 à 15 fois plus rapidement que la diffusion transversale (radiale ou tangentielle). Malgré sa rapidité, la diffusion longitudinale n'a d'importance pratique que dans le cas de sciages courts. La longueur de la plupart des produits du bois excède tellement leur épaisseur que la plus grande partie

Figure 6-2

Effet des conditions de séchage sur la sévérité du gradient de teneur en humidité depuis le début jusqu'au milieu du cycle de séchage. Lorsque la TH de surface passe au-dessous du PSF, l'ampleur de la différence de TH entre la surface et le centre d'une pièce sera directement liée au niveau de contrainte résultant. L'exemple du bas représente un milieu de séchage plus sévère et son effet sur le gradient de TH.

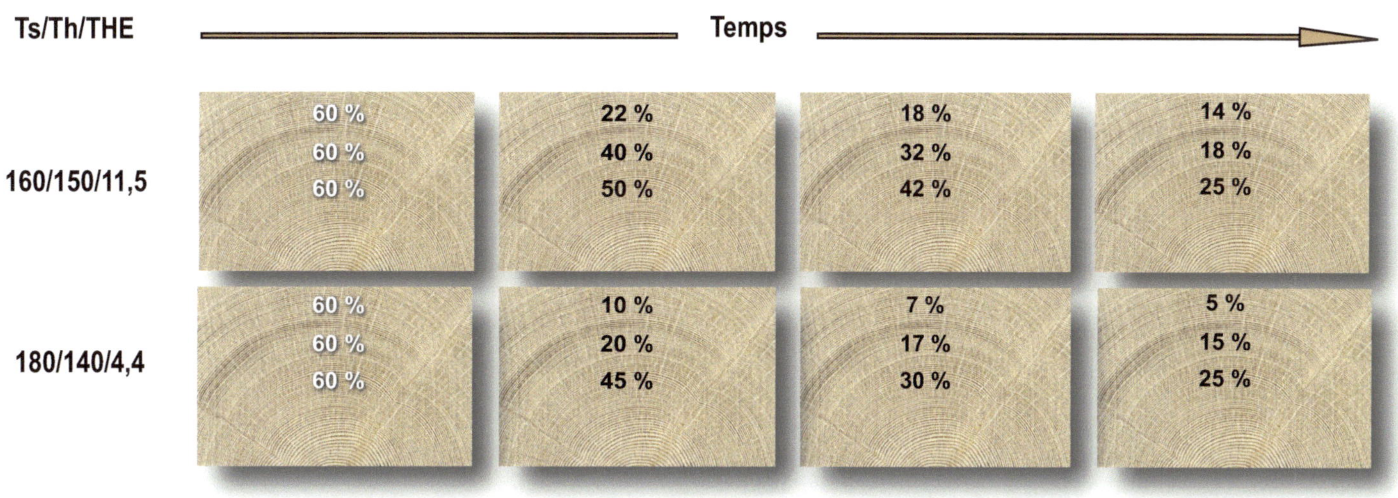

de l'eau évacuée durant le séchage s'échappe dans le sens de l'épaisseur, depuis la face large des sciages. La diffusion radiale, qui s'effectue dans un plan perpendiculaire à celui des cernes annuels, est relativement plus rapide que la diffusion tangentielle, qui s'effectue dans un plan parallèle aux cernes. C'est pourquoi les sciages débités sur dosse sèchent plus rapidement que les sciages débités sur quartier. Dans le cas de sciages dont la largeur et l'épaisseur sont sensiblement les mêmes, par exemple des pièces carrées, le séchage s'effectue de façon différente dans le sens de l'épaisseur et dans le sens de la largeur selon l'orientation des fibres.

Le taux de diffusion dépend fortement de la perméabilité des parois cellulaires et de leur épaisseur. Ainsi, le bois d'essences perméables sèche plus rapidement que le bois d'essences imperméables; et le taux de diffusion diminue avec l'augmentation de la densité du bois.

Comme la migration de l'humidité s'effectue plus facilement dans le bois d'aubier que dans le bois de cœur, et ce, tant par diffusion que par écoulement capillaire, le bois d'aubier sèche habituellement plus rapidement que le bois de cœur dans des conditions de séchage similaires. Signalons, cependant, que la TH du bois de cœur d'un grand nombre d'essences est plus faible que celle du bois d'aubier. En conséquence, le bois de cœur peut dans certains cas atteindre la TH visée plus rapidement que le bois d'aubier.

6.3 TEMPÉRATURE

Dans le cas du séchage du bois, la chaleur procure aux molécules d'eau l'apport énergétique nécessaire à leur évaporation, et le taux d'évaporation dépend à la fois de l'apport énergétique par unité de temps et de la capacité du milieu chauffant (l'air) d'absorber de l'humidité. Le séchage progresse depuis la surface des sciages vers leur centre. Si la température demeure constante, le taux d'évaporation diminuera progressivement à mesure de la réduction de l'humidité dans le bois et de l'augmentation de la pression de vapeur dans l'air. En conséquence, le maintien d'un taux de séchage constant exige un apport énergétique additionnel au niveau des molécules d'eau dans le bois, ou une diminution de la pression de vapeur dans le séchoir. On peut assurer le maintien du taux de séchage soit en augmentant la température (apport énergétique) ou en réduisant l'HR (réduction de la pression de vapeur dans le séchoir). Ainsi, pour maintenir le même taux de migration de l'humidité dans le bois si l'on réduit la température de 160 à 120 °F (71 à 49 °C), il faut sensiblement réduire l'humidité de l'air, au point où la réduction de l'apport énergétique est compensée par la capacité accrue de l'air plus sec d'absorber l'humidité.

En ce qui a trait à la température, il ne faut pas oublier que la température du séchoir indiquée par le thermomètre sec durant le programme de séchage est supérieure à la température du bois. Lorsque le bois contient de l'eau libre, la température du bois est approximativement la même que celle qui est indiquée par le thermomètre humide. La température du bois suivra sensiblement celle du thermomètre humide tant et aussi longtemps que la migration de l'humidité conservera la surface mouillée. Au fur et à mesure que le volume d'eau libre présente dans le bois diminue et que la TH du bois s'approche du PSF, la température du bois commence à augmenter. Lorsque la TH baisse sous le PSF, la température du bois s'approchera rapidement de celle du thermomètre sec.

6.4 DIFFÉRENTIEL DE TEMPÉRATURE À TRAVERS LE CHARGEMENT DE BOIS (DTAB)

L'air, au fur et à mesure qu'il circule à travers un chargement de sciages, transfère de la chaleur au bois humide et se refroidit. Conséquemment, l'air ne peut pas chauffer le bois dans la zone proche de la sortie de l'empilement autant qu'il ne le fait à l'entrée. On assiste donc au développement d'un gradient de température ou d'une chute de température à travers le chargement, la température la plus élevée étant enregistrée dans la zone d'entrée. Mais le gradient n'est pas uniforme, puisqu'une importante proportion de la chaleur est absorbée dans la première partie de l'empilement. Comme l'échange de chaleur entre l'air et le bois est supérieur dans la première partie du chargement, le bois en question sèche plus rapidement. En conséquence, sa TH est plus faible que celle du bois restant, peu importe le stade du cycle de séchage.

Ce profil non uniforme de la TH le long du passage de l'air s'accentue avec l'augmentation de la distance que l'air doit franchir, c.-à-d. l'augmentation de la largeur du chargement. Afin de minimiser les effets de la différence de température, il faut inverser les ventilateurs à intervalles réguliers et veiller à maintenir le passage de l'air dans le bois le plus court (étroit) possible.

La vitesse de la circulation de l'air à travers le chargement influencera aussi le DTAB. Plus la circulation de l'air est lente, plus le séjour de l'air chaud dans le chargement sera long à chaque passage et plus la chute de température sera importante. En conséquence, pour réduire le DTAB et créer un milieu de séchage plus uniforme, on peut augmenter la vitesse de la circulation de l'air.

Au cours des dernières années, les opérateurs de séchoirs et les fabricants de systèmes de commandes de séchoirs ont utilisé le DTAB comme mesure indirecte de la progression du séchage. Le DTAB sert alors d'indicateur du moment où il y a lieu de modifier les programmes de séchage, du moment où il y a lieu de modifier les vitesses de l'air (habituellement à la baisse) et du moment où un chargement est sec.

6.5 HUMIDITÉ RELATIVE (HR) ET TENEUR EN HUMIDITÉ D'ÉQUILIBRE (THE)

Dans le contexte du séchage du bois, le terme humidité relative ou HR est la mesure de la quantité de vapeur d'eau présente dans l'air exprimée en pourcentage de la quantité totale de vapeur d'eau que peut contenir l'air saturé à une température et à une pression données. Par exemple, lorsque l'air est saturé (HR de 100 %) à 140 °F (60 °C) à la pression atmosphérique, il contient 131 grammes d'humidité par mètre cube. Dans ces conditions de température et de pression, si la quantité d'humidité est égale à 72 g/m^3, l'HR est alors de 55 % (72 ÷ 131). Toute augmentation de la température de l'air augmente sa capacité de rétention d'humidité. Si on augmente la température, il faut davantage d'humidité pour saturer l'air. L'augmentation de la température de l'air sans l'apport d'humidité entraînera une chute de l'HR. Par exemple, si de l'air dont l'HR est de 90 % à 20 °C est chauffée à une température de 70 °C, l'HR tombe à 7 % en raison de la capacité accrue de rétention d'humidité de l'air plus chaud. Le tableau 6-1 montre l'effet de l'augmentation de la température sur l'HR pour une grande plage de températures et de conditions d'HR.

Tableau 6-1
Effet de l'augmentation de la température sur l'humidité relative (RH) de l'air en l'absence d'un apport d'humidité.

Température initiale (°C)	HR initiale (%)	Nouvelle HR (%) lorsque l'air est chauffé de				
		10 °C	20 °C	30 °C	50 °C	70 °C
−20	50	19	8	4	<2	<2
	90	36	15	8	4	<2
0	50	25	13	7	2	<2
	90	45	24	13	4	<2
+20	50	27	16	9	4	<2
	90	50	29	17	7	3

Dans le domaine du séchage artificiel, l'HR est fréquemment déterminée au moyen d'un psychromètre comportant un thermomètre sec et un thermomètre humide (figure 6-3). Un psychromètre se compose de deux thermomètres similaires exposés à l'air en circulation; la sonde de température du thermomètre humide est enveloppée d'une mèche propre en coton dont le bout trempe dans un réservoir d'eau. L'évaporation de la mèche crée un effet de refroidissement. En conséquence, le thermomètre humide affiche une température plus faible que le thermomètre sec. On désigne par l'expression « différence psychrométrique » ou dépression du thermomètre humide la différence entre les lectures des deux thermomètres. La différence psychrométrique est directement liée à l'HR de l'air. Plus le taux d'évaporation de la mèche du thermomètre humide est élevé, plus l'effet de refroidissement est grand. Ce phénomène varie selon la quantité d'humidité dans l'air. Ainsi, une importante différence psychrométrique correspond à une faible HR.

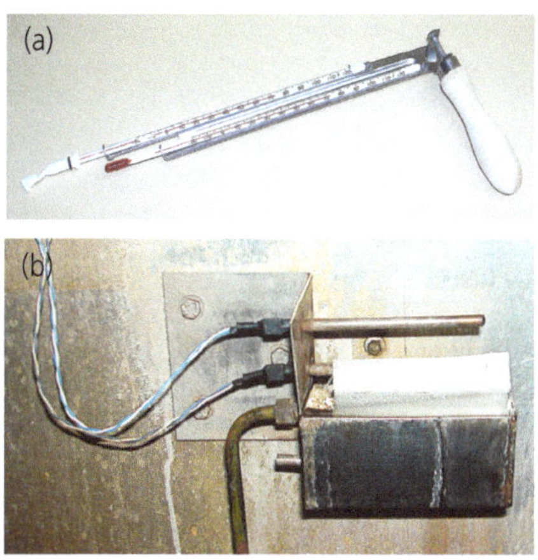

Figure 6-3
On peut déterminer l'HR et la THE en mesurant la température sèche (Ts) et la température humide (Th) avec un psychromètre fronde (a) ou des sondes classiques de Ts et de Th placées dans un courant d'air (b).

Des appareils de mesure de l'HR sont maintenant disponibles pour les séchoirs. Comme on peut le constater à l'examen de la figure 6-4(a), il s'agit d'appareils autonomes qui ne requièrent ni réservoir d'eau ni mèche et qui n'exigent qu'un minimum d'entretien. La méthode la plus fiable pour mesurer les conditions à l'intérieur d'un séchoir demeure néanmoins un système faisant appel à un thermomètre humide et à un thermomètre sec. En outre, il s'agit habituellement de la méthode de référence lors de l'étalonnage d'autres dispositifs comme les sondes électroniques d'HR. D'autres systèmes d'étalonnage de ces dispositifs sont présentement offerts sur le marché, mais ils sont habituellement plus chers et complexes, et ne sont pas nécessaires pour les besoins du séchage du bois au séchoir.

Figure 6-4
L'HR et la THE peuvent aussi être déterminées à l'aide de sondes électroniques (a) d'HR ou (b) de THE, par exemple ce papier buvard retenu entre deux électrodes.

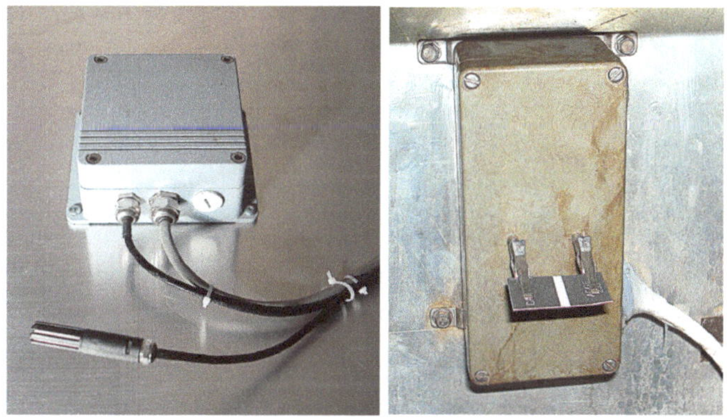

(a) (b)

La THE du bois est en grande partie déterminée par l'HR dans le séchoir. En conséquence, pour éviter tout retrait de surface excessif et les défauts de séchage connexes, il est recommandé de maintenir l'HR à un niveau élevé. D'autre part, les valeurs d'HR élevées réduisent la différence de pression de vapeur entre les températures sèche et humide, réduisant ainsi le taux de séchage. Au fur et à mesure que l'HR du séchoir augmente en raison de l'évaporation d'humidité de son chargement, il faut prendre les mesures nécessaires pour évacuer l'excédent d'humidité. On y parvient habituellement en purgeant une quantité d'air du séchoir par des évents en toiture.

La THE est habituellement déterminée à partir de lectures des thermomètres sec et humide et de l'utilisation de tableaux comme ceux qui sont reproduits au tableau 3-4 ou, de façon plus détaillée, à l'annexe II. Cependant, il existe des systèmes de mesure de la THE comme celui qui est illustré à la figure 6-4(b). Ce système mesure la résistance électrique d'un papier buvard (ou de tout matériau hygroscopique), lequel absorbe ou perd rapidement de l'humidité selon les conditions ambiantes.

6.6 CIRCULATION DE L'AIR

L'efficacité du séchage du bois dépend de la présence d'un mouvement d'air uniforme pour amener la chaleur jusqu'au bois et emporter l'humidité évaporée. L'air en circulation doit être dirigé au-dessus de la surface des sciages dans le séchoir. Tout apport d'air qui passe à côté d'une pile de bois ne contribue pas au séchage.

Dans la plupart des séchoirs, la circulation de l'air est le mécanisme qui permet le transfert de chaleur du système de chauffage jusqu'au bois. Alors que l'air circule au-dessus de la surface du bois, un gradient de température entre l'air et le bois (l'air étant plus chaud) entraîne un échange de chaleur, et ainsi, une augmentation de la température du bois. L'efficacité de ce transfert thermique dépend de la vitesse de circulation de l'air. À une faible vitesse, on constate une certaine résistance près de la surface du bois, laquelle engendre la formation d'une mince couche d'air mort qui ralentit le transfert thermique. L'augmentation de la vitesse de circulation de l'air provoque la turbulence de l'écoulement d'air près de la surface du bois, ce qui accélère le transfert thermique. La vitesse critique de circulation de l'air pour assurer le transfert thermique varie de 250 à 300 pi/min (1,3 à 1,5 m/sec). La majorité des séchoirs pour le bois de résineux fonctionnent à une vitesse de l'air supérieure. Ainsi, la vitesse de l'air n'est habituellement pas un facteur critique du taux de séchage ou de la durée du cycle de séchage.

Comme l'air se refroidit et est de plus en plus gorgé d'eau à mesure qu'il absorbe de l'humidité, il perd progressivement sa capacité de séchage au fur et à mesure qu'il passe à travers un chargement. En augmentant la vitesse de l'air, les sciages près de la sortie sont exposés à de l'air plus chaud et plus sec qu'ils ne le seraient autrement. Cela entraîne non seulement le séchage plus rapide du bois du côté sortie, ce qui augmente le taux de séchage moyen et réduit le temps de séchage, mais il en résulte aussi un taux plus rapide de transfert à la surface et un séchage plus uniforme. Il faut évaluer ces avantages à la lumière de la consommation accrue d'énergie nécessaire pour obtenir des vitesses de circulation de l'air supérieures.

Au début du séchage, une quantité considérable d'eau s'évapore du bois. En conséquence, le DTAB est très élevé; l'humidité de l'air augmente, s'approchant même du point de saturation. En pareilles conditions, un séchage rapide exige une vitesse de l'air élevée. D'autre part, lorsque la surface des sciages a séché au-dessous du PSF, le taux d'évaporation diminue. Dans ces conditions, on peut accepter une vitesse de l'air sensiblement réduite. La figure 6-5 montre l'effet de la vitesse de la circulation de l'air sur le taux de séchage pour des sciages à différents intervalles de TH.

Au milieu des années 1980, les entraînements à vitesse variable pour les ventilateurs de séchoirs ont fait leur apparition. Le principe soutenant ce concept est que lorsque l'eau libre est présente à la surface de sciages en train de sécher, le taux de séchage n'est limité que par le taux d'évaporation à partir des surfaces en question. Par conséquent, une vitesse de l'air supérieure entraînera le passage d'un plus important volume d'air au-dessus de la surface des sciages, favorisant ainsi l'évaporation accrue de l'eau.

Figure 6-5

Effet de la vitesse de circulation de l'air sur le taux de séchage du sapin baumier au-dessus et au-dessous du PSF.

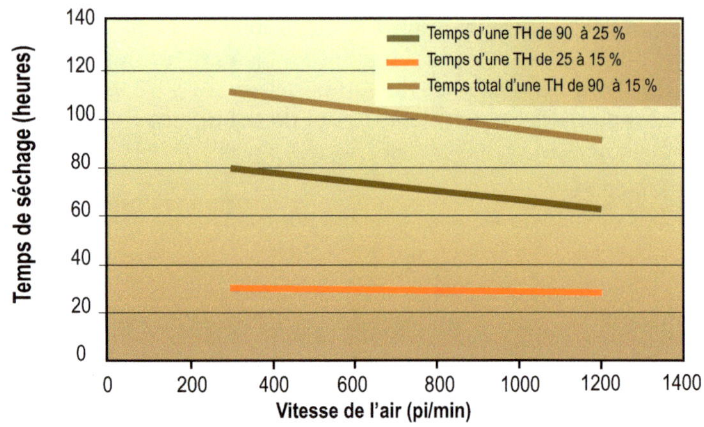

Lorsque la TH des surfaces tombe au-dessous du PSF, le taux de séchage est limité par la diffusion d'eau à travers les parois cellulaires des fibres ligneuses. On dit alors que le taux de séchage est limité par diffusion et qu'une vitesse d'air plus élevée ne l'améliore guère.

Les nouveaux systèmes de régulation de séchoir assurent la surveillance continue de la TH des sciages en train de sécher au moyen de diverses mesures indirectes, y compris le DTAB, la mesure en continu de la masse du bois et l'emploi à l'intérieur des séchoirs de sondes de résistance ou de capacitance. Une fois qu'un historique de différents chargements aura été développé, il sera possible de programmer ces dispositifs de manière à ce qu'ils puissent régler la vitesse des ventilateurs en fonction de la TH. Ainsi, l'ajustement de la vitesse des ventilateurs devient un facteur influençant le processus de séchage. Le principal incitatif pour réduire la vitesse de l'air à un stade avancé du séchage tient aux économies d'électricité connexes. Le chapitre 20 traite plus en détail de l'utilisation d'entraînement à vitesse variable et de leur effet sur la consommation d'énergie.

Comme l'air chaud est moins dense que l'air froid, il est plus facile à déplacer. Ainsi, les ventilateurs fonctionnant au maximum de leur capacité au début du séchage disposeront d'une capacité accrue en présence d'air chaud. Ce phénomène peut être mis à profit si l'on utilise un entraînement à vitesse variable. En réglant le fonctionnement des ventilateurs à une vitesse plus faible au début du séchage, on peut solliciter le moteur au maximum une fois l'air du séchoir chauffé. Cela entraînera une augmentation de la vitesse de l'air et une réduction du temps de séchage.

CHAPITRE 7

SYSTÈMES DE SÉCHAGE

L'équipement de séchage de bois d'œuvre s'est considérablement diversifié pour offrir d'importantes options de fonctionnement et de capacité. Par ailleurs, les exigences en matière de séchage varient également. Conséquemment, la décision finale lors de l'acquisition d'une nouvelle installation de séchage dépend de nombreux facteurs. Le présent chapitre offre un aperçu des diverses technologies de séchage disponibles et de leur pertinence pour l'industrie de la transformation d'essences du groupe EPS. Présentement, les séchoirs les plus couramment utilisés dans l'industrie sont du type « à air chaud climatisé ». Le prochain chapitre abordera donc ce type de séchoir plus en détail.

La figure 7-1 présente un schéma de la gamme de systèmes de séchage disponibles et des rapports entre les uns et les autres. La majorité des séchoirs à bois fonctionnent à pression atmosphérique dans des conditions contrôlées de température, d'humidité et de circulation de l'air. Bien que les températures de fonctionnement et les caractéristiques disponibles puissent varier, le principe de fonctionnement de tous ces systèmes est essentiellement le même. Toutes choses étant égales par ailleurs, un séchoir par déshumidification réglé à une température de 150 °F et affichant une dépression du thermomètre humide de 20 °F séchera le bois d'œuvre exactement comme un séchoir classique maintenant les mêmes conditions. En pratique, cependant, une technologie peut répondre davantage aux exigences particulières de certaines applications. Tout dépend des caractéristiques inhérentes à chaque technologie disponible.

7.1 SÉCHOIRS À AIR CHAUD CLIMATISÉ

Le séchage du bois d'œuvre à air chaud climatisé (séchage classique) est de loin la méthode la plus couramment utilisée pour le séchage du bois des essences du groupe EPS au Canada. La majorité des séchoirs en service et présentement offerts sur le marché fonctionnent selon ce principe. Le terme « à air chaud climatisé » décrit bien le fonctionnement de ce type de séchoir. L'air chaud fournit l'énergie nécessaire pour sécher le bois, tandis que la circulation de l'air est réglée de manière à évacuer l'humidité extraite du bois et à ajuster l'humidité relative (HR) dans l'enceinte du séchoir. Les séchoirs de ce type sont offerts avec un vaste éventail d'accessoires et d'options. On peut aussi les classer selon leurs caractéristiques, y compris la température d'opération, comme illustré dans la figure 7-1.

Figure 7-1
Schéma des types de séchoirs disponibles selon les caractéristiques qui les différencient.

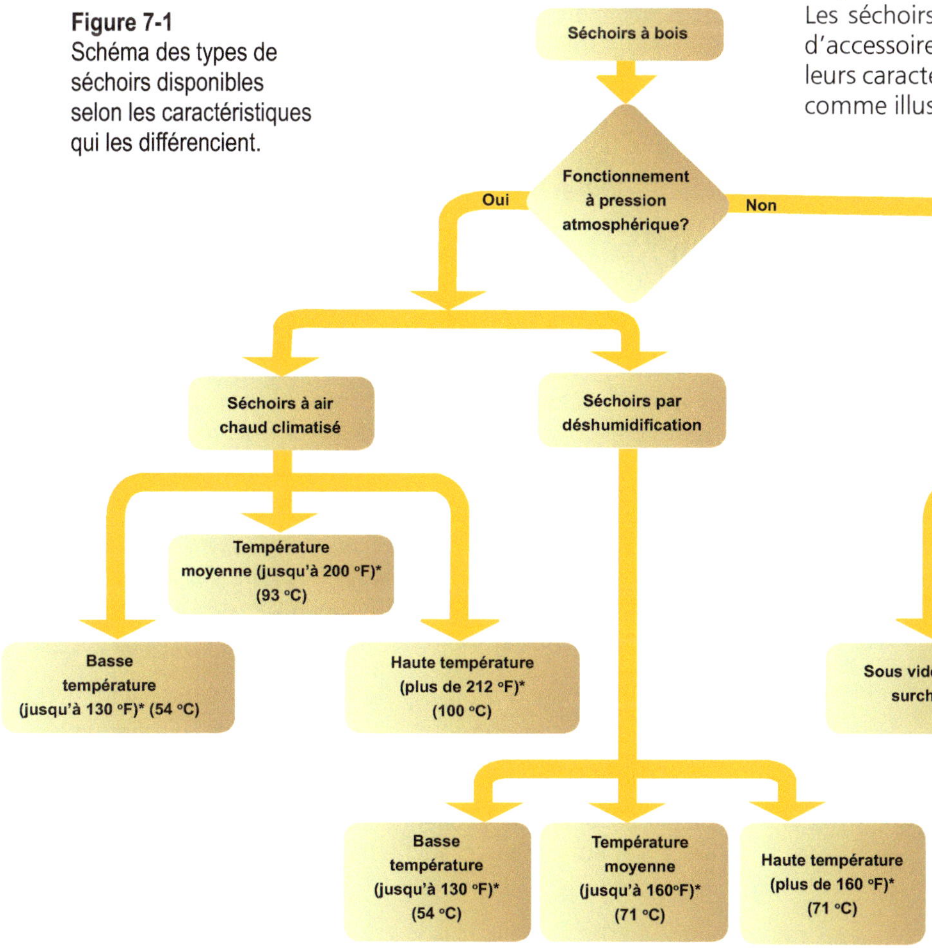

Plages de température approximatives fondées sur la température de service maximale.

Les caractéristiques suivantes peuvent être utilisées pour décrire un séchoir de ce type.

- Température de service
  - Basse température [jusqu'à 130 °F (54 °C)]
  - Température moyenne [jusqu'à 200 °F (93 °C)]
  - Haute température [température d'opération maximale excédant 212 °F (100 °C)]
- Système de chauffage
  - Eau chaude
  - Vapeur (basse ou haute pression)
  - Huile chaude
  - Chauffage direct
  - Chauffage indirect
- Sources d'énergie
  - Combustibles fossiles
  - Sous-produits de bois
- Mode de chargement
  - Sur rails
  - Par paquets (aussi appelé chargement latéral)
- Arrangement des ventilateurs
  - Arrangement longitudinal
  - Arrangement transversal
  - À simple passe
  - À double passe
- Accessoires et options
  - Système d'injection de vapeur ou d'atomisation d'eau pour humidification
  - Système de variation de la vitesse de l'air
  - Dispositif de lestage intégré au séchoir

Le chapitre 8 traite plus en détail de ces caractéristiques.

Figure 7-2
Les séchoirs à air chaud climatisé comprennent des évents de toit ou muraux pour l'évacuation d'air chaud et humide et pour l'entrée d'air frais relativement sec.

7.2 SÉCHOIRS PAR DÉSHUMIDIFICATION

Les séchoirs par déshumidification (DH) sèchent le bois d'œuvre de la même manière que les séchoirs à air chaud climatisé, c'est-à-dire à pression atmosphérique et selon des conditions de température et d'humidité relative préétablies. Comme le montre la figure 7-1, on peut identifier les séchoirs par DH selon la température de service qu'ils peuvent atteindre. Ils diffèrent des séchoirs à air chaud climatisé par la façon dont ils atteignent les températures sèche et humide visées. Dans un séchoir par DH, une pompe à chaleur (thermopompe) extrait l'humidité de l'air et produit de la chaleur. La figure 7-3 propose une représentation schématique du fonctionnement d'un séchoir par DH.

Dans un séchoir par DH, un compresseur rempli d'un fluide frigorigène est installé de manière à permettre à l'air du séchoir de passer sur le serpentin de l'évaporateur froid, puis sur le serpentin du condenseur chauffant. Si la température du serpentin froid est au-dessous du point de rosée du courant d'air, l'humidité se condensera à la surface des tubes. Le fluide frigorigène capte l'énergie de la chaleur sensible et de la chaleur latente d'évaporation. Ce fluide continue ensuite son parcours dans la pompe à chaleur jusqu'au serpentin du condenseur chauffant, qui sera plus chaud que l'air refroidi et déshumidifié. Au fur et à mesure que l'air passe sur les tubes de ce serpentin, sa température augmente par suite de l'apport de chaleur sensible. À cet égard, les séchoirs par DH sont plus efficaces sur le plan énergétique que les systèmes à air chaud climatisé décrits dans la section précédente. Le bilan énergétique relatif à une application donnée et le coût des sources d'énergie permettront d'établir la rentabilité de ce type de séchoir. Invariablement, le choix d'un tel séchoir ou d'un autre type de séchoir dépendra de considérations économiques.

Les limites de la température d'opération d'une pompe à chaleur varient selon le type de fluide frigorigène utilisé. Les premiers systèmes utilisaient un réfrigérant de type R12 ou R22 et ne pouvaient atteindre qu'une température d'opération d'environ 120 à 130 °F (49 à 54 °C) ou 150 à 160 °F (66 à 71 °C), selon l'année de fabrication. Cependant, en raison de préoccupations environnementales liées à ces réfrigérants, leur utilisation fait l'objet de restrictions. La plupart des nouveaux systèmes installés dans l'industrie utilisent de nouveaux types de réfrigérants qui respectent mieux l'environnement. Pour ce qui est des anciens systèmes toujours en service, on peut encore se procurer du réfrigérant, mais avec le temps, les approvisionnements des anciens réfrigérants disparaîtront ou deviendront très difficiles à obtenir. Il y a donc lieu d'envisager de modifier les anciens systèmes pour utiliser les nouveaux réfrigérants, mais seuls les fabricants de séchoirs ou les spécialistes des pompes à chaleur peuvent recommander cette solution en connaissance de cause.

Le processus de déshumidification est plus efficace sur le plan énergétique que tout autre processus d'assèchement et de chauffage d'un courant d'air. Lorsqu'on considère seulement l'exploitation de la pompe à chaleur, le coefficient de performance peut varier de 2,0 à 4,5. Cela signifie que le système peut capter et réacheminer dans l'air en circulation

Principe de base du séchage par déshumidification

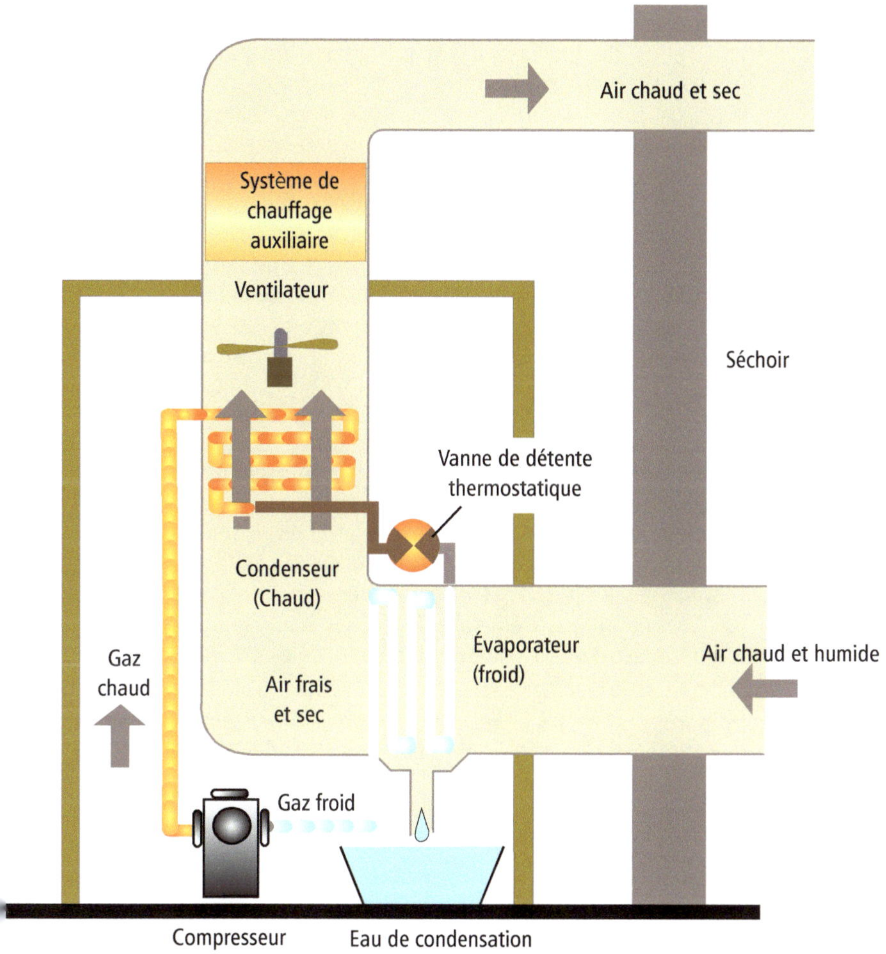

Figure 7-3
Dans les séchoirs par DH, une pompe à chaleur extrait d'abord l'humidité de l'air ambiant chaud et humide, puis elle le réchauffe avant de le rediriger dans le séchoir. Ce schéma illustre la circulation de l'air provenant et retournant au séchoir et montre aussi la possibilité d'ajouter un système de chauffage auxiliaire. Le chauffage auxiliaire peut provenir de sources diverses. La configuration de l'installation, notamment l'emplacement de la pompe à chaleur à l'intérieur ou à l'extérieur du séchoir, peut varier énormément.

jusqu'à 4,5 fois la quantité d'énergie consommée par le compresseur. Pratiquement tous les compresseurs installés dans les séchoirs par déshumidification sont alimentés par des moteurs électriques, ce qui signifie que l'électricité constitue l'apport énergétique de la pompe à chaleur. Comme on l'a signalé précédemment, la disponibilité des sources d'énergie et le coût de l'énergie influeront énormément sur le choix du séchage par déshumidification comme option économiquement rentable.

Sur le plan de l'efficacité énergétique, cependant, il faut considérer le processus de séchage dans son ensemble. Bien qu'elle soit très efficace, la pompe à chaleur ne permet pas toujours de répondre à toutes les exigences d'une installation de séchage. À certains moments, il se peut que la capacité de déshumidification du système ne soit pas suffisante pour répondre aux exigences du bois qu'il faut sécher. Le cas échéant, on court le risque d'augmenter l'humidité relative au-dessus des valeurs visées. Si le système de déshumidification ne peut évacuer l'humidité du séchoir assez rapidement, il pourrait s'avérer nécessaire d'ouvrir les évents pour évacuer l'air humide et laisser pénétrer de l'air plus frais et plus sec. À d'autres moments, et surtout pendant le réchauffement du séchoir, il se peut que le système ne soit pas capable de fournir l'énergie thermique requise pour atteindre la température sèche visée. Par conséquent, la plupart des systèmes de séchage par DH sont munis d'un système de chauffage auxiliaire. L'utilisation des évents pour l'évacuation de l'excédent d'humidité ou du système de chauffage auxiliaire influencera l'efficacité énergétique globale du séchoir.

Les facteurs précédents doivent être pris en compte dans la détermination de l'efficacité énergétique globale d'une installation de séchage par DH. Force est de constater qu'il est difficile d'obtenir des données énergétiques exhaustives relatives aux systèmes de séchage industriels, y compris les systèmes par DH. Divers modèles ont toutefois été proposés et appliqués pour établir des prévisions de consommation d'énergie. Le chapitre 20 fait le point sur cette question. Mentionnons, toutefois, qu'une étude européenne axée sur les systèmes de séchage par DH a révélé que leur taux moyen de consommation d'énergie pour le séchage de résineux variait de 0,64 à 0,73 kWh par litre d'eau éliminée. Ces valeurs sont probablement similaires pour la plupart des essences résineuses du Canada. La TH initiale supérieure et le taux de séchage plus lent du sapin baumier et subalpin entraînent inévitablement une augmentation de la consommation totale d'énergie. Fortin (2003) signale que la consommation d'énergie pour sécher le bois de sapin baumier est deux fois plus importante que pour l'épinette noire.

Il est également difficile d'obtenir des données comparatives concernant la consommation d'énergie pour le séchage par DH par rapport au séchage à l'air chaud climatisé, surtout pour les essences résineuses. Diverses études ont révélé que la consommation d'énergie des systèmes de séchage par DH s'établit à 50 % de celle d'un séchoir classique. L'économie d'énergie pourrait être encore plus grande dans le cas d'une application de séchage où la plus importante partie du cycle de séchage total consisterait à éliminer l'eau libre présente dans le bois. Le cas échéant, le compresseur sera sollicité pendant une importante partie du cycle de séchage.

Mais les économies d'énergie n'entraînent pas toujours des économies de coûts. Le coût de l'énergie (combustibles fossiles et électricité) varie énormément avec le temps et d'une région à l'autre. Il y a donc lieu de convertir la consommation d'énergie en coûts d'exploitation. Si le coût de l'électricité est élevé dans une région donnée, l'exploitation d'un séchoir à air chaud climatisé pourrait s'avérer plus économique, et ce, malgré la consommation d'énergie supérieure d'un tel système. Dans certaines régions du pays, où le coût de l'électricité est moins élevé, le séchage par DH peut être envisagé pour un plus vaste éventail d'applications.

Pour obtenir le maximum d'efficacité énergétique et un temps de séchage acceptable, il faut s'assurer d'une bonne compatibilité entre l'équipement de séchage par DH et le taux de séchage requis du bois en question. On traitera plus loin dans le présent chapitre du dimensionnement de l'équipement. Signalons, cependant, que la puissance du compresseur est une des considérations particulières dont il faut tenir compte lors du choix d'un système de séchage par DH. Si la puissance est trop faible, le système ne pourra maintenir le taux de séchage visé. Le choix d'un compresseur capable d'atteindre le taux de séchage maximal (habituellement au début du cycle de séchage) entraînera une augmentation du coût en capital et une diminution de l'efficacité énergétique globale. Lors du séchage de qualités supérieures de sciages de résineux ou de feuillus, le prolongement du temps de séchage est parfois acceptable; cependant, en ce qui concerne le bois de dimension de résineux, la productivité de l'exploitation est toujours une importante considération. Par conséquent, lorsqu'il s'agit de choisir un système de séchage par DH pour le traitement de bois d'essences du groupe EPS ou d'en établir les caractéristiques, il y a lieu de choisir un système dont la puissance permettra d'obtenir le taux de séchage maximal (ou visé).

7.2.1 SYSTÈMES DE CHAUFFAGE AUXILIAIRES

La plupart des séchoirs par DH ont besoin d'un système de chauffage auxiliaire pour augmenter la température dans le but de maintenir la température humide demandée. On y a recours au début d'un cycle de séchage afin de chauffer le séchoir à une température humide adéquate pour le fonctionnement de la pompe à chaleur. Cette température est habituellement déterminée par le fabricant. Elle dépend du type de réfrigérant et des caractéristiques du compresseur. Une fois le séchoir réchauffé et le séchage du bois amorcé, le compresseur procure un apport thermique provenant du fonctionnement de la pompe et des moteurs électriques qui assurent la circulation de l'air et, dans certains cas, du moteur qui assure le fonctionnement du compresseur. En présence d'une TH du bois élevée et d'un taux de séchage rapide, le compresseur fonctionnera continuellement ou pendant un bon pourcentage du temps. Dans de telles conditions, on n'a peut-être pas besoin d'un système de chauffage auxiliaire. Par ailleurs, c'est dans de telles conditions que le système affichera son efficacité énergétique maximale. Plus tard dans le processus de séchage, le taux de séchage ralentit. Dès lors, il n'est plus nécessaire que le compresseur fonctionne à 100 % du temps. On aura recours au système de chauffage auxiliaire pour maintenir la température humide visée.

Il existe de nombreuses sources auxiliaires de chaleur. Traditionnellement, les fabricants ont eu recours à des résistances chauffantes dans les conduites d'air de reprise pour augmenter la température au besoin. Le coût en immobilisations de cette mesure est faible, mais les coûts d'exploitation peuvent s'avérer onéreux, car le coût de l'énergie électrique est habituellement supérieur à celui d'autres sources d'énergie. Parmi les sources auxiliaires de chaleur, signalons la vapeur (si l'installation compte déjà une chaudière) ou l'eau chaude. Dans l'un ou l'autre de ces cas, l'énergie peut provenir de combustibles fossiles, de l'électricité ou de sous-produits du bois. L'utilisation de sous-produits du bois permet de réduire cette fraction des coûts d'exploitation.

7.2.2 HUMIDIFICATION

Le chapitre 15 aborde la question de l'injection d'humidité dans le séchoir durant le séchage de sciages du groupe EPS. La plupart des systèmes de séchage par DH (et de nombreux autres systèmes construits notamment pour le séchage de sciages d'EPS) ne sont pas munis d'un système d'humidification. En effet, la plupart des exploitations de séchage par DH ne sont pas liées à une source de vapeur que l'on peut utiliser pour augmenter l'humidité de l'air dans le séchoir. Par conséquent, s'il faut humidifier l'air dans le séchoir à un moment donné, l'installation d'un système d'injection d'humidité s'impose. Ce système peut être un générateur de vapeur, un atomiseur d'eau basse pression, un atomiseur d'eau haute pression ou tout autre appareil du genre. Les caractéristiques de fonctionnement, les avantages et les inconvénients de chacun de ces systèmes sont abordés en détail au chapitre 8.

7.3 SYSTÈMES DE SÉCHAGE HYBRIDES

Le séchage par DH peut s'avérer très efficace sur le plan énergétique lorsque le système de séchage fonctionne à sa pleine capacité ou à peu près. À d'autres moments, cependant, ce système peut être moins efficace. Le fonctionnement du compresseur, par exemple, est sujet à des limites de température. Certaines limites inhérentes au réfrigérant et à la pompe à chaleur en empêchent le fonctionnement au-dessous ou au-dessus d'une plage de températures. Comme nous l'avons mentionné précédemment, un apport de chaleur auxiliaire peut augmenter la température de l'air à l'intérieur du séchoir au point où on peut mettre le compresseur en marche. Certains opérateurs et fabricants de séchoirs utilisent des appareils de chauffage auxiliaires pour assurer le fonctionnement des séchoirs au-delà des températures nominales d'utilisation du compresseur et du réfrigérant. Il faut, pour ce faire, installer la pompe à l'extérieur de l'enceinte du séchoir. De plus, il faut interrompre l'apport d'air vers la pompe lorsque le séchoir fonctionne à des températures supérieures. Même si la pompe est arrêtée, son exposition à des températures qui excèdent les températures pour lesquelles elle est programmée peut endommager le système.

L'opérateur d'un séchoir peut vouloir étendre la plage des températures de fonctionnement de l'installation, et ce, pour plusieurs raisons. Lorsque la TH du bois tombe sous le point de saturation des fibres, le réglage du séchoir à des températures sèches élevées favorise l'évacuation de l'eau liée. Certaines essences tolèrent mieux une dépression prononcée du thermomètre humide (THE inférieure) à la fin du cycle de séchage, mais une telle dépression peut s'avérer difficile à réaliser aux températures de fonctionnement inférieures des installations de séchage par DH. L'augmentation de la température sèche est immanquablement liée à l'impératif d'accélérer le taux de séchage. Une fois l'installation de séchage par DH arrêtée, il faut ouvrir les évents du séchoir pour éliminer l'humidité de l'air dans l'enceinte. L'installation fonctionne alors comme un séchoir à air chaud climatisé. En exploitant le séchoir tantôt comme séchoir par DH et tantôt comme séchoir à air chaud climatisé, on peut tirer profit des avantages des deux types de séchoir. On appelle séchoirs hybrides les séchoirs dont les éléments fonctionnels permettent d'effectuer ces deux modes de séchage. Ce type de séchoir offre l'efficacité énergétique d'un séchoir par DH au début du cycle de séchage et le taux de séchage final rapide d'un séchoir à air chaud climatisé. Une telle installation entraîne cependant des coûts en immobilisations supérieurs; de plus, les éléments mécaniques supplémentaires exigeront davantage d'entretien. La capacité de fonctionnement du système de chauffage d'un séchoir hybride doit être supérieure à celle du système de chauffage auxiliaire habituellement fourni avec un séchoir par DH, et ce, en termes de puissance calorifique mesurée en BTU et de température d'opération. Un rapport préparé par Hydro-Québec a révélé que les coûts énergétiques d'un système de séchage hybride utilisant une source de chauffage auxiliaire fonctionnant au gaz naturel seraient 38 % moins élevés que les coûts d'un système de séchage par DH fonctionnant exclusivement à l'électricité. Les économies réalisées compenseraient les coûts initiaux supérieurs.

7.4 SÉCHAGE SOUS VIDE

Les séchoirs sous vide sèchent le bois d'œuvre dans une enceinte étanche dont la pression est maintenue à un niveau inférieur à la pression atmosphérique. Le séchage dans ces conditions abaisse le point d'ébullition de l'eau et engendre des différences de pression plus importantes entre le centre et la surface des pièces de bois, ce qui diminue le temps de séchage. Le temps de séchage des séchoirs sous vide varie considérablement selon la technologie en place; cependant, la plupart de ces séchoirs affichent un temps de séchage correspondant à une infime fraction (de 1/4 à 1/20) du temps de séchage d'un séchoir classique. En outre, le séchage du bois dans un milieu exempt d'oxygène (ou à teneur réduite en oxygène) comporte aussi certains avantages sur le plan de la qualité du bois. Plus particulièrement, les processus de coloration du bois sont partiellement ou complètement bloqués. Selon le type de produit transformé, cela pourrait avoir une incidence sur sa valeur finale.

Même si le point d'ébullition de l'eau est plus bas dans un milieu sous vide, l'évaporation de l'humidité dans le bois nécessite néanmoins un apport d'énergie thermique. La plus grande partie de l'eau dans le bois s'évapore et est évacuée sous forme de vapeur d'eau. L'énergie ainsi perdue doit être remplacée pour maintenir la température du bois visée. La principale caractéristique qui distingue les séchoirs sous vide les uns des autres tient au mode de chauffage du bois. La liste qui suit fait état de divers principes de chauffage de séchoirs sous vide ainsi que des sources d'énergie potentielles et d'options d'équipement.

- Principe de chauffage du bois
  - Sous vide partiel, vapeur surchauffée (VVS)
  - Chauffage d'empilements sans baguettes dans un champ électromagnétique à haute fréquence (HFV)
  - Alternance de chauffage à pression atmosphérique et de séchage sous vide (vide discontinu)
  - Contact direct du bois avec des plaques chauffantes
- Sources d'énergie
  - Électricité, pour la plupart des séchoirs
  - Certains séchoirs permettent l'utilisation d'autres sources d'énergie pour le chauffage (p. ex. combustibles fossiles, sous-produits du bois)
- Options
  - Compression mécanique pour limiter le gauchissement
  - Dispositifs d'injection de vapeur ou d'atomisation d'eau aux fins d'humidification

Comparativement aux autres types de séchoirs, les séchoirs sous vide sont plus complexes et leur installation et opération coûtent plus cher pour une capacité de chargement équivalente. Les avantages qu'ils présentent doivent tout au moins compenser leur coût supérieur afin d'en assurer la rentabilité. Le séchage sous vide présente deux avantages majeurs : temps de séchage plus rapide et préservation de la couleur du bois. Cependant, la couleur n'influence pas sensiblement la valeur du bois d'œuvre résineux. Le temps de séchage devient donc le principal facteur à considérer lors de l'évaluation d'un système de séchage de bois du groupe EPS.

Lorsqu'on effectue l'analyse économique des différents systèmes de séchage, il faut comparer des installations ayant la même capacité de production annuelle. Il faut donc recueillir de l'information précise sur le temps de séchage spécifique des systèmes à l'étude. Le tableau 7-1 présente un éventail de temps de séchage établis en fonction d'essences résineuses, de systèmes de séchage sous vide et de plages de TH. La capacité de production influencera plus que tout autre facteur la rentabilité d'une installation de séchage de bois d'œuvre du groupe EPS. Par conséquent, les industriels qui envisagent de faire l'acquisition d'un système de séchage sous vide pour ce type d'application se doivent de recueillir le plus d'information possible ou de procéder à des essais pour vérifier les temps de séchage qu'ils peuvent obtenir.

Tableau 7-1
Exemples de temps de séchage sous vide de bois d'œuvre résineux.

Principe de chauffage	Essence	Épaisseur (mm)[1]	Teneur en humidité		Temps de séchage (heures)
			Initiale (%)	Finale (%)	
VVS	Sapin subalpin	51	62-82	15-20	60
VVS	Pruche de l'Ouest-sapin	76	70-91	15-20	144
HFV	Épinette noire	51	25	15	de 4 à 5
HFV	Sapin baumier	51	100-110	10-15	14
HFV	Sapin baumier	51	25	15	de 3 à 4

[1] Selon l'épaisseur nominale, c.-à-d. 51 mm = 2 po à l'état vert

7.4.1 SÉCHAGE SOUS VIDE EN PRÉSENCE DE VAPEUR SURCHAUFFÉE (VVS)

Les séchoirs VVS (figure 7-4) sèchent le bois dans un vide partiel, mais en présence de pure vapeur d'eau (vapeur en l'absence d'air) pour assurer le transfert thermique au bois. Sous vide, le point d'ébullition de l'eau baisse. Durant le séchage VVS, on maintient la température sèche au-dessus du point d'ébullition. La circulation de la vapeur à un débit élevé est assurée par des ventilateurs internes. Un serpentin de chauffage réchauffe la vapeur d'eau, laquelle assure le transfert de chaleur au bois. L'énergie calorifique peut être fournie par de la vapeur, de l'eau chaude ou tout autre fluide caloporteur. Comme dans le cas des séchoirs à air chaud climatisé ou par DH, il faut empiler le bois sur des baguettes pour assurer un bon contact avec le fluide chauffant (soit la vapeur surchauffée). Les temps de séchage associés avec ce type de séchoir correspondent typiquement à 1/4 ou à 1/5 du temps de séchage d'un séchoir à air chaud climatisé.

Figure 7-4
Séchoir sous vide à vapeur surchauffée (VVS) à petite échelle. Les sciages sont empilés sur des baguettes et des ventilateurs assurent la circulation de la vapeur d'eau présente dans le séchoir.

7.4.2 SÉCHAGE À HAUTE FRÉQUENCE SOUS VIDE (HFV)

Dans un séchoir HFV, une pile de bois non lattée est placée entre des plaques métalliques (électrodes) branchées à un générateur de hautes fréquences (HF). Le champ de hautes fréquences créé entre les plaques chauffe le bois continuellement à mesure qu'il sèche (figure 7-5). On maintient un niveau de vide partiel dans le séchoir. La vapeur d'eau issue du bois est évacuée du séchoir par la pompe à vide, condensée, puis éliminée du système. Ce type de système permet de chauffer le bois et de l'exposer à un vide partiel sans interruption pendant le processus de séchage. Il permet d'obtenir des temps de séchage considérablement plus courts qu'avec un système de séchage classique, et plus court qu'avec d'autres types de séchoirs sous vide. Le temps de séchage avec un séchoir de ce type varie entre 5 et 10 % du temps de séchage d'un séchoir à air chaud climatisé.

Cette technologie, utilisée depuis plusieurs années, n'a cessé d'évoluer au fil des ans, au rythme du progrès de la technologie en ce qui a trait à la génération et à la régulation des hautes fréquences. Plusieurs applications réussies du séchage HFV ont vu le jour, bien qu'il s'agissait dans la plupart des cas du séchage de produits de grande valeur difficiles ou longs à sécher dans les séchoirs à air chaud climatisé ou par DH. Cependant, dans le cas des bois résineux pour la construction, l'application de cette technologie pour le reséchage de sciages « trop humides » après un premier séchage fait exception. Une importante installation de séchage en Amérique du Nord et des recherches menées par Forintek et Hydro-Québec ont démontré que cette technologie est efficace pour le séchage de sciages « trop humides » issus d'un séchoir classique. Le principal avantage de cette technologie tient au fait que les sciages peuvent être triés à l'usine de rabotage et empilés sans baguettes pour le reséchage. La viabilité économique d'un tel système est le facteur déterminant de son application. À ce jour, cependant, en raison des coûts en immobilisations et de fonctionnement élevés qu'elle entraîne, une installation de ce type n'est pas la plus rentable pour la plupart des applications. Le chapitre 15 aborde le processus de reséchage plus en détail.

Figure 7-5
Séchoir HFV de taille industrielle.

7.4.3 SÉCHAGE À PLAQUES CHAUFFANTES SOUS VIDE

On peut aussi sécher le bois sous vide partiel par contact direct avec des plaques chauffantes. Diverses méthodes de séchage par contact direct ont été employées. Signalons, entre autres, l'utilisation de couvertures électriques ou de plaques creuses dans lesquelles on fait circuler un liquide chauffant. Dans un cas comme dans l'autre, l'empilement du bois doit comporter des rangées de bois en alternance avec des plaques chauffantes (figure 7-6). Comme pour le séchage HFV et le séchage VVS, cette méthode permet aussi le séchage continu du bois d'œuvre sous vide. Par conséquent, un séchoir de ce type affiche des temps de séchage sensiblement raccourcis s'inscrivant dans une plage allant de 1/3 à 1/10 du temps de séchage d'un séchoir à air chaud climatisé. Mais l'utilisation de cette technologie comporte un important désavantage, soit le temps et la main-d'œuvre nécessaires pour préparer les chargements du séchoir.

Figure 7-6

Le bois d'œuvre placé dans un séchoir sous vide peut être chauffé par contact direct avec des plaques chauffantes insérées entre chaque rangée de sciages. Dans l'exemple illustré, un liquide chauffant circule à l'intérieur des plaques.

7.4.4 VIDE DISCONTINU

Une autre méthode pour chauffer le bois dans une chambre à vide consiste à y admettre de l'air à certains moments du processus de séchage. Cette méthode exige l'empilement du bois sur baguettes. Une fois l'air admis dans la chambre à vide, un système de chauffage, par exemple un ensemble de tubes à ailettes, chauffe l'air, lequel chauffe le bois. Lorsque la température du bois atteint un niveau prédéterminé, on arrête le système de chauffage et on met la pompe à vide en marche. Une fois le vide atteint, la chaleur résiduelle dans le bois en assure le séchage. Au fur et à mesure que le bois sèche, il se refroidit et le taux de séchage ralentit. La température du bois est surveillée et, lorsqu'elle atteint un niveau prédéterminé, on admet de l'air à nouveau et le processus se répète. Comme le bois ne sèche pas sous un vide continu, les temps de séchage seront quelque peu plus longs que ceux d'autres systèmes de séchage sous vide. Les temps de séchage affichés par ce type de système s'inscrivent dans une plage correspondant à 1/2 ou à 1/3 du temps de séchage d'un séchoir à air chaud climatisé.

7.4.5 DIMENSION ÉCONOMIQUE DU SÉCHAGE SOUS VIDE

Le coût des différents systèmes décrits précédemment varie énormément. Comme on l'a mentionné, il faut considérer le coût en fonction de sa capacité de production. Cela étant dit, les coûts d'installation et de fonctionnement de systèmes de séchage sous vide seront inévitablement plus élevés que les coûts engendrés par les autres systèmes de séchage. En conséquence, il serait utile de quantifier, en termes monétaires, les avantages du séchage sous vide. Par exemple, si l'empilement de bois sans baguettes pour le reséchage est souhaitable pour le séchage HFV, l'impact économique de cette opération doit être établi. Dans la plupart des cas, l'évaluation reflétera les conditions spécifiques de l'usine ou de l'entreprise. Il est donc impossible de formuler des recommandations généralisées quant au séchage sous vide d'un produit en particulier. Rappelons toutefois la mise en garde formulée précédemment selon laquelle les avantages du séchage sous vide ne généreront des retombées économiques que si cette technologie est employée pour sécher des produits de grande valeur.

7.5 CAPACITÉ DE L'ÉQUIPEMENT DE SÉCHAGE

Le dernier chapitre de ce manuel abordera la question de la capacité des séchoirs et d'autres facteurs influençant la dimension économique du séchage. La présente section aborde seulement la capacité nominale de l'équipement et son aptitude à maintenir les conditions de séchage visées. Le taux de séchage du bois varie énormément depuis le début du cycle de séchage jusqu'à la fin. Le taux de séchage initial est maximal lors de l'évacuation d'importantes quantités d'eau libre. La variation du taux de séchage est encore plus prononcée lorsqu'on sèche des essences ou des produits affichant une TH initiale élevée ou du bois d'essences très perméables.

Le taux de séchage maximal influencera la capacité du système de chauffage et les systèmes d'évacuation d'humidité et de circulation d'air. Dans la plupart des situations de séchage autres que le séchage de sciages d'EPS, le choix d'un équipement dont la capacité correspond à la pointe d'opération n'est pas toujours justifié. Le choix d'un équipement dont la capacité est légèrement inférieure peut suffire à la tâche et réduire le coût en immobilisations. Dans le cas du séchage de sciages du groupe EPS, la productivité est une considération d'importance capitale. En conséquence, il y a souvent lieu d'arrêter son choix sur de l'équipement capable de répondre à la pointe d'opération. Celle-ci sera déterminée en fonction de la nature du bois à sécher, des températures sèche et humide utilisées (programme de séchage) et de la vitesse de l'air. Il est donc impossible de fournir des données générales concernant la capacité de l'équipement. Il est plus utile d'exposer le processus aboutissant à la détermination des demandes maximales. Au moyen de cette information, une scierie pourra vérifier les caractéristiques techniques fournies par les fournisseurs, et même assurer le dépistage de problèmes dans les séchoirs existants.

L'exemple suivant illustre le processus de détermination des exigences de la pointe d'opération.

Essence :	**Épinette rouge**
TH initiale :	90 %
TH après 24 h en séchoir :	40 %
Densité (masse volumique) :	0,38 (23,7 lb/pi^3)
Volume de bois en séchoir :	18 000 pi^3 (env. 250 000 pmp dim. nominales)
Masse à une TH de 90 % :	810 540 lb
Masse à une TH de 40 % :	597 240 lb
Pertes en eau :	213 300 lb = 21 330 gallons (96 838 litres)
Taux de perte en eau :	887 gallons/h (4 029 litres/h)

Peu importe le type de système de séchage utilisé, pour que le bois perde la quantité d'humidité donnée dans l'exemple précédent, l'équipement de séchage doit être capable de générer suffisamment d'énergie pour sécher (chauffer et évaporer) cette quantité d'eau du bois et d'extraire au moins 887 gallons/h (4 029 litres/h) d'eau.

Si le séchoir envisagé ne répond pas à ces capacités, le taux de séchage sera plus lent que prévu. Le taux de séchage fait donc l'objet d'une hypothèse importante dans le cadre de la détermination de ces capacités. On comprendra, toutefois, que la formulation d'une hypothèse supposant que le bois perdra 50 % de sa TH au cours des premières 24 heures du séchage et que la capacité du matériel est établie en conséquence ne signifie pas que le taux de séchage correspondant sera atteint. Il est donc important d'obtenir de l'information réaliste sur le taux de séchage fondée sur l'expérience ou sur des données sur la performance d'autres séchoirs exploités dans des conditions similaires.

8

SÉCHOIRS À AIR CHAUD CLIMATISÉ

8.1 APERÇU

Dans le chapitre précédent, on mentionnait que la majorité des séchoirs utilisés pour sécher le bois du groupe EPS au Canada sont des séchoirs à air chaud climatisé. Ce groupe de séchoirs comprend les séchoirs classiques à température moyenne, les séchoirs à basse température et les séchoirs à haute température. Puisque très peu de séchoirs à basse température sont utilisés pour le séchage de bois du groupe EPS, il n'en sera pas question dans ce chapitre. Cependant, le chapitre 15 abordera la question du séchage à basse température. Le présent chapitre traite exclusivement des séchoirs classiques à moyenne et à haute température. L'expression « à air chaud climatisé » évoque le principe général de fonctionnement des séchoirs de ce type. De « l'air chauffé » est utilisé pour fournir l'énergie nécessaire pour sécher le bois. À mesure que l'humidité s'accumule dans le séchoir, on utilise des évents pour évacuer une partie de l'air humide, qui est remplacé par de l'air frais relativement sec pour obtenir le « climat désiré ». Les systèmes de chauffage et d'évacuation sont réglés en fonction de programmes de séchage préétablis. La circulation d'air forcée s'effectue au moyen de ventilateurs généralement installés au-dessus des piles de bois. Dans certains cas, il peut être nécessaire d'injecter de l'humidité dans le séchoir pour augmenter l'humidité relative (HR) de l'air. Les sections suivantes abordent toutes ces considérations.

8.2 CLASSIFICATION SELON LA TEMPÉRATURE D'OPÉRATION

8.2.1 TEMPÉRATURE MOYENNE

Les séchoirs classiques à température moyenne englobent un vaste éventail de séchoirs. Il n'existe, en fait, aucune définition précise d'un séchoir de ce type. Le terme s'applique généralement aux séchoirs à air chaud climatisé dont la température d'opération peut atteindre 200 °F (93 °C) ou à peu près, sans toutefois dépasser le point d'ébullition de l'eau.

8.2.2 HAUTE TEMPÉRATURE

Les séchoirs à haute température désignent habituellement des séchoirs dont la température d'opération maximale peut dépasser le point d'ébullition de l'eau durant une partie du cycle de séchage. Au Canada, la température d'opération maximale des séchoirs à haute température peut atteindre de 230 à 240 °F (de 110 à 115 °C). À ces températures, le mécanisme de débit massique de l'humidité décrit au chapitre 6 intervient et raccourcit considérablement les temps de séchage. En règle générale, les temps de séchage seront réduits à la moitié ou au tiers des temps de séchage qu'on pourrait obtenir avec un séchoir à air chaud climatisé à température moyenne. Cependant, le séchage plus rapide entraîne des coûts. Le matériel de séchage doit pouvoir générer l'apport de chaleur et évacuer l'humidité résultant du séchage. En outre, les matériaux isolants et les composants métalliques doivent résister aux effets des hautes températures. Par conséquent, ce type de séchoir coûtera plus cher si on considère la capacité nominale du séchoir en rapport avec le volume de bois qu'il peut contenir, mais moins cher si on en considère la capacité de séchage.

En plus des coûts additionnels mentionnés, le séchage à haute température entraîne des effets indésirables sur le bois. La dégradation thermique du bois se produit à toutes les températures de séchage, mais le séchage à haute température accélère et intensifie ce processus. L'exposition du bois aux températures élevées influence négativement certaines de ses propriétés de résistance. Plusieurs études sur le bois d'essences du groupe EPS de l'Est et d'autres essences résineuses ont démontré des résultats similaires. Le module de rupture enregistre une baisse 10 à 12 %, mais le module d'élasticité n'affiche aucun changement significatif. Une étude portant sur des solives de pleine dimension de bois d'essences du groupe EPS de l'Est a confirmé cette diminution de résistance tout en démontrant que toutes les pièces séchées à haute température respectaient quand même les valeurs de résistance minimales admises. En ce qui a trait à la baisse de résistance du bois, signalons que le bois entrant dans la fabrication d'un grand nombre de produits de bois d'ingénierie est désormais classé par contrainte mécanique (MSR) après le séchage. Les effets découlant des conditions de séchage du bois seront dans certains cas compensés par ce processus de sélection.

Le séchage à haute température peut également modifier les caractéristiques d'usinage du bois. Les températures sèches finales élevées associées aux programmes de séchage à haute température engendrent des conditions de THE extrêmement basses dans le séchoir. En conséquence, les gradients d'humidité qui se développent dans la section transversale des sciages sont plus prononcés. Le bois à la surface des pièces peut même sécher jusqu'à une TH de 3 à 5 %. En raison de la faible TH et d'une certaine dégradation des fibres ligneuses, il sera plus difficile d'obtenir une surface lisse au rabotage. L'arrachement de fibres peut aussi poser un problème. On peut toutefois l'atténuer au moyen d'un traitement d'équilibrage ou de conditionnement. Ce traitement peut être administré dans le séchoir à la fin du cycle de séchage, s'il est possible d'y injecter de l'humidité. Sinon, il faut prevoir une période d'équilibrage de quelques jours à l'extérieur du séchoir. Dans ce cas-ci, les conditions de THE entraîneront une augmentation de la TH à la surface des planches, et ce, à un niveau qui en favorise davantage l'usinage.

Le séchage à haute température est séduisant en ce qu'il permet de réduire le temps de séchage. Cependant, avant d'opter pour cette méthode, il y a tout lieu de considérer les facteurs influençant la qualité du bois. En outre, en ce qui a trait aux incidences économiques découlant du choix d'un tel système, il ne faut pas oublier le besoin, s'il en est, de conditionner le bois au terme du séchage. Si c'est le cas, il faudra prolonger le cycle de séchage et prévoir des coûts additionnels pour l'acquisition d'un système d'humidification.

Dans d'autres régions du monde, on a recours au séchage à haute température pour sécher les bois très perméables. Comme on l'a vu aux chapitres 2, 3 et 6, toutes les essences ne réagissent pas bien au séchage à haute température, et ce, pour diverses raisons ayant trait à la structure du bois, aux rapports bois-humidité et à certains facteurs physiques influençant le séchage. Le séchage à haute température engendre un milieu qui favorise le débit massique et l'élimination rapide de vastes quantités d'eau libre. Des températures sèches élevées contribuent aussi à la mobilité des molécules d'eau liée; elles accélèrent en effet le processus de diffusion de l'eau liée. L'efficacité du débit massique dépend de la perméabilité du bois. L'imperméabilité du bois favorise le développement de pression de vapeur interne pouvant aboutir à l'explosion du bois et à la séparation des fibres ligneuses. En conséquence, certaines essences, comme le sapin subalpin, le sapin baumier et l'épinette « jaune » ne se prêtent pas bien au séchage à haute température. Les sciages les moins perméables de ces essences peuvent développer certains des défauts mentionnés précédemment ou, tout au moins, être la cause d'importantes variations de la TH finale. Les essences canadiennes qui se prêtent davantage au séchage à haute température sont l'épinette blanche, l'épinette rouge et le pin gris.

Le temps de séchage de sciages d'épinette noire à haute température varie habituellement de 20 à 24 heures. Le bois de pin gris, plutôt perméable et dont la TH initiale est faible, peut être séché en moins de 18 heures. Le chapitre 15 présente les principes importants concernant les programmes de séchage à haute température.

8.3 CLASSIFICATION SELON LE SYSTÈME DE CHAUFFAGE

Il existe différentes façons de produire de la chaleur dans un séchoir à air chaud climatisé. Le mécanisme de chauffage du séchoir consiste soit en un chauffage direct ou un chauffage indirect (chaleur rayonnante). Dans le premier cas, la chaleur de combustion du combustible utilisé est introduite dans le séchoir pour en chauffer l'air. Les gaz de combustion sont soit mélangés avec l'air dans le séchoir ou acheminés dans le séchoir par un échangeur de chaleur air-air. Dans un séchoir à chauffage indirect, cependant, la chaleur de combustion est d'abord transférée à un autre milieu (eau chaude, vapeur ou huile thermique), lequel chauffe l'air du séchoir. Les figures 8-1 et 8-2 montrent un plan transversal de séchoirs à chauffage direct et à chauffage indirect.

8.3.1 SÉCHOIRS À CHAUFFAGE DIRECT

Ce type de séchoir présente plusieurs avantages pour le séchage de sciages du groupe EPS. Le coût initial en équipement, tant pour le séchoir que le système de chauffage, est inférieur au coût d'un système de chauffage indirect. On peut choisir un brûleur dont la capacité permettra d'obtenir une montée de température rapide et de maintenir un taux de séchage rapide, ce qui permettra d'obtenir un temps de séchage un peu plus court que celui d'un séchoir à chauffage indirect. L'injection des gaz de combustion directement dans le séchoir fait en sorte que ce type de séchoir présente la meilleure efficacité énergétique des divers types de séchoirs à air chaud climatisé. Le chapitre 20 fait état d'information sur la consommation d'énergie et présente des comparaisons avec d'autres systèmes de chauffage et d'autres configurations.

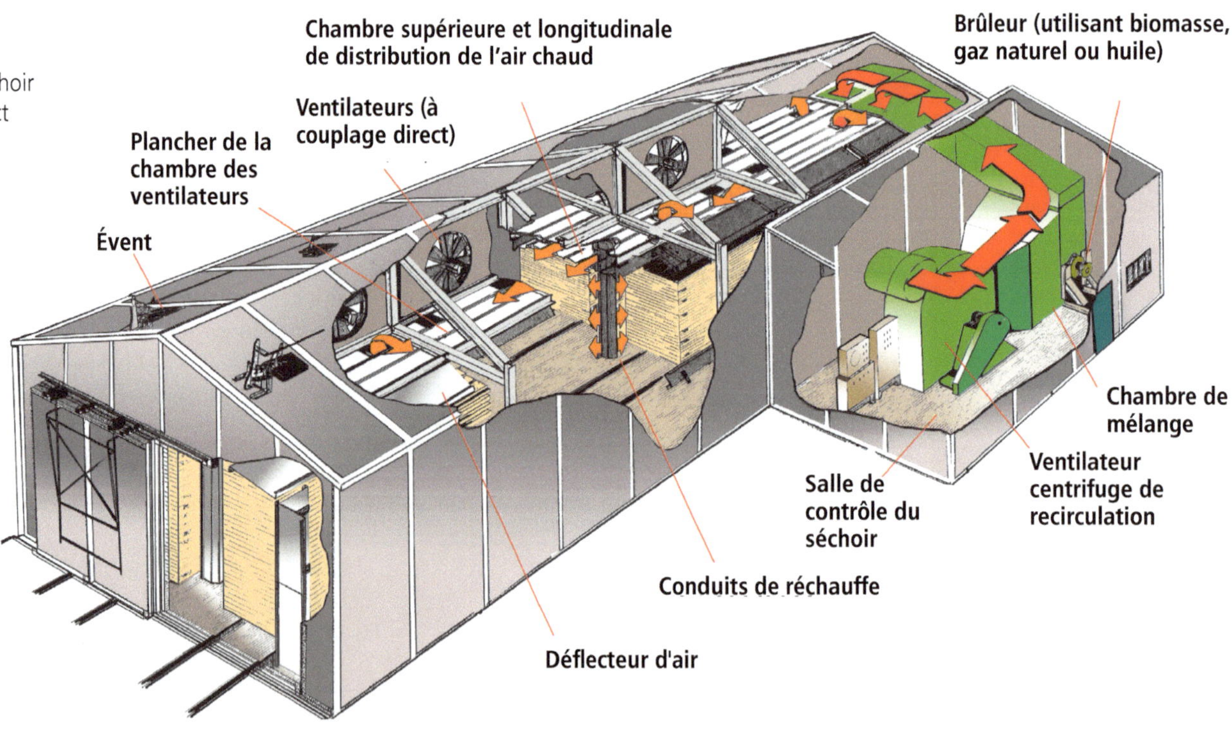

Figure 8-1
Schéma d'un séchoir à chauffage direct à doubles rails avec ventilateurs à arrangement transversal.

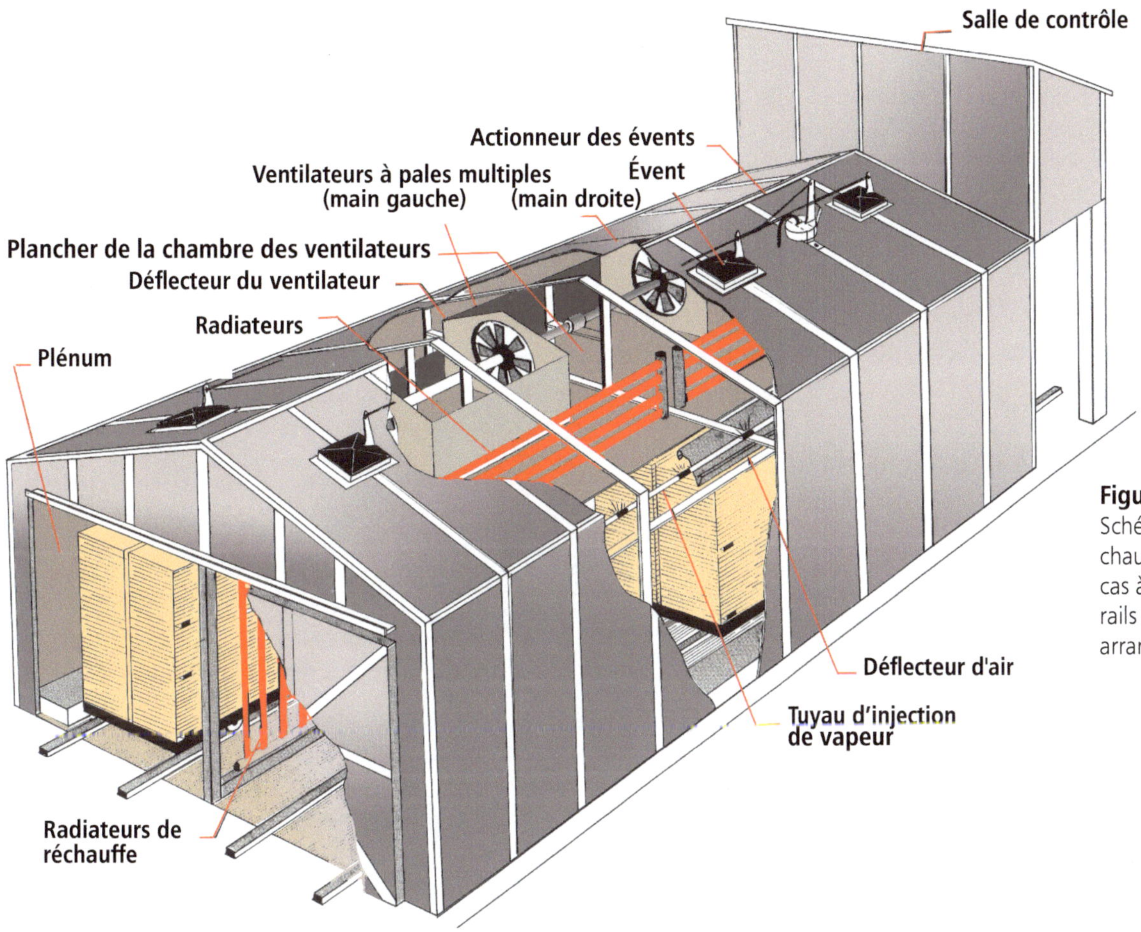

Figure 8-2
Schéma d'un séchoir à chauffage indirect (dans ce cas à la vapeur) à doubles rails avec ventilateurs à arrangement longitudinal.

Les taux de séchage rapide évoqués ci-dessus peuvent cependant engendrer des problèmes dans certaines situations. Lors du séchage de bois affichant une faible TH initiale, il est assez courant d'assister à une augmentation plus importante de la température sèche que de la température humide. La dépression résultante (et la THE) peut donc être plus importante que souhaitée. On peut atténuer le problème en intégrant un système d'humidification au séchoir, comme on le verra plus loin dans le présent chapitre. Une autre préoccupation inhérente à l'exploitation de tout séchoir, mais plus particulièrement aux séchoirs à chauffage direct, tient à l'uniformité de la température dans l'enceinte du séchoir. Les gaz de combustion provenant du brûleur, même à la suite de leur mélange à l'air d'appoint, peuvent atteindre une température supérieure à 1 000 °F (537 °C). Ces gaz doivent se mélanger à l'air du séchoir afin d'atteindre une température non seulement uniforme, mais aussi beaucoup plus basse. Si la conception du système laisse à désirer ou s'il est mal réglé, la température dans le séchoir peut varier énormément et entraîner d'importantes variations de la TH finale. La question de l'uniformité de la température doit être réglée au départ en consultation avec le fournisseur, puis vérifiée par la suite à intervalles réguliers. La capacité de la plupart des brûleurs à réduire leur puissance de chauffage lorsque la demande baisse est limitée. Le chapitre 9 présente de l'information sur l'entretien approprié d'un séchoir à bois.

Une autre particularité des séchoirs à chauffage direct est que l'enceinte de séchage subit une pression positive supérieure à celle des autres systèmes de chauffage. L'énorme volume d'air chaud injecté dans le séchoir et l'excédent d'air apporté par le ventilateur d'appoint crée une pression plus élevée dans l'enceinte, ce qui entraîne des fuites, notamment autour des portes, des évents et des joints entre les panneaux. Il est donc important de s'assurer de l'étanchéité de la structure de ce type de séchoir.

8.3.2 SÉCHOIRS À CHAUFFAGE INDIRECT

Lorsqu'on utilise un liquide ou de la vapeur comme fluide chauffant, des serpentins peuvent être distribués dans le séchoir pour favoriser un chauffage uniforme. La chaleur est produite par un système central de brûleur et chaudière qui facilite l'utilisation de combustibles de moindre qualité, comme par exemple la sciure humide ou l'écorce. L'écart entre la température du fluide chauffant et la température d'opération du séchoir est moins grand, ce qui présente à la fois un avantage et un désavantage. L'avantage tient au fait qu'il y a moins de chance de formation de zones surchauffées dans le séchoir. En revanche, plus la température de service du fluide chauffant est basse, plus la surface des échangeurs de chaleur dans le séchoir doit être grande. Cela augmente le prix de l'équipement, et tout compromis aura pour effet de ralentir la montée en température initiale ou le taux de séchage.

Contrairement aux séchoirs à chauffage direct, les séchoirs à chauffage indirect n'ont pas besoin d'air d'appoint, ce qui entraîne une pression statique moins élevée dans le séchoir, et ainsi moins de fuites d'air autour des portes et des joints des parois du séchoir.

8.4 CLASSIFICATION SELON LE MODE DE CHARGEMENT

Les séchoirs à air chaud climatisé se distinguent aussi les uns des autres par leur mode de chargement. On distingue ainsi les séchoirs à chargement sur rails des séchoirs à chargement latéral (aussi appelés « séchoirs à chargement par chariots élévateurs » ou « séchoirs à chargement par paquets »). Les séchoirs représentés aux figures 8-1 et 8-2 sont des séchoirs à chargement sur rails. La figure 8-3 présente un séchoir à chargement latéral.

Figure 8-3
Exemple d'un séchoir à air chaud climatisé à chargement latéral.

8.4.1 SÉCHOIRS À CHARGEMENT SUR RAILS

Les séchoirs à chargement sur rails présentent deux avantages qui font en sorte qu'ils sont bien adaptés pour le séchage des sciages de qualité standard du groupe EPS. Comme les chargements peuvent être préparés d'avance, le temps de rotation de ces chargements peut être très court. La plupart des exploitations peuvent vider et remplir un séchoir de 200 Mpmp ou plus en 30 minutes ou moins. L'autre avantage que présente ce type de séchoir tient au trajet relativement court de l'air à travers les chargements. La largeur d'une pile de bois sur un train de chargement mesure habituellement de 8 à 12 pieds (2,4 à 3,7 m). Cela réduit la variation de la température et des conditions hygrométriques d'un côté à l'autre du chargement et favorise l'uniformité du taux de séchage. S'il s'agit d'un séchoir à double train de chargement, on peut installer un système de réchauffe entre les trains pour obtenir le même effet lorsque l'air traverse chacun des trains. Il n'est peut-être pas nécessaire d'installer un système de réchauffe pour le séchage de bois à séchage plus lent, mais dans la plupart des installations de séchage de sciages du groupe EPS à double train, un tel système s'impose. L'installation d'un séchoir à double train sans un système de réchauffe annule certains des avantages inhérents à cette configuration de séchoir.

Le coût initial d'un séchoir à chargement sur rails sera supérieur au coût d'un séchoir à chargement latéral, et ce, pour plusieurs raisons. Le coût des rails et des semelles de fondation qui s'étendent de part et d'autre du séchoir doit figurer dans le coût initial. Cette configuration de séchoir exige l'installation de portes de chargement aux deux extrémités, ce qui en augmentera aussi le prix. En outre, un séchoir à chargement sur rails ne contiendra pas autant de bois par unité de surface de plancher qu'un grand séchoir à chargement latéral. Comme on l'a mentionné précédemment, ces désavantages sont plus que compensés lorsque l'on considère un séchoir de sciages du groupe EPS à haute capacité de production.

8.4.2 SÉCHOIRS À CHARGEMENT LATÉRAL

Pour les raisons évoquées dans la section précédente, un séchoir à chargement latéral sera plus économique qu'un séchoir à chargement sur rails sur le seul plan du coût initial. Le déchargement et le chargement de grands séchoirs à chargement latéral peuvent cependant exiger de 4 à 8 heures de travail; ils ne sont donc pas pratiques dans les situations où le temps de séchage est seulement de 24 à 60 heures. En pareil cas, une exploitation accuserait plus de 10 % de temps non productif exclusivement pour l'exécution des opérations reliées au chargement.

Les séchoirs à chargement latéral ont leur place lorsque les temps de séchage sont beaucoup plus longs ou lorsque les volumes de bois sec requis sont relativement moindres. Un exemple typique serait une scierie qui doit sécher de faibles volumes de pièces d'épinette ou de pin d'un pouce pour la fabrication de moulures ou de composants de meubles.

8.5 CLASSIFICATION SELON L'ARRANGEMENT DES VENTILATEURS

Dans les séchoirs à bois, l'arrangement des ventilateurs est soit transversal, soit longitudinal, comme on peut le constater à l'examen des figures 8-1 et 8-2. L'arrangement longitudinal des ventilateurs est très efficace quand un séchoir fonctionne à une faible vitesse de circulation de l'air. Les avantages de cet arrangement tiennent au fait qu'il n'exige qu'un ou deux moteurs, installés à l'extérieur du séchoir. L'arrangement transversal est indiqué lorsqu'une vitesse de ventilation élevée s'impose pour atteindre les objectifs de séchage. Dans ce cas, les moteurs peuvent être installés tant à l'intérieur qu'à l'extérieur du séchoir, selon les températures d'opération, le coût et les préférences propres à l'usine. Il est certes plus facile d'entretenir les moteurs installés à l'extérieur, mais une telle installation entraînera des coûts initiaux plus élevés, en plus d'exiger plus de maintenance en raison des arbres d'entraînement plus longs et d'un plus grand nombre de roulements à billes.

La question de la vitesse de l'air nécessaire est abordée au chapitre 15. Cependant, lorsqu'une vitesse de l'air de 1 000 pi/min (5,1 m/s) ou plus est requise, la plupart des fournisseurs opteront pour un arrangement transversal des ventilateurs. Les essais effectués par Forintek dans des installations industrielles ont révélé le meilleur potentiel d'efficacité énergétique de l'arrangement transversal.

Comme il a été souligné dans la description des séchoirs à chargement sur rails, il est souvent préférable d'installer

Figure 8-4
Diagramme d'un débit d'air à simple passe (a) et à double passe (b).

(a)

(b)

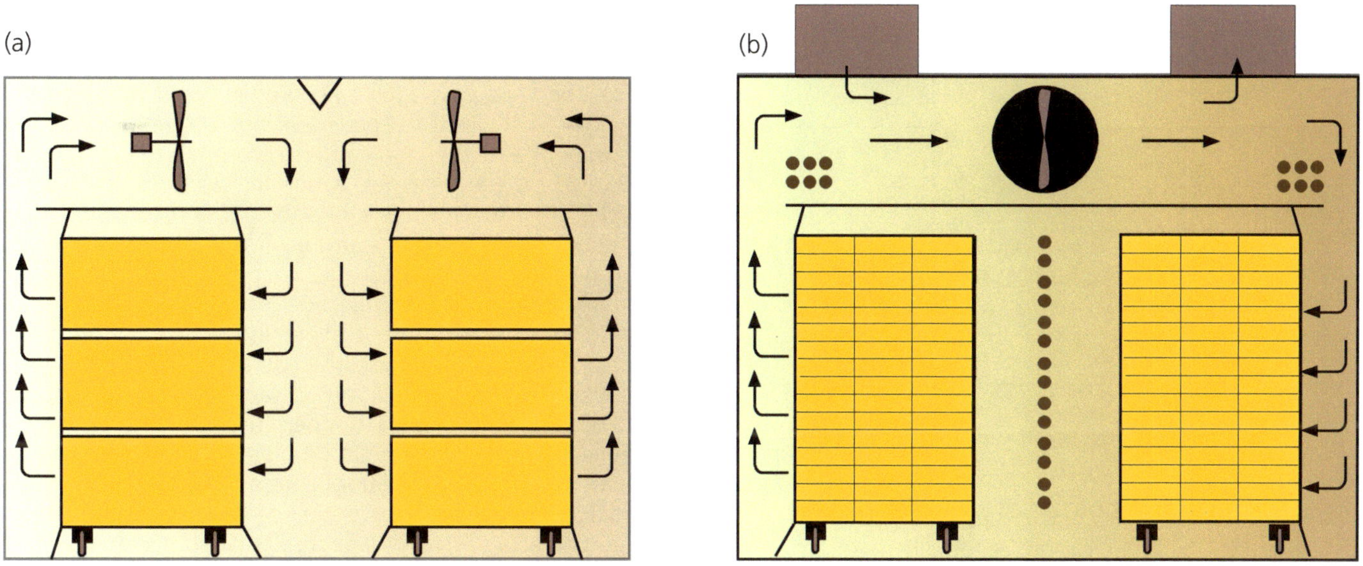

un système de réchauffe de l'air dans un séchoir à double train de chargement. Cette règle fait exception lorsque les modèles de circulation de l'air sont modifiés de sorte que l'air ne circule que dans un seul train de chargement à chaque passe. La figure 8-4 montre comment le débit d'air peut être modifié à cette fin. Cela peut s'effectuer avec des ventilateurs installés selon un arrangement longitudinal ou transversal. L'absence du besoin d'un système de réchauffe de l'air entraîne une économie, mais des coûts additionnels pourraient s'imposer, selon le type d'arrangement des ventilateurs.

8.6 SYSTÈMES D'ÉVENTS ET ÉCHANGEURS DE CHALEUR

Dans un séchoir à air chaud climatisé, les évents constituent la voie prévue d'évacuation de l'humidité qui s'accumule dans le séchoir. À mesure que le bois sèche, l'humidité relative de l'air augmente. Dès qu'elle dépasse un pourcentage préétabli, les évents s'ouvrent dans le but d'évacuer l'air chaud et humide et d'injecter de l'air frais relativement sec. Les systèmes modernes de régulation permettent d'assurer la commande proportionnelle des évents et de régler l'ouverture des évents d'apport d'air frais différemment de ceux d'évacuation de manière à tenir compte des volumes différents requis en fonction de la température de l'air entrant (froid) ou sortant (chaud) du séchoir. Ces systèmes permettent de respecter les points de consigne et de satisfaire à la demande d'évacuation qui varie tout au long du séchage d'un chargement.

Comme 60 à 70 % de l'énergie consommée pour le séchage du bois sert à évacuer l'humidité du séchoir, certains diraient qu'il s'agit d'un gaspillage manifeste d'énergie. Ils ont raison. Comme le montre la figure 20-2, des échangeurs de chaleur peuvent être employés pour récupérer une portion de cette énergie. Ceux-ci ne perturbent en rien l'opération du séchoir. Le chapitre 20 traite des économies d'énergie et de l'aspect économique de l'installation des échangeurs de chaleur.

8.7 SYSTÈMES D'HUMIDIFICATION DE SÉCHOIRS

Plusieurs raisons peuvent justifier l'augmentation de l'humidité de l'air dans un séchoir à bois. Dans certains cas, il faut soit équilibrer, soit conditionner le bois d'œuvre. L'équilibrage a pour but de réduire au minimum les différences de TH finale à l'intérieur d'une même pièce, et d'une pièce à l'autre. Le conditionnement a pour objet d'éliminer les contraintes résiduelles découlant du processus de séchage au séchoir (le chapitre 15 traite plus en détail de l'équilibrage et du conditionnement). Ces deux traitements postséchage nécessitent une augmentation de l'humidité à un moment où le bois n'en contient presque plus. Parmi d'autres situations exigeant l'apport d'humidité additionnelle, signalons le séchage de bois préséché à l'air, le séchage de bois provenant d'un mélange d'essences ou l'exécution d'un programme de séchage à haut niveau d'humidité pour sécher le bois d'une essence susceptible de développer des poches humides. Lors du traitement du bois à la chaleur pour répondre aux exigences phytosanitaires, il est aussi souhaitable de sécher le bois à une humidité relative élevée. Dans tous ces cas, on peut ajouter ou modifier certains dispositifs pour permettre aux usines d'atteindre le niveau d'humidité relative visé.

La présente section décrit les différentes possibilités dont on peut se prévaloir pour augmenter l'humidité relative dans un séchoir à bois. Comme dans la plupart des situations, cependant, il n'existe pas de solution universelle. La solution pour une scierie donnée dépendra de circonstances particulières, telles que la source d'énergie et le système de chauffage, l'état du séchoir et le coût du combustible.

Figure 8-5

Des séchoirs non étanches ou l'absence d'un système d'humidification peuvent influencer l'atteinte des conditions de séchage visées, comme on peut le constater à l'examen de l'enregistrement de séchage illustré. Il en résulte un manque d'uniformité d'un chargement à l'autre et l'adoption de programmes de séchage dont la sévérité est injustifiée.

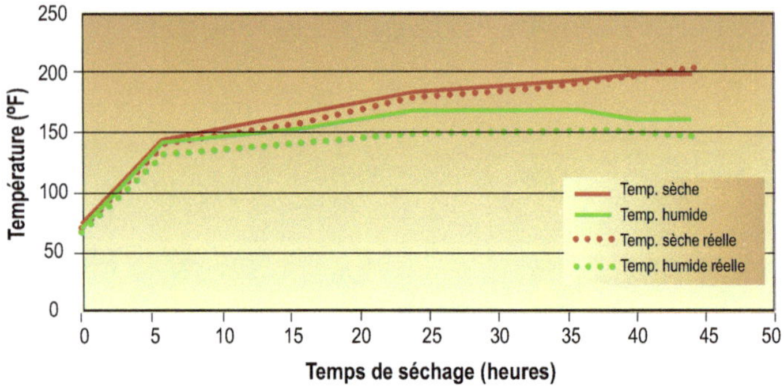

8.7.1 LA SOLUTION PEU COÛTEUSE

La solution la plus facile, et habituellement la moins coûteuse, pour augmenter l'humidité dans un séchoir à bois consiste à utiliser l'humidité qui s'échappe du bois. Dans certaines des situations décrites précédemment, par exemple l'application de traitements à la chaleur ou la modification de programmes de séchage, la demande d'humidité élevée peut survenir lorsque le bois en contient toujours une quantité appréciable. La seule façon de capter cette humidité pour élever la température humide consiste à rendre le séchoir le plus étanche possible. On peut minimiser la perte de vapeur d'eau depuis l'enceinte du séchoir de plusieurs façons qui seront abordées dans le chapitre suivant, qui porte sur l'entretien des séchoirs.

L'étanchéité du séchoir est essentielle si on se fie sur l'humidité extraite du bois pour augmenter l'humidité de l'enceinte. L'étanchéité est également importante lorsqu'on a recours à un système d'humidification, car elle influence l'efficacité du système et son efficacité énergétique. Un autre avantage lié à l'étanchéité du séchoir tient au fait qu'elle favorise l'uniformité des conditions de séchage, ce qui contribue à uniformiser la TH finale du bois. Les sections suivantes présentent quelques solutions de rechange pour l'humidification d'appoint de séchoirs à bois.

Figure 8-6

Les fuites d'humidité en raison du manque d'étanchéité de la structure du séchoir entraînent une perte de vapeur qui pourrait servir à augmenter l'humidité relative (température humide) dans le séchoir.

8.7.2 VAPEUR VIVE

La vapeur vive est une solution très efficace pour augmenter l'humidité relative. La vapeur saturée peut introduire une importante quantité d'eau dans l'air du séchoir, et ce, en peu de temps. Si vous disposez d'une source de vapeur affichant une capacité excédentaire, cette solution sera probablement celle que vous envisagerez en premier pour humidifier un séchoir. La meilleure vapeur aux fins d'humidification est la vapeur basse pression saturée. Elle procure une quantité de vapeur d'eau maximale à une température relativement faible. Le problème lié à la vapeur haute pression ou à la vapeur qui n'est pas saturée tient au fait qu'elle fera augmenter la température sèche plus rapidement que la température humide. L'injection de vapeur vive dans un séchoir non étanche peut avoir le même effet. Signalons que l'augmentation excessive de la température sèche peut entraîner des conditions défavorables pour la qualité du bois. En outre, si la température sèche augmente, la dépression du thermomètre humide visée risque de ne pas se concrétiser et le conditionnement du bois ne se produira pas. En conséquence, l'utilisation de la vapeur vive exige que le séchoir et la source de vapeur soient en bon état. La vapeur haute pression peut être traitée dans un désurchauffeur pour en réduire la température et la pression.

Certaines entreprises ont installé des générateurs de vapeur ou des petites chaudières dans la seule intention de produire de la vapeur vive aux fins du conditionnement du bois. Les générateurs de vapeur sont souvent chauffés à l'électricité. En raison du coût élevé de l'électricité, ils ne sont rentables que pour les séchoirs dont la capacité est relativement limitée. Une chaudière de petite dimension peut aussi servir à la production de vapeur vive. Cette solution entraînera un coût initial plus élevé, mais son coût de fonctionnement sera inférieur à celui d'un système électrique puisqu'elles fonctionnent généralement à base de combustibles fossiles.

Une autre façon de produire de la vapeur vive consiste à faire bouillir de l'eau à l'intérieur du séchoir. Il s'agit d'une méthode couramment utilisée en Nouvelle-Zélande et dans d'autres régions du monde pour conditionner et redresser des sciages provenant de bois ayant tendance à gauchir. L'ébullition de l'eau se fait habituellement à l'aide d'un caniveau aménagé au sol dans le sens de la longueur du séchoir et dans lequel un système de chauffage est submergé. Quelques usines au Canada ont installé un tel système. Il convient très bien aux usines qui exploitent un système de chauffage à l'huile thermique ou à vapeur haute pression. Dans le cas des systèmes de vapeur haute pression, on élimine le problème lié à la température sèche mentionné précédemment et la nécessité d'injecter de l'eau de la chaudière traitée à grands frais dans l'air du séchoir.

8.7.3 ATOMISATION D'EAU

Les fabricants de séchoirs, tant les séchoirs par déshumidification que les autres types de séchoirs, utilisent depuis plusieurs années des atomiseurs d'eau aux fins d'humidification. Dans un tel système, de l'eau sous pression est projetée dans l'air du séchoir au moyen de buses d'atomisation pour former un fin brouillard dans le séchoir. L'eau s'évapore rapidement sous l'effet de la chaleur de l'air, ce qui augmente l'humidité de l'air au niveau visé. L'expérience a révélé que l'efficacité de ce type de système atteint son maximum à forte pression d'eau (p. ex. de 800 à 1 000 psi) injectée au moyen d'atomiseurs produisant le plus fin brouillard possible. La petite taille des gouttelettes produites par ce type de système favorise l'évaporation rapide de l'eau. Les systèmes dont la pression d'opération est plus basse produisent de plus grosses gouttelettes dont l'évaporation prend plus de temps; ces gouttelettes peuvent même heurter les murs ou les ventilateurs du séchoir et s'écouler à l'état liquide. Les atomiseurs d'eau à basse pression peuvent augmenter l'humidité au point de favoriser l'équilibrage, mais ils ne permettent pas d'atteindre les températures humides nécessaires pour assurer le conditionnement du bois (relâchement des contraintes). La qualité de l'eau est une importante considération en ce qui a trait aux systèmes d'atomisation d'eau haute pression. Selon la source et la qualité de l'eau, il pourrait s'avérer nécessaire de la conditionner ou de la filtrer pour prévenir l'obstruction des buses. Quoi qu'il en soit, il faut nettoyer les buses fréquemment. Il est aussi souhaitable d'assurer la disponibilité d'un ensemble de rechange pour réduire les temps d'arrêt aux fins d'entretien.

8.7.4 AUTRES TECHNOLOGIES

Dans l'Est des États-Unis, certains industriels utilisent des atomiseurs à disque rotatif. Ce dispositif consiste en un disque recouvert d'un coussinet de feutre, tournant à haute vitesse et au centre duquel on introduit de l'eau. L'eau est entraînée au bord du disque sous l'effet de la force centrifuge, d'où elle s'échappe sous forme de fin brouillard. Comme dans le cas de l'atomisation d'eau haute pression, ce brouillard est absorbé rapidement par l'air du séchoir. Plusieurs scieries de feuillus ont installé ce type de système, et la réaction quant à son efficacité est plutôt positive. Des essais dans une usine de l'Est du Canada se sont avérés prometteurs.

8.7.5 L'HUMIDIFICATION EST-ELLE NÉCESSAIRE?

Au fur et à mesure que les manufacturiers de bois de sciage ajoutent des produits à valeur ajoutée à leur gamme de produits, la question du relâchement des contraintes surgit de plus en plus fréquemment. Le bois lamellé-collé et les semelles de poutrelles en I sont des exemples de produits dont il faut assurer un bon conditionnement pour éviter des problèmes aux stades de fabrication de ces produits ou en service. Comme un grand nombre de séchoirs de bois de dimension ne sont pas munis de systèmes d'humidification, ces entreprises devront se mettre à la recherche de solutions pour la mise à niveau de leurs installations. Les solutions mentionnées précédemment constituent autant de pistes pour trouver la meilleure solution à votre situation.

8.8 SYSTÈMES DE RÉGULATION DE SÉCHOIRS

Le coût, les caractéristiques et les capacités des systèmes de régulation de séchoirs, appelés couramment « systèmes de contrôle », varient énormément. La présente section donne un bref aperçu des systèmes présentement offerts sur le marché et certains conseils pour faciliter le choix du système le plus approprié.

On distingue trois types de systèmes de régulation de séchoirs.

- Systèmes à régulation manuelle
  - Réglage manuel de la température et des conditions d'humidité
  - Dispositif enregistreur (enregistreur à impression circulaire ou imprimante)
  - Aucune fonctionnalité de programmation
  - Absence de contrôle de l'humidité et de mécanisme d'arrêt automatique du séchage
  - Chaque unité fait fonctionner un seul séchoir
- Systèmes semi-automatiques
  - Capacité de programmation de programmes de séchage de base (établis selon le temps)
  - Peut comprendre un dispositif d'enregistrement de programmes de séchage ou de relevés de séchage de chargements antérieurs
  - Possibilité de programmation d'arrêt automatique en fonction du temps
  - Aucun dispositif de contrôle de l'humidité
  - Chaque unité fait fonctionner un seul séchoir
- Systèmes entièrement automatiques
  - Utilisation d'un ordinateur ou d'un contrôleur programmable pour assurer le maintien automatique des conditions du séchoir et de leur enregistrement
  - Un système asservi permet l'évaluation du séchage tel que :
    - sondes à résistance enfoncées dans les pièces du chargement;
    - sondes diélectriques pour mesurer la TH de paquetsde bois ou de parties de paquets;
    - utilisation de données sur le DTAB pour estimer les niveaux de TH intermédiaires ou la fin du processus de séchage;
    - système de pesée des piles dans le séchoir.
  - En intégrant un de ces mécanismes, le système peut adapter le programme de séchage en fonction des besoins particuliers de chaque chargement
  - Possibilité de programmer et d'enregistrer un éventail de programmes de séchage
  - Possibilité de contrôler et de régler un certain nombre de séchoirs à partir d'un seul ordinateur
  - Possibilité de vérifier et de modifier les conditions du séchoir à distance

Le prix de ces trois catégories de régulation de séchoir varie. Les systèmes automatiques coûtent manifestement plus cher que les autres. La plupart des installations de séchage transformant des volumes importants de sciages du groupe EPS cherchent à maximiser la productivité et à minimiser l'intervention des opérateurs de séchoir. En conséquence, on y trouve habituellement un système de régulation dispendieux et entièrement automatisé. Le meilleur conseil en matière de sélection d'un système entièrement automatisé consiste à choisir un système dont la présentation d'information est la plus conviviale et qui offre le plus grand nombre de possibilités. Un système de type « boîte noire » peut certes éliminer l'intervention de l'opérateur de séchoir, mais ne répondra peut-être pas aux besoins futurs.

La sélection d'un système offrant la gamme complète des possibilités de programmation et d'opération d'un séchoir exigera peut-être un apprentissage plus long, mais il offrira certes davantage de souplesse pour satisfaire aux besoins liés aux nouveaux produits ou à de nouvelles exigences en matière de séchage. À titre d'exemple, un programme de séchage fondé sur la température de l'air à la sortie pourra satisfaire aux exigences du séchage de bois de colombage, mais dans le cas de bois entrant dans la fabrication de produits lamellés, un programme fondé sur la température de l'air à l'entrée du chargement pourrait s'imposer. Par conséquent, un système de commande s'accommodant de ces deux modes de séchage serait souhaitable. Il est aussi souhaitable qu'il puisse s'intégrer à d'autres systèmes de mesure. Par exemple, différents systèmes de mesure de l'humidité en séchoir sont maintenant disponibles et peuvent s'installer après la construction du séchoir. Pour tirer profit de tels systèmes, le système de régulation doit pouvoir importer les données qu'ils génèrent et les utiliser pour déterminer les consignes d'opération du séchoir.

ENTRETIEN DU SÉCHOIR

9.1 PROGRAMMES D'ENTRETIEN

Un séchage de qualité exige de bons outils pour obtenir les résultats voulus. Les chapitres précédents ont traité de nombreuses caractéristiques de fonctionnement qui sont nécessaires à la spécification d'un bon séchoir pour le séchage de sciages d'EPS. Le présent chapitre fournit quelques conseils sur la manière d'entretenir l'équipement pour en assurer le bon fonctionnement tout au long de sa durée de vie utile.

Avant que l'on remarque que quelque chose fait défaut dans le séchoir à bois, les pertes de production ou de dégradation du bois d'œuvre peuvent déjà avoir coûté beaucoup d'argent. À l'usine de sciage, le temps de réaction aux problèmes qui surviennent est très rapide, si ce n'est instantané. Dans le cas d'un séchoir, cependant, les problèmes peuvent passer inaperçus pendant des semaines. Cela s'explique par la nature de l'équipement et le fait que l'intervention humaine n'est pas aussi importante que dans une scierie.

Le séchage efficace et la qualité uniforme des produits nécessitent un bon programme d'entretien préventif. Dans de nombreuses usines, les séchoirs sont souvent les derniers éléments à être pris en charge par le service d'entretien. Cette situation est compréhensible quand on considère que la plupart des pièces mobiles d'un séchoir se trouvent dans des recoins exigus, où règnent des températures élevées et un fort degré d'humidité. Qui plus est, ces recoins sont souvent assez sales. Le premier objectif de tout exploitant de séchoir devrait être de faciliter la tâche de quiconque doit y travailler. Il y a donc lieu de garder les séchoirs propres et d'abaisser la température à un niveau raisonnable bien avant qu'un membre du personnel n'ait à y entrer, considération qui vise non seulement le confort, mais aussi la sécurité des employés. Il importe d'établir un bon programme d'entretien préventif qui prévoit les réparations et en permet la planification entre des chargements plutôt qu'en urgence au milieu du cycle de séchage.

Qu'est-ce qui caractérise un bon programme d'entretien préventif pour un séchoir? Étant donné que les types de séchoirs et les technologies de séchage varient énormément, il est impossible de déterminer un programme qui conviendra à tout le monde. Toutefois, certaines considérations générales s'imposent. Premièrement, il faut déterminer les objectifs recherchés, puis assurer l'entretien du séchoir afin de les atteindre. Le but est de sécher le bois dans un milieu contrôlé qui expose chaque pièce, dans la mesure du possible, à des conditions de séchage uniformes. L'opération de séchage comporte trois aspects susceptibles d'influencer l'atteinte de cet objectif : le contrôle de la température, le contrôle de l'humidité relative et la circulation de l'air. Un bon programme d'entretien préventif visera tous les aspects du séchoir pouvant éventuellement nuire au contrôle et à l'uniformité de ces variables. Par ailleurs, d'autres mesures permettront simplement d'en prolonger la durée de vie utile et d'en augmenter la rentabilité.

Il faut d'abord élaborer une liste de vérification de toutes les caractéristiques du séchoir nécessitant un entretien. Cette liste peut ensuite être subdivisée selon la fréquence d'attention requise par chaque élément de vérification. En raison de la diversité des installations de séchage dans l'industrie, il est impossible de dresser la liste de tous les éléments d'entretien ou d'inspection. Étant donné que les temps de séchage sont relativement courts pour les sciages du groupe EPS (comparativement au séchage de bois feuillus), il est important de repérer les problèmes rapidement. Certains éléments doivent être contrôlés quotidiennement, tandis que d'autres requièrent un entretien moins fréquent. Les tableaux qui suivent énumèrent certains éléments qu'il y a lieu d'inspecter ou de vérifier quotidiennement, à chaque chargement et mensuellement.

Bref, il s'agit de repérer et d'inscrire sur la liste appropriée tous les éléments dont le fonctionnement peut dévier des paramètres établis, puis de les vérifier de façon régulière. L'identification des problèmes de fonctionnement de l'équipement de séchage constitue la base de tout bon programme d'entretien. Les opérateurs de séchoirs et le personnel d'entretien doivent être capables de repérer la majorité des éléments pour l'élaboration de ces listes. Dans le cas de nouvelles installations, le fournisseur devrait pouvoir contribuer à l'élaboration des listes d'entretien.

LISTE DE VÉRIFICATION AVANT LA MISE EN MARCHE DU SÉCHOIR	
Éléments	**Date et heure de vérification**
1. Mise en marche des ventilateurs et vérification de leur bon fonctionnement 2. Vérification ou remplacement de la mèche (coton) du thermomètre humide 3. Vérification du débit d'eau du thermomètre humide 4. Vérification du bon état et de la mise en place des déflecteurs 5. Vérification du fonctionnement des évents 6. Inspection des portes et des joints d'étanchéité du séchoir 7. Préparation des relevés (rapports) de la charge et énumération de tout problème inhabituel etc.	

Tableau 9-1
Exemples d'éléments de vérification avant la mise en marche du séchoir pour chaque chargement.

LISTE DE VÉRIFICATION QUOTIDIENNE (OU PAR FACTION)	
Éléments	**Date et heure de vérification**
1. Vérification visuelle du fonctionnement des évents (s'assurer qu'ils ne sont pas bloqués en position ouverte ou fermée) 2. Inspection visuelle et auditive du fonctionnement des ventilateurs 3. Vérification du niveau d'huile des lubrificateurs des roulements des ventilateurs 4. Vérification des données de température pour détecter tout écart par rapport au programme de séchage etc.	

Tableau 9-2
Exemples d'éléments de vérification quotidienne (ou par faction).

LISTE DE VÉRIFICATION MENSUELLE	
Éléments	**Date et heure de vérification**
1. Vérification de la vitesse de rotation des ventilateurs à arrangment longitudinal afin de repérer tout glissement de la courroie 2. Vérification des roulements des ventilateurs et du blocage des ventilateurs sur les arbres d'entraînement 3. Vérification du bon fonctionnement du mécanisme d'inversion des ventilateurs 4. Vérification du système de commande du chauffage 5. Vérification des purgeurs de vapeur (systèmes à vapeur) 6. Vérification rapide de l'étalonnage des instruments etc.	

Tableau 9-3
Exemples d'éléments de vérification mensuelle.

9.2 ÉVALUATION DU RENDEMENT DU SÉCHOIR

9.2.1 UNIFORMITÉ DE LA TEMPÉRATURE

D'autres examens d'entretien préventif peuvent être effectués pour repérer et corriger les problèmes qui surviennent. Comme nous l'avons indiqué précédemment, le principal objectif de l'utilisation d'un séchoir est de maintenir un milieu de séchage uniforme et précis. L'uniformité de la température sèche (Ts) constitue un moyen d'évaluer l'efficacité d'un séchoir. À cette fin, on peut installer une série de sondes de températures dans le séchoir. Certains régulateurs offrent de multiples sondes de Ts, mais il est souvent préférable de mettre en place un système indépendant, de sorte que le fonctionnement du régulateur puisse être vérifié en même temps. Un enregistreur de données de température à plusieurs canaux (figure 9-1), accompagné de fils thermocouples, peut facilement être installé pour vérifier la température dans toutes les zones d'un séchoir. L'uniformité de la température exigée dans un séchoir dépend de la matière ligneuse à sécher. Pour le séchage de bois du groupe EPS, lorsqu'un séchoir a atteint un état stable, la variation de température d'une zone à l'autre du séchoir ne devrait pas dépasser ±5 °F (±2,8 °C). Au moment de vérifier le fonctionnement du système de chauffage, il vaut toujours mieux contrôler la température du côté du chargement par où l'air s'introduit, la température de l'air n'ayant pas été affectée par l'humidité du bois ou par le débit d'air dans l'empilement.

L'installation d'un thermocouple près des sondes de Ts dans le séchoir permet de vérifier rapidement l'étalonnage de ces sondes et le système de commande. Comme on peut le voir à la figure 9-3, un thermomètre humide (Th) temporaire peut aussi être préparé avec un thermocouple pour vérifier le fonctionnement du système de commande du séchoir. Dans les deux cas, la température indiquée sur le système de commande devrait être en deçà de ±2 °F (1 °C)

Figure 9-1

Un enregistreur multicanaux de température (a), comme cette version à 12 canaux, peut être utilisé pour mesurer l'uniformité et la précision de la température du séchoir. Dans le séchoir, des thermocouples (b) peuvent être fixés à la charge ou montés à côté des sondes du régulateur.

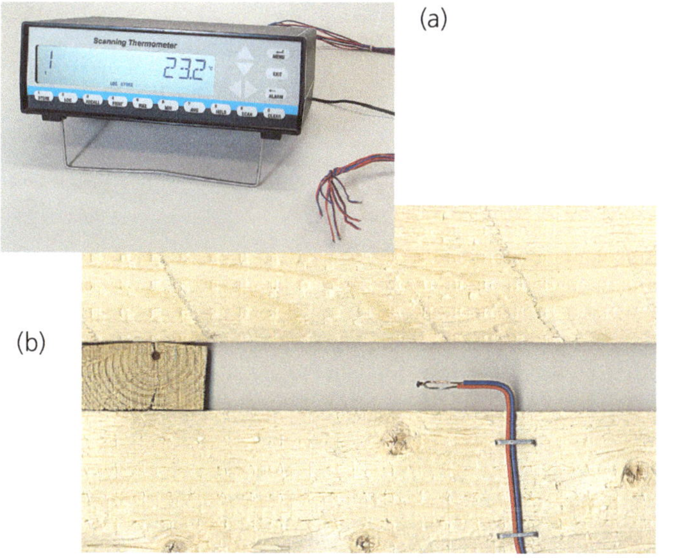

Figure 9-2
Un enregistreur miniature de température, comme celui qui est représenté ici, peut aussi être utilisé pour faire le suivi de la température dans les séchoirs, les zones d'entreposage et les conteneurs d'expédition.

Figure 9-3
Un réservoir d'eau temporaire et un thermocouple peuvent être installés pour vérifier l'uniformité et la précision de la lecture de la température humide.

de la température relevée par le système d'enregistrement indépendant. Il est évident que l'efficacité de ce processus exige que le système d'enregistrement indépendant soit correctement étalonné. Un moyen rapide (et économique) de vérifier ce système est d'acheter un thermomètre en verre comprenant une preuve d'étalonnage. L'étalonnage peut être vérifié en plaçant le thermomètre en verre et les sondes de température dans un bain d'eau chaude.

Le thermomètre humide temporaire qui est représenté à la figure 9-3 peut aussi servir à vérifier le bon fonctionnement et l'étalonnage correct d'autres systèmes de mesure de l'humidité, comme les sondes d'humidité d'équilibre et les sondes électroniques d'humidité relative.

La figure 9-4 montre le résultat type d'un contrôle de la température dans un séchoir. Dans ce cas précis, des sondes thermocouples ont été installées en quadrillage d'un côté du séchoir, à 16 pieds (environ 5 m) d'intervalle le long du séchoir et à 4 pieds (1 m) d'intervalle en hauteur. Cette méthode de vérification permet de repérer des défauts dans la conception originale du séchoir ou de déterminer des éléments liés au système de chauffage et de circulation de l'air qui ne fonctionnent pas correctement.

Figure 9-4
Les relevés de température dans le cadre du séchage d'un chargement complet ou partiel peuvent être présentés par un graphique comme celui qui figure ci-dessous pour identifier les zones continuellement au-dessus ou au-dessous de la consigne.

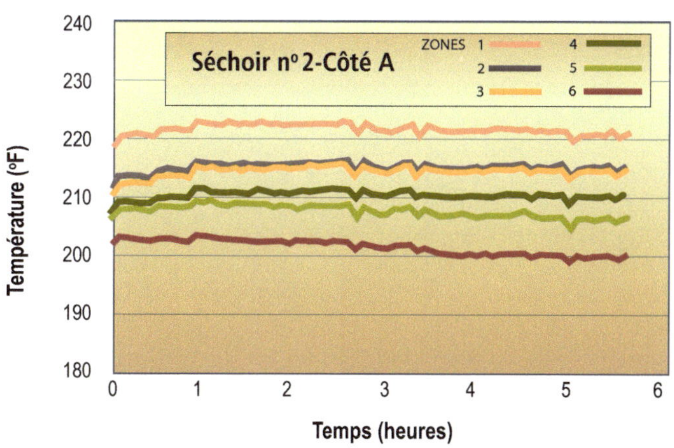

9.2.2 UNIFORMITÉ DE LA CIRCULATION DE L'AIR

À l'instar du processus décrit ci-dessus pour la température sèche, la circulation de l'air dans un séchoir doit être vérifiée de façon régulière. Un anémomètre à fil chaud est le meilleur instrument pour effectuer cette opération. L'appareil représenté à la figure 9-5 comprend une sonde qui peut être allongée pour faciliter la prise des relevés à différentes hauteurs dans la pile de bois. Les mesures de circulation de l'air sont toujours prises du côté d'un chargement par où l'air s'échappe. L'uniformité est encore une fois l'élément clé pour obtenir un bon séchage. La plupart des séchoirs pour les sciages de bois du groupe EPS fonctionnent à une vitesse d'air moyenne égale ou supérieure à 500 pieds par minute (pi/min), soit 2,5 mètres par seconde. À de telles valeurs, le degré d'uniformité recommandé sera atteint si tous les relevés affichent un écart de moins de ±100 pi/min avec la moyenne. Au moment de vérifier la circulation de l'air, il faut s'assurer que le séchoir est complètement chargé, que les déflecteurs sont en place et que le bois est correctement empilé et disposé dans le séchoir.

Figure 9-5
Un anémomètre à fil chaud et à affichage numérique, comme celui qui est représenté ci-dessous, permet d'obtenir rapidement des relevés de la circulation de l'air à travers un paquet de bois dans un séchoir ou un parc de séchage à l'air.

Si la vitesse de l'air ne se situe pas dans l'échelle suggérée pour l'uniformité, la première chose à faire est de vérifier que tous les ventilateurs sont en marche et correctement installés. Dans la plupart des séchoirs avec ventilateurs à arrangement longitudinal, le positionnement des ventilateurs alterne entre les ventilateurs main gauche et les ventilateurs main droite, à l'exception des séchoirs double passe avec boîtes de déflection en « Z ». Dans un séchoir avec ventilateurs à arrangement transversal, il est important de s'assurer que tous les ventilateurs font circuler l'air dans la même direction et en même temps. Dans le cas d'un séchoir comptant jusqu'à vingt ou trente moteurs, il est courant qu'un des moteurs n'ait pas bien été raccordé ou ne fonctionne pas du tout ou qu'un ventilateur ait été remplacé par un ventilateur avec une main différente de pales.

9.2.3 APPAREILS DE VÉRIFICATION REQUIS

Pour effectuer les vérifications décrites précédemment, l'opérateur de séchoir devra disposer d'une variété d'instruments. La liste qui suit résume les instruments suggérés pour une opération de séchage de moyenne à grande envergure de sciages du groupe EPS. Si l'on tient compte de la valeur de l'équipement de séchage, de la vitesse de séchage et de la valeur totale du bois traité en séchoir, l'investissement est relativement modeste.

- Un anémomètre à fil chaud (vitesse de l'air) ou un autre type d'anémomètre comprenant une sonde suffisamment petite pour être insérée dans l'espace créé par les baguettes
- Un tachymètre (pour vérifier la vitesse de rotation des arbres de ventilateurs)
- Un lecteur de thermocouple (ou de sonde RTD) à canal unique
- Un enregistreur de données de sondes thermocouple (ou de sondes RTD) à plusieurs canaux
- Un thermomètre en verre comprenant une preuve d'étalonnage
- Un thermomètre humide portatif
- Un thermomètre infrarouge pour des vérifications ponctuelles de la température superficielle des murs, de la tuyauterie, des purgeurs de vapeur, etc.
- Un appareil de vérification des purgeurs de vapeur (en cas d'utilisation d'une chaudière à vapeur).

9.3 ENTRETIEN DE LA STRUCTURE DU SÉCHOIR

Les mauvais traitements et la corrosion sont les deux principaux ennemis de la structure du séchoir. Les dommages matériels sont souvent le résultat de mauvaises manœuvres des chariots élévateurs et d'une mauvaise manipulation des portes du séchoir. La cause de ces problèmes est une question de gestion, mais il est important de garder à l'esprit que ces dommages doivent être réparés dans les plus brefs délais. Des trous dans les murs du séchoir constituent des voies par lesquelles l'eau ou la vapeur d'eau peuvent imprégner l'isolant et le rendre inefficace.

La corrosion peut s'attaquer à tous les séchoirs, mais certains facteurs l'aggraveront sur certains séchoirs plus que sur d'autres. L'utilisation de programmes de séchage faisant appel à une très forte humidité entraînera davantage de condensation, laissant les surfaces internes du séchoir humides pendant une plus longue partie du séchage, et contribuera à accentuer ou accélérer le processus de corrosion. La solution ne consiste pas nécessairement à abandonner de tels programmes de séchage, mais plutôt à mieux protéger la structure. Que ce soit pour les parties du séchoir en béton ou en métal, l'application d'un revêtement est la meilleure protection contre la corrosion. Les revêtements sont plus efficaces s'ils sont appliqués lorsque le séchoir est neuf. L'époxyde de coaltar peut être utilisé pour recouvrir les parties bétonnées et les parties métalliques. Un spécialiste du revêtement pourra proposer d'autres produits efficaces sur ces surfaces.

Les revêtements commerciaux pour séchoirs sont généralement des produits à base de pétrole qui jouent un double rôle. Premièrement, ils forment une barrière physique pour empêcher la formation de corrosion. Deuxièmement, du fait de leur relative épaisseur, ils permettent d'étanchéiser les fissures dans le béton ou les trous entre les panneaux.

Pour les nouveaux séchoirs, il est possible d'obtenir un plus vaste éventail d'éléments résistants à la corrosion. Dans certaines parties du monde, la plupart des composants métalliques dans un séchoir sont fabriqués en acier inoxydable. Ils sont généralement utilisés pour résister aux milieux acides, lorsque des essences présentant des poches de bois humide ou des essences comme le chêne ou la pruche, qui contiennent plus d'extraits acides, sont traitées.

9.4 LA QUALITÉ DU PRODUIT COMME INDICATEUR DE PROBLÈMES DANS LE SÉCHOIR

Comme nous l'avons indiqué précédemment, un bon programme d'entretien devrait avoir pour objectif de repérer et de corriger toutes les défectuosités de l'équipement de séchage avant qu'ils n'affectent la qualité des produits en cours de séchage. Pour ce faire, il faut idéalement procéder à l'inspection et au contrôle de l'équipement, mais il existe d'autres moyens de détecter les défectuosités existantes. Le contrôle du produit sec quant à l'uniformité de la teneur en humidité finale et aux défauts de séchages permet de cerner des problèmes de séchoir. À ce stade, le programme de contrôle de la qualité devrait être jumelé au programme d'entretien. L'établissement de tolérances concernant la variabilité de la teneur en humidité finale et la fréquence des défauts de séchage permettra de déterminer le moment où le processus n'est plus sous contrôle. L'information sur le type et la fréquence des défauts de séchage peut aider à repérer un problème mécanique. Ainsi, si la teneur en humidité est toujours élevée et que des taches de coloration apparaissent à un bout du séchoir, il faut chercher un problème de ventilateur. Cela parait simple, mais de nombreuses usines ne peuvent pas déterminer le séchoir, et encore moins la partie du séchoir, d'où vient un paquet problématique.

9.5 RÉDUCTION DES FUITES DU SÉCHOIR

Les fuites du séchoir entraînent une augmentation de la consommation d'énergie, la non-uniformité de la température et la non-atteinte des points de consigne du séchoir. Les mesures qui suivent peuvent être prises pour rendre un séchoir plus étanche et aboutir à une teneur en humidité finale plus uniforme.

La principale, et la plus évidente, source de fuites se trouve autour des portes de chargement du séchoir. Redresser les portes et les remettre en état avec des joints de bonne qualité contribuera à diminuer les fuites. Les joints de portes doivent faire l'objet d'un entretien régulier. On doit les remplacer tous les deux ans, ou plus tôt s'ils sont endommagés. L'utilisation d'un dispositif de serrage ou de maintien pour rapprocher davantage les portes du mur du séchoir permettra aussi de réduire les fuites. Le bas des portes du séchoir constitue notamment une zone de faible contact. Ici aussi, l'usage d'un joint en caoutchouc de bonne qualité sera utile. Le plancher ou le seuil sous la porte du séchoir doit être maintenu en bon état pour assurer une bonne surface de contact. Sur les séchoirs à chargement sur rails, l'imperméabilisation autour des rails pose problème. Certains boucheront ces zones de l'intérieur du séchoir avec un sac de sciure ou d'un autre matériau. Quelques fabricants de séchoirs fournissent une section de rails amovible sous la porte du séchoir, ce qui évite le besoin d'étancher les fuites autour des rails.

Les joints entre les panneaux et la zone de contact entre les panneaux muraux et la fondation du séchoir sont d'autres sources de fuite autour du séchoir. Un bon entretien du séchoir permettra de réduire le problème. Les grands trous peuvent être comblés avec un produit de remplissage à base d'époxyde ou un produit isolant en mousse expansée à cellules fermées. Les joints et les petits espaces entre les panneaux peuvent être bouchés avec un agent d'étanchéité à base de silicone de bonne qualité. Il est nécessaire de bien préparer la surface pour garantir une bonne adhésion de la silicone. De même, certains revêtements commerciaux pour séchoirs sont suffisamment épais pour combler les petites brèches entre les composants du séchoir. L'application régulière d'un enduit interne pour séchoirs prolongera la durée de vie du séchoir en réduisant les problèmes de corrosion.

Les évents du séchoir constituent une autre zone de fuite d'humidité inutile. Ces évents ont évidemment pour rôle d'évacuer l'humidité, mais seulement lorsqu'ils sont ouverts. En position fermée, ils doivent être ajustés de façon à être aussi étanches que possible. Si un séchoir comporte un trop grand nombre d'évents, il faut envisager d'en condamner certains de façon permanente pour réduire les pertes. Un système centralisé d'évents, comme on en retrouve dans certains systèmes d'échangeur de chaleur, contribuera aussi à minimiser les pertes non souhaitées. Une froide journée d'hiver est le meilleur moment pour vérifier l'étanchéité des évents ainsi que d'autres zones du séchoir.

Il y a également lieu de vérifier la quantité et l'état du matériau isolant en place. La condensation sur les surfaces internes des murs du séchoir réduit la teneur en humidité de l'air du séchoir. Le découpage de quelques trous d'inspection dans les murs du séchoir facilitera l'examen du matériau isolant. Des murs plus épais et mieux isolés réduiront non seulement les possibilités de condensation, mais aussi le type de fuites décrites précédemment, du fait de leur meilleure étanchéité inhérente.

Les séchoirs à feu direct développent une pression positive plus importante que les séchoirs comprenant d'autres systèmes de chauffage, en raison de l'ajout d'air d'appoint au niveau du brûleur. En conséquence, ce type de séchoir présentera des fuites plus importantes, notamment s'ils sont en mauvais état. L'utilisation d'un entraînement à vitesse variable pour l'air d'appoint permettra de réduire la pressurisation au moment où le brûleur ne fonctionne pas à pleine puissance. Lorsque vient le temps d'augmenter l'humidité d'un séchoir à feu direct, la présence d'une structure bien étanche est doublement importante.

9.6 MAXIMISER L'EFFICACITÉ DES VENTILATEURS

Les systèmes de circulation de l'air de nombreux séchoirs ne fonctionnent pas à leur capacité ou efficacité maximale, et ce, peut importe l'âge du séchoir. Une vérification rapide à l'aide d'un anémomètre (appareil de mesure de la vitesse de l'air) et un appel au fournisseur révéleront si le séchoir fonctionne à sa capacité normale calculée. Quel que soit le résultat de cette vérification, il existe des moyens d'améliorer la combinaison ventilateur-moteur existante. Nombre de séchoirs sont équipés de ventilateurs à pas variable ou d'entraînements à vitesse variable. Ces deux dispositifs peuvent être réglés pour atteindre un rendement maximal. Dans la plupart des opérations de séchage, un débit d'air accru favorisera la réduction du temps de séchage et l'uniformité de la teneur en humidité finale.

L'air chaud est moins dense que l'air frais et circule donc plus facilement. Ainsi, les moteurs des ventilateurs, qui peuvent être fortement sollicités à la mise en route, jouiront d'une capacité supplémentaire lorsque l'air est chauffé. Si un entraînement à vitesse variable est utilisé, il est possible de tirer profit de ce phénomène. En démarrant les ventilateurs à une vitesse moins élevée, la charge maximale sur le moteur pourra ensuite être atteinte une fois l'air du séchoir chauffé. La vitesse de l'air sera plus rapide lorsque le séchoir arrivera à sa température d'opération, réduisant ainsi le temps de séchage.

Les paramètres de fonctionnement des ventilateurs peuvent être vérifiés et modifiés pour obtenir un rendement maximal. Un tachymètre indiquera rapidement si la combinaison ventilateur-moteur tourne à la bonne vitesse. Une vérification rapide auprès du fabricant du ventilateur et du séchoir permettra de déterminer la valeur nominale pour une opération donnée. Il n'est pas rare de constater que des poulies ou des moteurs ont été remplacés depuis l'installation du séchoir, et que le rendement des ventilateurs s'en est trouvé réduit en conséquence.

Des ventilateurs à pas variable peuvent être réglés pour atteindre le débit d'air maximal pour une situation particulière. Le fabricant du ventilateur peut fournir des renseignements non seulement sur la vitesse nominale (tr/min), mais aussi sur la plage de réglage du pas que le ventilateur peut tolérer. Le but est d'obtenir la combinaison ventilateur-moteur optimale. Si le moteur du ventilateur ne débite pas son courant maximal, il est possible de régler le pas du ventilateur pour accroître le débit d'air. Le pas peut être augmenté jusqu'à ce que les moteurs s'approchent de leur capacité maximale. Si l'équipement comporte un entraînement à vitesse variable, celui-ci peut être utilisé en combinaison avec le réglage du pas du ventilateur pour maximiser le rendement lorsque le séchoir est chaud, tel qu'il est décrit précédemment dans cette partie.

ENTREPOSAGE ET MANUTENTION DES BILLES OU DES TIGES AVANT LE SÉCHAGE

10.1 APERÇU

Un certain nombre de facteurs découlant de la manière dont les sciages verts, les billes ou les tiges sont manipulés avant d'arriver au séchoir peuvent éventuellement influencer la réaction du bois en cours de séchage. Un bon opérateur de séchoir tentera d'obtenir l'historique le plus complet possible sur la matière ligneuse, afin de prendre les meilleures décisions en rapport avec le séchage. Le présent chapitre porte sur ce qui arrive au bois avant le séchage et sur la façon dont les changements qu'il subit peuvent influencer les décisions prises au séchoir.

10.2 BOIS MORT SUR PIED

Les infestations d'insectes et les feux de forêts sont deux explications possibles à la présence de bois à l'état « mort sur pied » dans les forêts. L'industrie subit de plus en plus de pressions pour utiliser cette source de fibre plutôt que de la laisser pourrir. Si elle est exploitée et traitée dans un délai raisonnable, cette matière ligneuse peut procurer un produit de bonne qualité. La définition précise de « délai raisonnable » varie considérablement selon la cause première de la mort de l'arbre et les conditions locales auxquelles il a été exposé après sa mort. Dans la plupart des cas, il semble que ce bois peut être transformé dans un délai maximal de 2 à 3 ans après la mort de l'arbre. Au-delà de cette période, les champignons de pourriture du bois s'y établissent confortablement et en détériorent significativement la fibre. Toutefois, pendant ce délai, le bois subit des modifications qui influenceront la façon dont il sera traité au séchoir.

Dans le cas des arbres vivants sur pied (comme pour les billes à l'état vert récemment abattues), l'écorce agit telle une barrière naturelle empêchant le séchage. Une fois l'arbre mort, l'écorce interne s'assèche, se fendille et, avec le temps, tombe. Le bois situé sous l'écorce se met alors à sécher. Cependant, avant que cela ne se produise, la TH du bois restera probablement élevée (au-dessus du point de saturation des fibres) pendant une période suffisamment longue pour favoriser l'apparition de champignons qui causent le bleuissement du bois. Ces champignons n'ont pas de conséquences directes sur les propriétés de résistance ou de séchage du bois, mais ils nuisent à sa qualité marchande. Une exposition à long terme du bois à forte teneur en humidité entraînera l'apparition de champignons de pourriture du bois qui, eux, ont un effet significatif sur les propriétés de résistance. Le bois présentant un début de carie alvéolaire séchera aussi beaucoup plus facilement. Ainsi, l'objectif est d'envoyer le bois à l'usine et de le traiter avant qu'une quantité importante de champignons de pourriture ne s'y établissent.

Le bois d'œuvre mort sur pied commencera à sécher peu de temps après la mort de l'arbre. Des dommages à la partie externe du tronc, causés par des insectes ou par le feu, favoriseront l'exposition du bois qui commencera à sécher. Étant donné que les arbres ne sont pas tous touchés de la même façon, certains sécheront rapidement, tandis que d'autres (peut-être encore vivants) resteront proches de l'état vert. Ainsi, la variabilité de la teneur en humidité qu'est susceptible de présenter ce type de bois constitue un des défis découlant de son traitement. Une grande partie du bois peut déjà avoir atteint la TH finale exigée, ou y être inférieure, alors que la TH d'autres billes ou tiges est encore bien au-dessus de celle-ci. L'installation d'un système de prétriage à l'usine, qui séparera le bois selon sa teneur en humidité élevée ou faible, constitue un moyen de composer avec cette variabilité.

10.3 MÉTHODES D'ENTREPOSAGE DES BILLES

L'entreposage des billes est une autre étape de la transformation du bois pouvant fortement influencer la teneur en humidité des sciages qui aboutissent au séchoir. Les méthodes d'exploitation forestière et d'entreposage diffèrent considérablement dans les différentes industries de sciage de bois du groupe EPS à travers le pays. L'ajustement des opérations de séchage en fonction du bois livré au séchoir, plutôt que la modification des méthodes d'exploitation forestière ou d'entreposage, est une pratique courante. Le bois entreposé pendant de longues périodes séchera depuis l'extrémité des billes ainsi qu'à travers l'écorce. La différence avec le bois mort sur pied tient à ce que les billes empilées ne sécheront qu'à partir de leurs surfaces exposées. Ainsi, comme le montre la figure 10-1, les rangées supérieures de billes ou de tiges et leurs extrémités sécheront davantage pendant la période d'entreposage. L'intérieur des billes empilées mettra beaucoup plus de temps à sécher. Il n'est pas inhabituel de défaire des piles de billes en juillet et d'y trouver encore de la glace et de la neige. Se pose alors le problème de la variabilité de la teneur en humidité pour le séchage.

Figure 10-1
L'extrémité ainsi que les parties exposées des billes dans une pile sécheront plus facilement, entraînant l'apparition de gerces de bout et de surface et contribuant aux variations de la teneur en humidité initiale.

À ce stade, il est possible de minimiser l'impact au séchage grâce à certaines mesures. Une bonne gestion de l'inventaire garantissant un approvisionnement de billes du même âge à la scierie conduira à une répartition plus uniforme de la teneur en humidité initiale. En plus de maintenir un inventaire important de billes ou de tiges, de nombreuses usines continueront de recevoir durant l'année une certaine quantité de matière ligneuse récemment abattue et à l'état vert. Du point de vue du séchage, il est préférable que ce bois soit géré par lots, de façon à le repérer et à le traiter différemment au séchoir. De même, si l'opérateur de séchoir reçoit des charges composées de bois plus ancien, mais uniforme en âge, il pourra prendre de meilleures décisions quant à la manière de le sécher. La modification des programmes de séchage selon des situations particulières, comme une teneur en humidité initiale faible ou variable, sont abordées au chapitre 15.

10.4 SENSIBILISATION

Il arrive souvent que les opérations de séchage doivent s'adapter à la réalité découlant des méthodes de manutention et d'entreposage qui sont loin d'être idéales. À cette fin, l'opérateur de séchoir doit connaître l'état de la matière ligneuse qu'il reçoit. Le meilleur moyen d'y parvenir consiste à entretenir des voies de communication à tous les stades du processus de transformation. Cette approche permettra d'éviter les surprises lorsque le bois arrive au séchoir ou, pire, lorsqu'il en sort. Les opérateurs de séchoir ainsi que le personnel affecté aux opérations liées au séchage devraient participer à la prise de décisions concernant l'entreposage, la manipulation et la transformation des tiges ou des billes, ou du moins en être informés.

Il existe des moyens de composer avec la plupart des situations que présente la variabilité de la teneur en humidité initiale. Certaines de ces procédures peuvent influencer la productivité ou la qualité du produit après le séchage. En assurant la participation de l'opérateur de séchoir dès le début des opérations, il est possible de déterminer les éventuelles implications du traitement de certains mélanges de matière ligneuse et de prendre des décisions adéquates.

LE PRÉTRIAGE ET SON EFFET SUR LE SÉCHAGE

11.1 INTRODUCTION

Au Canada, un certain nombre de fabricants de bois de sciage qui transforment du bois des essences du groupe EPS en bois de construction trient le bois avant le séchage, et ce, depuis le milieu des années 1980. Petit à petit, les entreprises sont passées de la pratique du séchage de chargements de sciages mélangés de toutes les essences du groupe EPS à la pratique du triage par essence et, plus récemment (au milieu des années 1990), au triage par essence et autres caractéristiques comme la teneur en humidité initiale et la densité à l'état vert. Le prétriage du bois à l'état vert permet de réduire le temps de séchage et la consommation d'énergie, d'améliorer le rendement en qualité et l'uniformité de la teneur en humidité finale, ainsi que de minimiser le retrait excessif.

Le présent chapitre propose de l'information générale sur les caractéristiques du bois à l'état vert qui ont une incidence sur le taux de séchage et qui peuvent influencer l'uniformité du séchage de sciages du groupe EPS. Il présente aussi de l'information sur les technologies actuellement utilisées dans les scieries canadiennes pour le prétriage du bois vert afin d'améliorer l'efficacité globale du séchage. Le défi pour les usines consiste à trouver une technologie de prétriage adaptée à la matière première qu'elles transforment, facile à mettre en œuvre et manifestement rentable.

11.2 CONTEXTE

De grandes variations dans la teneur en humidité initiale et dans le taux de séchage du bois à l'intérieur de la même essence ou entre les essences du groupe EPS entraînent une large variation de la teneur en humidité après le séchage. Étant donné que le bois d'œuvre du groupe EPS est traité dans des séchoirs à grande capacité, il est nécessaire de surséchér la plupart des pièces d'un chargement de séchage afin de garantir que le pourcentage de pièces « trop humides » respecte les exigences des clients ou les normes de classement. Le surséchage provoque un retrait et un gauchissement supplémentaires, lesquels, en retour, augmentent le pourcentage de pièces déclassées, diminuant ainsi la valeur du produit.

Réduire la variabilité d'entrée d'un procédé par lot, comme le séchage de bois du groupe EPS, améliorera aussi la productivité globale. Le bois à séchage plus lent sera séché séparément, réduisant ainsi le temps de séjour dans le séchoir du bois à séchage plus rapide. Même si le bois à séchage plus lent est séché selon un programme prévoyant un temps de séchage plus long que la normale, ce volume de bois séché est souvent petit, ce qui entraîne quand même une diminution du temps moyen de séchage.

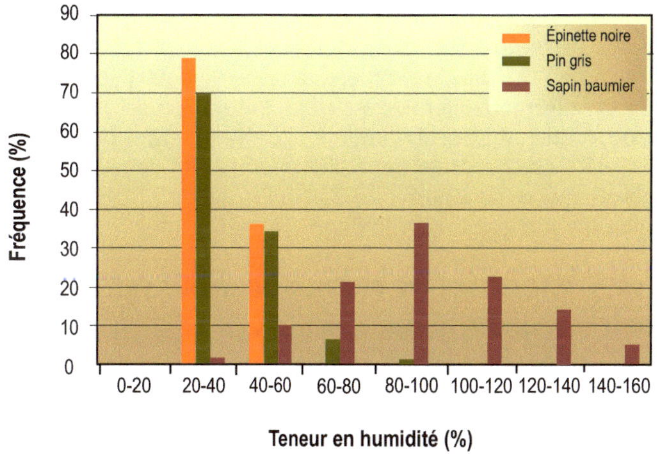

Figure 11-1
Les variations inhérentes de la teneur en humidité initiale du bois à l'intérieur de la même essence et entre les essences expliquent pourquoi le triage selon ce paramètre favorise la constitution de lots de séchage davantage uniformes (sur le plan de la séchabilité).

Les effets des propriétés du bois sur le taux de séchage ont été abordées au chapitre 2. En général, les caractéristiques du bois qui sont propres aux différentes essences et qui sont énumérées ci-après ont une incidence sur le temps de séchage et son uniformité :

- la teneur en humidité initiale et sa variabilité;
- la densité basale et sa variabilité;
- la proportion d'aubier et de bois de cœur;
- le taux de croissance;
- la perméabilité du bois.

Dans le but de maximiser le rendement du séchage, le pesonnel des usines doit trouver des moyens d'alimenter les séchoirs avec du bois homogène, sans avoir à engager des coûts excessifs pour la manutention et le triage. Plusieurs études menées par Forintek ont démontré que la teneur en humidité initiale n'est pas le seul critère physique à prendre en compte pour le triage du bois d'œuvre avant le séchage. La masse volumique courante (à l'état vert), qui correspond à la masse d'une pièce de bois vert divisée par son volume réel, est un bon indicateur du temps de séchage qu'elle exigera. Cela s'explique par le fait que la masse volumique à l'état vert dépend de la quantité d'eau présente pour un volume donné (soit la concentration en humidité) et de la masse des fibres de bois pour ce même volume (soit la densité basale). Ces deux facteurs influencent soit le taux de séchage, soit le temps de séchage, ou les deux.

La première génération d'équipement de prétriage a été conçue pour mesurer et évaluer la teneur en humidité du bois vert. À l'époque, on pensait que le temps de séchage était directement lié à la teneur en humidité initiale. L'évolution récente des équipements de triage est fondée sur le concept de la « séchabilité ». Il s'agit du comportement au séchage de chaque pièce de bois à un moment donné ou tout au long du processus de séchage. L'idée derrière ce concept est de repérer et d'isoler les pièces qui mettront le même temps à sécher, indépendamment de leurs ressemblances ou différences par rapport à chaque propriété. À titre d'exemple, une pièce de bois d'aubier peut mettre le même temps à sécher qu'une pièce de bois de cœur affichant une TH initiale plus faible, étant donné que l'aubier est généralement plus perméable, ce qui favorise l'évacuation de l'humidité. On pourrait dire que ces deux pièces affichent le même degré de séchabilité.

11.3 PROCÉDÉS DE PRÉTRIAGE INDUSTRIELS

11.3.1 SYSTÈMES NON AUTOMATISÉS

11.3.1.1 TRIAGE VISUEL DES ESSENCES

La majorité du temps, le triage des essences s'effectue au cours d'une des trois étapes suivantes de la transformation du bois : durant les opérations de coupe, au stade de la manutention des billes à l'entrée de l'usine, ou juste avant le triage du bois scié dans la scierie. Le choix de l'étape est guidé par diverses considérations liées au processus de transformation. Signalons, entre autres, la proportion des différentes essences dans les copeaux destinés à une usine de pâte ou de papier, ou la variété des dimensions des billes qui alimentent la scierie. Comme la dimension des arbres de différentes essences peut varier énormément, l'acheminement d'une seule essence à la fois dans la scierie n'est peut-être pas souhaitable. Un grand nombre de scieries ont été conçues pour assurer l'efficacité de la transformation de billes de dimensions spécifiques.

Le triage des essences en forêt entraîne des coûts supplémentaires, par exemple les coûts attribuables à la manutention nécessaire pour l'empilement des billes, à leur transport et à la gestion d'un nombre supérieur d'empilements à charger dans les camions sur le terrain. Une fois le bois arrivé à la scierie, d'autres coûts s'ajoutent en raison de la gestion plus complexe du parc à billes. Certaines conditions peuvent nuire à l'identification des essences. C'est le cas, notamment, de l'abattage nocturne. Par ailleurs, l'identification des arbres issus d'un peuplement ravagé par le feu n'est pas fiable. Les coûts supplémentaires du triage en forêt sont soit engagés directement, soit répercutés par l'entrepreneur en exploitation forestière. Cette méthode doit donc être comparée aux autres types de triage en ce qui concerne l'impact sur les coûts totaux et sur l'efficacité.

Certaines usines ont mis sur pied un processus de triage à l'entrée de la scierie selon les caractéristiques de l'écorce des billes. Ce mode de triage est particulièrement intéressant du fait que dans de nombreuses régions du pays, il est facile de distinguer les billes de sapin des billes de pin ou d'épinette. Lorsque la proportion de billes de sapin est relativement faible, on peut les mettre à l'écart aux fins de leur transformation ultérieure.

Le triage des essences à la scierie s'effectue visuellement par des employés formés à cette fin. En poste, ils s'emploient à détecter la présence de différents indicateurs visuels, comme la couleur, les nœuds et les poches de bois humide pour repérer les sciages de sapin. Ils utilisent souvent un crayon fluorescent pour marquer les sciages de l'essence à plus faible proportion (habituellement les sciages de sapin) à l'ébouteuse et avant le trieur à cases. L'identification doit suivre la cadence de production, laquelle est souvent supérieure à deux pièces par seconde. La variation de l'efficacité du triage découle souvent des vitesses élevées de production.

La mise en place d'un système de prétriage exige des cases pour chaque dimension de bois trié. Le coût de nouvelles cases est souvent un facteur dissuasif au moment de mettre en place un système de prétriage à la scierie. Sur le plan de la capacité de triage, le triage visuel des essences peut offrir plus de souplesse que les systèmes de triage automatisés. Certaines usines qui ont recours au triage visuel par essence ont établi des règles visant une proportion particulière de leur approvisionnement en bois afin de réduire le surséchage ou le sous-séchage. À titre d'exemple, le sapin lourd contenant des poches de bois humide (souvent appelé « sapin bleu ») peut être mis à part et séché à l'air avant de passer au séchoir.

11.3.2 SYSTÈMES AUTOMATISÉS

Le Canada est un pionnier dans le domaine de la fabrication d'équipement de triage et reste un chef de file dans l'élaboration de nouvelles technologies. Un certain nombre de technologies, quelques-unes déjà bien établies et d'autres émergentes, offrent la possibilité de trier le bois vert avant le séchage. Le défi est de trouver une technologie qui donnera de bons résultats dans les conditions d'exploitation en scierie, qui permettra de trier le bois en groupes de caractéristiques de séchage similaires, et qui sera abordable.

Les systèmes de triage automatisés s'inscrivent dans l'une ou l'autre des deux principales catégories, soit les systèmes qui effectuent des mesures ponctuelles à un ou plusieurs endroits sur la longueur des pièces, et les systèmes qui prennent des mesures sur la pièce entière. La plupart des technologies existantes appartiennent à la première catégorie. Ces systèmes ont l'avantage de fournir de l'information sur la variabilité intra-pièce de la propriété mesurée. À titre d'exemple, ces systèmes peuvent donner des renseignements sur la présence de poches de bois humide et leur fréquence dans les différents groupes de sciages triés. Ces renseignements peuvent ensuite servir à élaborer de nouvelles stratégies de séchage, par exemple le séchage à l'air d'un groupe de sciages « problématiques ». La variabilité intra-pièce inhérente dans les sciages de chaque essence devrait être examinée au moment de déterminer le nombre et l'emplacement optimal des capteurs. Un système conçu pour trier le bois de sapin devrait idéalement comprendre un plus grand nombre de capteurs qu'un système pour le triage de sciages de pin ou d'épinette.

La seconde catégorie de systèmes de prétriage comprend ceux qui enregistrent une seule valeur pour la totalité de la pièce, par exemple un système de triage selon la masse qui pèse la pièce entière. Ces systèmes ont l'avantage de fournir de l'information sur la pièce complète; ils sont ainsi moins influencés par des caractéristiques locales du bois, comme par exemple la flache, les nœuds ou la carie, et les variations de proportion aubier-duramen.

11.3.2.1 TRIAGE SELON LA TENEUR EN HUMIDITÉ

Le premier système de triage selon la teneur en humidité initiale mis en place en milieu industriel a été conçu par Forintek au milieu des années 1980. Ce système s'appuyait sur les principes de capacité calorifique et de conductivité thermique. Le principe de fonctionnement s'appuyait sur les propriétés calorifiques connues du bois et de l'eau, et faisait appel à un thermomètre infrarouge pour mesurer la température de surface du bois. En effet, lorsque la surface d'une pièce de bois est chauffée, sa température s'élève, mais l'augmentation de la température en termes de degrés est influencée par la teneur en humidité du bois. Si le bois est relativement sec, il chauffera rapidement. Si la même source de chaleur est appliquée à du bois dont la TH est assez élevée, l'augmentation de la température ne sera pas aussi importante. En appliquant une quantité égale de chaleur sur chaque pièce de bois de la chaîne de production et en faisant un relevé de sa température avant et après, le changement de température mesuré pourra servir à évaluer la teneur en humidité du bois. Des problèmes sont apparus au moment de relier le changement de température à la teneur en humidité, en raison surtout des limites de la mesure de la température en surface et de la nécessité d'assurer la corrélation des mesures ponctuelles de la TH avec celles de la TH de la pièce entière.

Un autre système conçu pour mesurer la teneur en humidité initiale s'appuyait sur les caractéristiques de réaction primaire d'un matériau exposé à un rayon laser. À l'instar de la technologie infrarouge décrite précédemment, ce système effectue des relevés ponctuels, établit la corrélation avec la teneur en humidité et permet ensuite à l'utilisateur d'établir des critères de triage. Cette technologie coûtait assez cher et n'a donc pas été largement adoptée par l'industrie du sciage.

Une autre technologie commerciale de prétriage a été mise au point à partir de l'imagerie infrarouge. Le système en question fait appel à la technologie complexe de l'imagerie spectrale mais, au lieu de cibler seulement quelques points sur la longueur d'une pièce bois, il l'analyse dans sa totalité. La surface de chaque planche est ainsi cartographiée, ce qui donne à l'utilisateur une représentation graphique de la répartition de l'eau. Ce système repose sur le principe selon lequel l'évaporation de l'humidité dans le bois entraîne une diminution de la température. Le taux d'évaporation variera à la surface d'une même pièce de bois et d'une pièce à l'autre selon la TH du bois et ses caractéristiques de séchage. Ainsi, dans des conditions ambiantes semblables, une pièce de bois plus humide sera plus froide qu'une pièce plus sèche. Ces systèmes sont étalonnés en unités de TH, mais en réalité, le réglage est relatif. Les pièces plus humides qui sèchent rapidement afficheront une température inférieure à celle de planches à séchage plus lent. Le fabricant préfère faire valoir l'idée que son système trie le bois selon sa capacité d'évacuation de l'humidité, c'est-à-dire sur sa capacité potentielle de séchage.

11.3.2.2 TRIAGE SELON LA MASSE

Plusieurs fabricants ont lancé de l'équipement utilisant des cellules de charge pour obtenir une mesure dynamique de la masse de chaque pièce de bois à la table de triage, et ce, à la cadence d'opération normale de l'usine (figure 11-2).

Si les dimensions exactes de chaque pièce sont connues, grâce aux scanneurs existants de la scierie par exemple, il est possible d'en calculer la masse volumique courante. Si elles ne sont pas connues, les dimensions nominales peuvent servir à établir une estimation de la masse volumique courante. Le cas échéant, toutefois, la masse volumique courante des pièces flacheuses sera sous-estimée. Par ailleurs, lorsque les dimensions nominales sont utilisées, les pièces plus épaisses en raison de variations de sciage afficheront une densité courante plus élevée et pourront être placées dans un lot de pièces à séchage plus lent, ce qui n'est pas une erreur, car le bois plus épais mettra plus de temps à sécher.

On trouve ce type de systèmes notamment dans des scieries de l'Est du Canada (au Québec, au Nouveau-Brunswick et en Nouvelle-Écosse). L'expérience a révélé qu'ils permettent de trier les sciages de sapin baumier en deux ou trois groupes distincts, et même de séparer les sciages d'épinette noire dense, appelée « épinette jaune » (chapitre 1) de sciages d'épinette noire normale.

Figure 11-2

Un système de triage commercial selon la masse à l'état vert utilise des cellules de charge le long de la table de triage pour calculer la masse de chaque pièce de bois.

11.3.2.3 TRIAGE SELON LES PROPRIÉTÉS DIÉLECTRIQUES

Dans les années 1980, certaines scieries utilisaient des détecteurs d'humidité pour le bois sec, sensibles aux propriétés diélectriques du bois, pour effectuer le prétriage du bois vert. Dans certains cas, ces appareils ont permis de trier le sapin de l'épinette dans des conditions estivales. Cependant, ils ne fonctionnaient pas bien avec du bois gelé et, étant donné le climat canadien, ils n'ont pas été largement adoptés.

Au milieu des années 1990, un autre système fondé sur les propriétés diélectriques est apparu sur le marché canadien. Ce système mesure certaines propriétés diélectriques du bois qui sont influencées par la TH et la densité. Comme cet appareil ne fait pas la distinction entre ces deux propriétés, les mesures obtenues sont l'effet combiné des deux propriétés. Il affiche une valeur entre 0 et 100 se rapportant à la séchabilité potentielle du bois. Les capteurs du système sont généralement installés par paire, l'un étant situé au-dessus et l'autre au-dessous des sciages pendant leur transport sur une chaîne transversale (voir figure 11-3).

Cet arrangement permet de prendre des mesures sur les deux faces larges des sciages. Quatre paires de capteurs, parfois plus selon la longueur des sciages, sont placées dans le sens de la largeur du convoyeur pour obtenir des relevés sur toute la longueur des sciages. Plus de 100 systèmes de ce type ont été installés, la plupart en Colombie-Britannique et en Alberta.

Figure 11-3
Ce système de triage du bois vert en continu mesure les propriétés diélectriques du bois grâce à des capteurs installés au-dessus et au-dessous des sciages à différent points dans le sens de leur longueur.

11.3.2.4 TRIAGE SELON LE PH

À la fin des années 1990, Forintek a mis au point un système pour trier automatiquement le sapin baumier en mélange avec d'autres essences du groupe EPS. Ce système utilise une solution indicatrice de pH à base d'alcool. Lorsqu'elle est vaporisée sur le bout d'un sciage, elle réagit avec les agents chimiques naturellement présents dans le bois pour produire un changement de couleur. Un détecteur à fibre optique analyse ce changement et répartit les sciages en lots particuliers selon des critères de triage préétablis. Le système sépare tout le bois de sapin baumier à forte teneur en humidité de l'épinette en fonction du changement de couleur. Les sciages de sapin baumier à faible teneur en humidité ne produisent pas le même changement de couleur et sont placés dans le même lot que les sciages d'épinette. La réaction des pièces d'aubier d'épinette à forte teneur en humidité diffère de la réaction des pièces à plus faible TH. Les premières sont donc regroupées avec le sapin baumier. Compte tenu des caractéristiques de séchage des sciages en question, il s'agit du meilleur choix pour ces pièces. Par conséquent, la commercialisation du système le présente comme un trieur selon la séchabilité. Les résultats d'une étude effectuée dans une usine des Maritimes ont révélé une augmentation de la productivité des séchoirs de 19 % et une diminution du surséchage. Ce système est utilisé dans des usines de Nouvelle-Écosse, du Nouveau-Brunswick, du Québec, de l'Ontario et du New Hampshire.

Figure 11-4
Un système commercial de prétriage utilise un indicateur chimique qui est vaporisé sur le bout des pièces de bois et en change la couleur selon l'essence et d'autres caractéristiques du bois vert. Un système optique est ensuite utilisé pour évaluer le changement de couleur et répartir le bois en différents groupes pour le séchage.

11.3.2.5 TRIAGE À L'AIDE DE RAYONS GAMMA

Une entreprise de Nouvelle-Zélande a élaboré un système sans contact qui s'appuie sur la technologie des rayons gamma pour trier le bois vert selon sa masse volumique à l'état vert. Ce système utilise des rayons gamma de très faible énergie émis par une source placée sous la chaîne de transport du bois. Le compte de rayons gamma est mesuré continuellement par un détecteur situé au-dessus de la chaîne de transport du bois. Lorsqu'une pièce de bois passe entre la source et le détecteur, certaines des particules gamma sont absorbées par le bois et le taux de comptage au détecteur diminue. La baisse est proportionnelle à la masse volumique à l'état vert du bois ainsi qu'à son épaisseur. Comme très peu de ces systèmes sont en place à l'heure actuelle, l'information disponible sur l'efficacité de cette technologie est donc très limitée.

11.3.2.6 TRIAGE SELON LA RÉSISTANCE ÉLECTRIQUE

Plus récemment, un système de triage fondé sur une technologie liée à la résistance électrique est apparu sur le marché. Le système associe deux étapes différentes de mesure. Un premier poste appelé « préclasseur » est situé à la table de triage de la scierie. Il utilise les mesures de la résistance électrique en combinaison avec la masse pour évaluer la séchabilité du bois. Ce système s'est révélé efficace pour le séchage de mélanges de sciages de sapin et d'épinette. En évaluant la séchabilité de chacune des pièces, le système différencie les sciages de sapin à séchage rapide, que l'on peut sécher selon un programme de séchage d'épinette accéléré, des sciages d'épinette à séchage lent que l'on peut sécher avec des sciages de sapin. Le système peut trier la production en deux ou trois groupes distincts de sciages selon leur séchabilité. Un deuxième poste situé à l'usine de rabotage mesure la teneur en humidité finale du bois et renvoie l'information au poste de prétriage pour optimiser la stratégie de triage. Le système à l'usine de rabotage utilise les mesures de la résistance électrique du bois à quatre endroits pour en estimer la teneur en humidité finale. Les mesures de la résistance électrique prises à la scierie et à l'usine de rabotage sont corrigées pour la température du bois au moment d'établir les estimations relatives à la séchabilité ou à la TH du bois.

11.4 FAISABILITÉ ET AVANTAGES DU PRÉTRIAGE

Des études ont révélé que le prétriage procure d'importants avantages sur le plan du séchage. Trier le bois à l'état vert peut réduire le temps moyen de séchage, la fréquence de pièces « trop humides » ou de pièces surséchées, et le déclassement attribuable au séchage. Une étude menée par Forintek dans une usine du nord de l'Ontario a mis en lumière des avantages particuliers au séchage découlant du prétriage de sciages de pin gris en deux catégories selon leur TH initiale. La productivité du séchoir a augmenté de 9 %, la consommation d'électricité a été réduite de 8,7 % et la proportion de bois déclassé a diminué de 7,9 %.

Le triage par essence est la première stratégie à envisager lors de l'examen des options de prétriage pour une usine transformant du sapin mélangé à de l'épinette ou du pin. Une étude de Forintek a démontré une augmentation de la productivité du séchoir pouvant atteindre 30 % et une réduction de 57 % des planches surséchées après l'adoption du triage par essence dans une scierie affichant un ratio épinette-sapin de 57:43. Les usines qui transforment uniquement du pin et de l'épinette tireront aussi parti du triage par essence, mais les bénéfices seront moins importants, étant donné que ces deux essences ont des caractéristiques de séchage davantage similaires. Même de légères différences du temps de séchage entre le pin et l'épinette peuvent permettre d'améliorer les opérations de séchage et d'obtenir un produit plus homogène et de qualité supérieure. Le pin étant davantage perméable, il peut supporter des températures de séchage plus élevées, ce qui constitue un autre avantage potentiel du triage des sciages de pin et d'épinette. Par ailleurs, les essences de pin sont moins sujettes au déclassement durant le séchage étant donné qu'elles affichent moins de caractéristiques liées au gauchissement, comme la présence de bois de compression et une forte déviation du fil.

Associer le triage par essence à d'autres caractéristiques, comme la TH ou la densité à l'état vert, est la prochaine étape à envisager pour tirer le maximum de profit du prétriage. En rassemblant le plus de renseignements possibles sur des facteurs connus qui influencent le séchage, on peut prendre des décisions plus éclairées sur la façon de prétrier les sciages. Doubler les technologies de prétriage n'exige pas nécessairement d'accroître la capacité de triage au-delà de la capacité nécessaire pour le triage selon un seul critère. Dans le schéma d'une scierie hypothétique représenté à la figure 11-5, il faut prendre en compte non seulement les renseignements sur l'essence, mais aussi les renseignements sur la masse des pièces pour décider de la façon de recombiner les sciages en groupes ayant des exigences de séchage similaires.

Il n'existe aucune solution de triage qui convienne à toutes les scieries. Les proportions d'essences, les méthodes de manutention et d'entreposage, et les exigences de séchage diffèrent à ce point d'une scierie à l'autre qu'il est nécessaire d'effectuer une évaluation spécifique de l'installation afin de déterminer la meilleure solution technique et économique. Une plus grande connaissance des propriétés de séchage du bois et la présence de compétences techniques à l'interne permettront d'examiner les stratégies de triage qui répondront le mieux aux besoins de la scierie.

Au moment de déterminer, justifier ou mettre en œuvre des stratégies de triage, le personnel de l'usine doit tenir compte d'une foule de renseignements. Forintek a élaboré un outil méthodologique et logiciel, appelé OASiS^MC, pour aider les industriels à déterminer la meilleure stratégie de triage pour un approvisionnement particulier en matière ligneuse, et ce, à la lumière des contraintes propres à l'usine. OASiS^MC permet aux usines de simuler de nombreux scénarios de prétriage et comprend un module de simulation du séchage. Cet outil d'aide à la prise de décision a été mis au point pour contribuer à déterminer la ou les stratégies optimales de prétriage pour une scierie, en fonction de l'impact du séchage sur le déclassement attribuable au séchage et la productivité du séchoir. Grâce à OASiS^MC, l'utilisateur peut simuler différents scénarios de prétriage, incluant le triage par essence, par teneur en humidité initiale et par densité à l'état vert, voire une combinaison de ces critères. Les avantages sont évalués en fonction de la productivité du séchoir et de la proportion de pièces surséchées ou sous-séchées. L'utilisateur peut définir la proportion d'essences dans sa scierie ou simuler de futures tendances en matière de mélange d'essences.

La figure 11-6 présente un exemple de données d'entrée et des résultats générés par OASiS^MC. En exécutant le logiciel de nombreuses fois selon diverses hypothèses de triage, l'utilisateur peut trouver la meilleure solution pour son usine. Les résultats peuvent servir à établir les retombées économiques nettes consécutives à la mise en œuvre du prétriage à l'usine. De là, il est possible de comparer les avantages par rapport au coût de l'installation de la technologie de prétriage et de la capacité supplémentaire de triage exigée, et de déterminer la période de récupération de l'investissement.

OASiS^MC dispose de plusieurs bases de données générales que les scieries peuvent utiliser, mais les meilleurs résultats sont obtenus lorsqu'une base de données propre à la scierie est constituée. Cette opération suppose de constituer un petit échantillon représentatif du produit et de le sécher dans un petit séchoir équipé pour contrôler le taux de séchage pièce par pièce. Ce service et le logiciel sont disponibles directement auprès de Forintek.

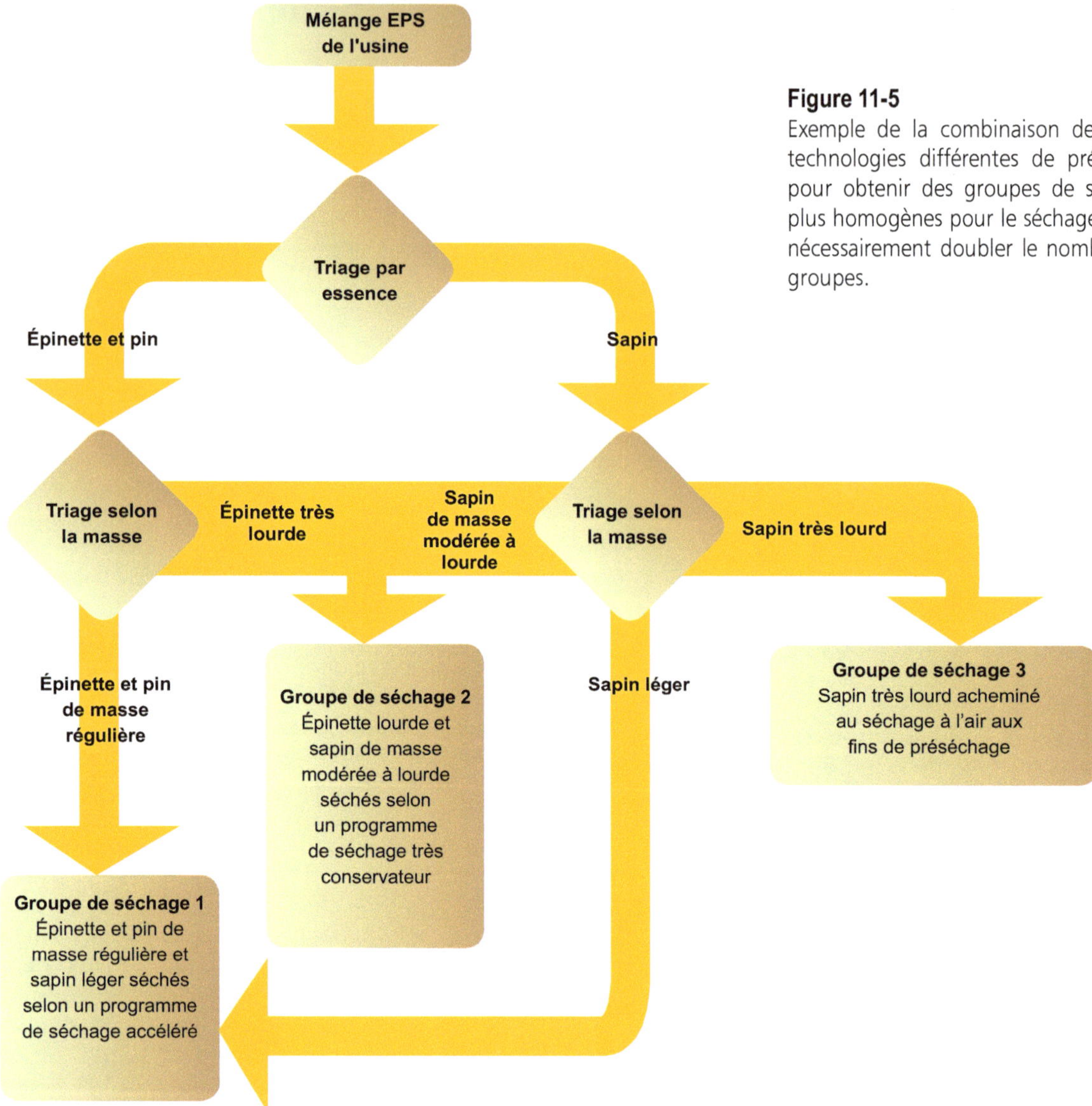

Figure 11-5
Exemple de la combinaison de deux technologies différentes de prétriage pour obtenir des groupes de sciages plus homogènes pour le séchage, sans nécessairement doubler le nombre de groupes.

11.5 TENDANCES FUTURES

Compte tenu des exigences strictes de qualité imposées par les utilisateurs finaux, les coûts croissants de production et d'énergie devraient encourager l'élaboration de nouveaux systèmes ou stratégies pour améliorer le séchage. Une plus grande connaissance des caractéristiques de séchage du bois peut aussi faire naître des idées pour la mise au point de méthodes de triage différentes faisant appel à de nouvelles technologies novatrices.

Le reséchage est un ancien concept qui refait surface. En plus du prétriage, les fabricants de bois d'œuvre devraient aussi envisager et étudier les avantages éventuels du triage après séchage du bois « trop humide » en vue du reséchage. Pour mettre en œuvre un programme de reséchage, on utilise un détecteur d'humidité en continu (chapitre 5) qui permet de trier les sciages après le séchage. Le concept de reséchage est intéressant car il offre la possibilité d'éliminer le surséchage tout en augmentant la productivité du séchoir. Les lots de séchage peuvent être interrompus prématurément. Les sciages affichant une TH supérieure à la valeur visée sont repérés avant la raboteuse, mis à l'écart et rempilés avant d'être reséchés ou vendus sur un marché qui peut accepter une forte TH finale. Les sciages dont la TH respecte les spécifications établies après le premier passage dans le séchoir sont envoyés au rabotage. Cette méthode évite d'avoir à sursécher la majorité des sciages d'un lot juste pour garantir qu'un petit pourcentage de bois à séchage lent atteigne une TH acceptable. Voilà une autre stratégie qui augmente la productivité du séchoir, accroît l'uniformité de la TH et améliore la qualité du bois.

Figure 11-6

Le logiciel OASiS MC de Forintek permet aux usines d'évaluer diverses options de prétriage afin d'établir la solution optimale. Ces impressions d'écrans montrent les différents paramètres d'entrée (a et b) et la présentation des résultats (c et d) générés par le logiciel.

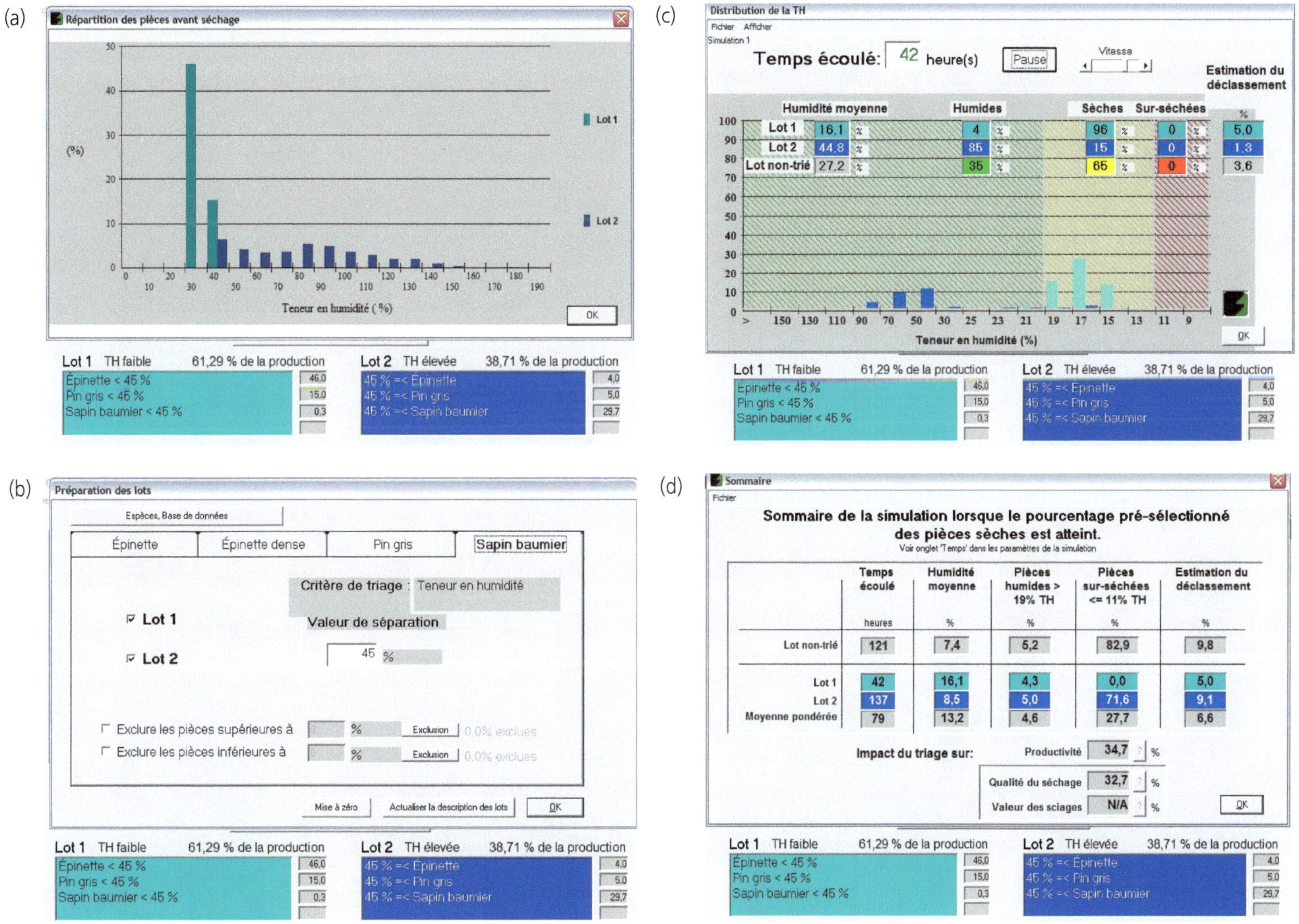

NOTES

CHAPITRE 12

PRÉPARATION DES SCIAGES POUR LE SÉCHAGE

12.1 APERÇU

L'uniformité du séchage du bois d'œuvre exige une bonne préparation des paquets de sciages et leur chargement approprié sur les chariots ainsi que dans le séchoir. Tout manque de conformité aux procédures décrites ci-après pourrait accroître le risque de déclassement attribuable au séchage, élargir la plage des TH finales et prolonger les temps de séchage, entraînant ainsi une consommation excessive d'énergie et une réduction de la capacité de production du séchoir.

12.2 CONSIDÉRATIONS RELATIVES À LA MATIÈRE PREMIÈRE

12.2.1 ÉPAISSEUR DES SCIAGES

Le temps de séchage augmente de façon non proportionnelle à l'épaisseur des sciages. Un doublement de l'épaisseur a pour effet de prolonger le temps de séchage de plus du double. Même de légères variations d'épaisseur peuvent influencer le temps de séchage ou la variabilité de la TH finale. La variation des dimensions des sciages et le mélange de sciages de dimensions différentes soulèvent donc des préoccupations au moment du séchage.

Dans des conditions normales de débitage, certaines variations de l'épaisseur des sciages sont à prévoir, mais une variation supérieure à environ 1 mm (ou 1/32 pouce) est généralement attribuable à un problème de lame de scie ou d'alimentation à l'usine de sciage. Une variation d'épaisseur supérieure peut avoir une incidence sur le séchage des sciages du groupe EPS. Comme les sciages épais sèchent plus lentement que les minces, le mélange de sciages épais et minces dans un même chargement augmente la variation de la TH. Dans les cas où de fortes productions sont en jeu, il est fort probable que ce problème de variation de la TH finale ne pourra être corrigé par l'ajout d'une période d'équilibrage. Par conséquent, le seul moyen pratique de résoudre ce problème consiste à réduire au minimum la variation des dimensions des sciages à la scierie. Par ailleurs, lorsque des sciages minces et des sciages épais sont mélangés dans un même rang, les plus minces ne sont pas retenus par les baguettes. Ces pièces sont donc susceptibles d'afficher divers défauts – tirant à cœur, voilement de face, voilement de rive et torsion – comme on peut le constater à l'examen de la figure 12-1.

Figure 12-1
Une variation excessive des dimensions du bois d'œuvre fait en sorte que certaines pièces ne sont pas retenues par les baguettes. Ces pièces peuvent gauchir et contribuer au déclassement attribuable au séchage.

Les sciages d'épaisseurs cibles différentes ne devraient jamais être mélangés (p. ex. sciages de 1 x 6 avec sciages de 2 x 6) dans un chargement de séchoir, au risque d'entraîner le surséchage des sciages plus minces et le sous-séchage des sciages plus épais. Étant donné la différence des temps de séchage des uns et des autres ainsi que l'effet d'une telle pratique sur la qualité du produit, il est souvent plus rentable de sécher deux chargements partiels (chacun étant constitué de sciages d'épaisseur uniforme) plutôt qu'un plein chargement de sciages d'épaisseurs mixtes. La méthode consistant à « doubler » les planches de 1 pouce dans un rang pour simuler des sciages de 2 pouces n'est pas recommandée car, à la séparation des paquets séchés, les faces opposées des planches seront inévitablement plus humides et sujettes au tirant à cœur lors de leur séchage ultérieur durant l'entreposage, l'expédition ou en service. Même si le baguettage entre chaque rangée diminue le volume de planches dans le séchoir, la réduction du temps de séchage et l'amélioration de l'uniformité de la TH finale compensent cet inconvénient.

12.2.2 LONGUEUR DES SCIAGES

Le mélange de sciages de longueurs différentes dans un même paquet entraînera le dépassement des extrémités de certaines pièces, comme on peut le constater à la figure 12-2.

Les extrémités des pièces qui dépassent créent de grands vides entre les paquets, ce qui réduit la circulation globale de l'air et augmente le temps de séchage, car l'air qui circule dans les vides ainsi formés contourne la majeure partie du chargement. De plus, la plus grande partie du chargement étant exposée à un débit d'air réduit, les extrémités qui dépassent sont exposées à un volume d'air anormalement élevé et sèchent donc beaucoup plus vite que l'ensemble des sciages. Il en résulte un séchage non uniforme, un gauchissement accru, des gerces en bout et un plus faible volume de sciages dans le séchoir.

En outre, en raison du manque de soutien et de contrainte, les extrémités des sciages sont sujettes au gauchissement (figure 12-2) et au cassage.

L'empilage de longueurs mixtes n'est pas recommandé, à moins de procéder à un empilage arasé-carré des sciages. Ce type d'empilage est largement utilisé dans l'industrie du bois de feuillus, où le séchage de sciages de longueurs non uniformes est une pratique courante. Selon cette méthode, les pièces les plus longues sont placées en bordure d'un paquet afin de restreindre la quantité d'air contournant le chargement. Les pièces plus courtes sont installées à l'intérieur et alignées alternativement à l'une ou l'autre des extrémités du paquet. La technique de l'empilage arasé-carré est représentée à la figure 12-3. Elle permet non seulement d'éliminer les extrémités saillantes, mais aussi de former des paquets plus carrés, offrant ainsi une meilleure assise pour les paquets empilés, que ce soit dans la cour à bois ou dans le séchoir. Cette méthode diminue le cassage de pièces ainsi que l'inclinaison et le renversement des paquets de sciages; elle offre aussi une meilleure qualité du bois d'œuvre et elle est plus sécuritaire. Des systèmes d'empilage automatisés sont disponibles pour la manipulation de sciages de longueurs mixtes et l'assemblage de paquets arasés-carrés de bonne qualité.

(a)

(b)

Figure 12-2
Dans un paquet constitué de sciages de longueurs différentes (a) l'extrémité de certaines pièces est mal retenue. Par ailleurs, la surlongueur de certaines pièces (b) entraîne des problèmes sur le plan du chargement des séchoirs. Ces deux situations nuisent à la circulation de l'air à travers le chargement d'un séchoir.

12.2.3 LARGEUR DES SCIAGES

Dans l'idéal, la largeur des pièces dans un paquet de sciages devrait être uniforme ou ne devrait pas varier de plus de 2 po (par exemple, un mélange de sciages de 4 et 6 po de largeur, ou de 8 et 10 po de largeur). On évite ainsi l'association de sciages d'aubier, de faible largeur et forte TH, avec des sciages de bois de cœur plus larges, mais dont la TH à l'état vert est substantiellement inférieure. Une autre raison pour laquelle il y a lieu de sécher des sciages de largeur uniforme est de permettre à l'opérateur de séchoir d'élaborer des programmes spécifiques à chaque largeur. Tout comme pour les différences de TH initiale entre les sciages évoquées précédemment, les objectifs de TH finale ou de qualité peuvent varier pour des sciages dont les dimensions diffèrent. Par exemple, certaines scieries utiliseront un programme de séchage plus conservateur pour les sciages de forte largeur pour éviter le surséchage et le tirant à cœur qu'il pourrait entraîner.

Figure 12-3
L'empilage arasé-carré est un moyen efficace d'offrir une bonne contrainte sur tous les sciages sans nuire à la circulation de l'air lors de l'empilage de sciages de longueurs différentes.

12.3 EMPILAGE DES SCIAGES

12.3.1 PRÉPARATION DES EMPILEMENTS

L'empilage de sciages consiste à assembler des pièces en étages ou rangs horizontaux, chacun étant séparé des autres par un certain nombre de baguettes ou lattes espacées de façon régulière. Les espaces entre les baguettes constituent autant de passages pour la circulation de l'air. Les sciages peuvent être empilés directement sur les chariots, qui sont ensuite poussés ou tirés sur des rails dans le séchoir. Ce type d'empilage, qui peut être effectué manuellement ou automatiquement, élimine la nécessité d'installer des travers à divers intervalles de hauteur dans le chargement. Tous les espaces entre les sciages découlent donc de l'installation des baguettes et la circulation de l'air dans ces espaces devrait être très uniforme. On peut aussi empiler le bois en paquets, placés les uns sur les autres à l'aide d'un chariot élévateur jusqu'à la hauteur voulue. Les travers épais qui séparent les paquets peuvent toutefois perturber la circulation uniforme de l'air.

L'empilage est l'une des étapes les plus importantes du processus de séchage du bois, et il est essentiel de souligner que toutes les améliorations dans la conception des séchoirs et des programmes de séchage ne peuvent compenser le déclassement des sciages attribuable aux mauvaises méthodes d'empilage. Les principes de l'empilage sont toutefois très simples.

Des baguettes sont placées à intervalles réguliers (voir la section sur l'espacement des baguettes), de façon à ce que les rangées de baguettes soient parfaitement alignées à la verticale. Elles devraient aussi être alignées avec les travers plus épais placés sous chaque paquet, lesquels doivent être alignés avec les travers au sol ou les points d'appui sur les chariots du séchoir. De cette façon, tout le poids exercé vers le bas est en parfait alignement, éliminant ainsi la tendance des sciages à se déformer en raison de baguettes mal placées. La figure 12-4 illustre ce principe. Dans la mesure du possible, les côtés d'un empilement devraient être le plus droit possible, aucune pièce ne dépassant les autres. Les pièces qui dépassent agiront comme des déflecteurs, provoquant la circulation d'une quantité d'air plus importante dans certains espaces et moindre dans d'autres.

Dans l'idéal, les baguettes devraient légèrement dépasser des deux côtés d'un empilement, quelle que soit la largeur des sciages empilés. Lorsqu'elles ne soutiennent ou ne retiennent pas suffisamment les bords des sciages, un gauchissement plus important se produira. Toutefois, il est aussi important de ne pas laisser les baguettes dépasser trop. Si elles excèdent de plus de 1 à 2 pouces (de 25 à 50 mm), les baguettes sont susceptibles d'accrocher les autres paquets pendant leur positionnement dans la cour à bois ou le séchoir. Cela peut entraîner le cassage inutile des baguettes et une augmentation du gauchissement des sciages moins bien soutenus.

Figure 12-4
Comme on peut le voir, les baguettes et les travers devraient être alignés à la verticale afin d'assurer le transfert de poids depuis les rangs supérieurs des sciages et procurer une bonne contrainte sur les sciages à mesure qu'ils sèchent.

Les baguettes situées aux extrémités des paquets devraient être placées aussi près des bouts des sciages que possible. Cette disposition minimise le gauchissement des bouts des sciages, lesquels tendent à sécher plus vite; elle réduit aussi la tendance aux gerces de bout. Des problèmes peuvent toutefois apparaître à la manipulation de longs paquets par les opérateurs de chariots élévateurs, étant donné que le ballottement et la déflexion des sciages peuvent provoquer la chute des baguettes de bout. On peut y remédier en cerclant les paquets à l'aide de courroies de plastique (voir la dernière section de ce chapitre) ou en diminuant l'espacement des baguettes dans les six à huit rangées inférieures afin de rendre les paquets plus rigides.

12.3.2 DIMENSIONS DES BAGUETTES

Largeur
Les baguettes font souvent de 1 pouce et demi à 3 pouces et demi (38 à 89 mm) de large. Si elles sont plus étroites, elles peuvent s'enfoncer dans le bois mou, réduisant ainsi la hauteur des espaces séparant les rangées de sciages. Si les baguettes sont plus larges, elles peuvent empêcher le séchage du bois qu'elles couvrent, laissant ainsi des zones humides sur les pièces en question. Une des principales raisons qui justifie d'avoir des baguettes significativement plus larges qu'épaisses est qu'il n'y ait pas de méprise possible, tant lors de manipulations manuelles que mécaniques, sur la manière de les placer.

Épaisseur
L'épaisseur des baguettes est un sujet qui suscite beaucoup de débats. Il y a toujours un intérêt à réduire l'épaisseur des baguettes. Utiliser des baguettes plus minces que les baguettes dites normales permet évidemment de placer davantage de bois dans un séchoir, mais si ce bois sèche plus lentement ou moins uniformément, les problèmes engendrés peuvent être plus importants que l'avantage obtenu. L'épaisseur la plus courante est de ¾ de pouce (19 mm); viennent ensuite les baguettes de ⅝ de pouce (16 mm). En réduisant l'épaisseur des baguettes, il est possible de placer plus de bois dans le séchoir. En fait, la capacité d'un séchoir peut être augmentée d'environ 5 % en diminuant l'épaisseur des baguettes de ¾ à ⅝ de pouce.

En général, la vitesse nominale de l'air d'un séchoir est fondée sur la présence d'espaces de dimensions prédéterminées entre les rangs de sciages séparés par des baguettes. Normalement, la hauteur de ces espaces est d'environ ¾ de pouce (19 mm). La diminution de l'épaisseur des baguettes influencera aussi l'aspect physique de la circulation de l'air dans le séchoir. L'utilisation de baguettes plus minces peut effectivement accroître la vitesse de l'air passant dans le chargement, mais au prix d'une réduction du volume d'air circulant entre les rangs de bois. Les baguettes moins épaisses créent davantage de passages d'air, répartissant ainsi l'air diffusé par les ventilateurs entre un plus grand nombre d'ouvertures ou passages. En conséquence, le volume d'air circulant entre deux rangées de sciages est moindre. La réduction du volume d'air entraîne une chute importante de la température sur la largeur de l'empilement, des conditions de séchage moins uniformes et une variabilité accrue de la TH finale.

La taille réduite des espaces créés par l'utilisation de baguettes plus minces que la normale augmentera la pression statique dans le séchoir en amont du chargement, ce qui pourrait aussi avoir un effet négatif sur l'efficacité des ventilateurs. Si vous envisagez d'utiliser des baguettes moins épaisses dans un séchoir, sachez que cela entraînera certains problèmes. Si vous construisez de nouveaux séchoirs et envisagez d'utiliser des baguettes plus minces que la normale, vous avez tout intérêt à en discuter avec le fabricant du séchoir longtemps à l'avance. L'installation d'un système de ventilation plus puissant pour obtenir une vitesse d'air plus élevée est la seule façon de compenser les effets négatifs mentionnés.

L'uniformité de l'épaisseur des baguettes est aussi importante que l'uniformité de l'épaisseur des sciages. L'empilage de sciages sur des baguettes d'épaisseurs variables aura pour effet de réduire la contrainte sur certaines parties des sciages durant le séchage.

12.3.3 MATÉRIAU DES BAGUETTES

Les industriels disposent d'un vaste choix de baguettes pour l'empilage des sciages, allant des baguettes économiques de bois vert fabriquées sur place aux baguettes dispendieuses en métal ou en plastique de qualité supérieure. Le type le plus économiquement rentable pour une usine dépend non seulement du prix d'achat initial, mais aussi de la durée de vie des baguettes. Par exemple, l'empilage de sciages d'épaisseurs ou de longueurs différentes entraînera la déformation ou le cassage des baguettes. Par ailleurs, la façon dont elles sont manipulées et entreposées peut aussi en affecter la qualité.

Le coût réel des baguettes peut être déterminé en divisant le coût d'achat par le nombre moyen de fois qu'elles passent dans le séchoir. En appliquant de la peinture de couleurs différentes sur l'extrémité des baguettes neuves, on pourra plus facilement en déterminer la durée de vie moyenne. Les baguettes plus minces ou plus étroites sont peut-être moins chères à l'achat, mais il y a peut-être lieu d'acheter des baguettes plus larges en tenant compte de la durée de vie plus longue de ces baguettes.

Les baguettes de bois vert – de feuillus ou de résineux – présentent plusieurs inconvénients. Le bois vert est par nature plus faible et plus souple. À leur première utilisation, elles sont sujettes à la déformation si l'épaisseur des sciages n'est pas uniforme. Elles sont de plus moins rigides, notamment dans les rangs supérieurs du chargement. Les baguettes rétréciront pendant leur première passe dans le séchoir, d'une valeur qui variera selon l'essence, le type de bois et l'angle du fil. Ainsi, l'uniformité des dimensions d'un lot de baguettes peut rapidement changer, notamment en épaisseur. Le cas échéant, ces baguettes ne procureront pas la contrainte nécessaire pour empêcher le gauchissement des sciages dans les paquets où elles ont été placées.

Certaines scieries qui produisent des sciages du groupe EPS fabriquent leurs propres baguettes à partir de sciages séchés au séchoir. Idéalement, elles seront débitées à partir de sciages de qualité « choisi », sans défaut, à fil droit et, dans la mesure du possible, libres de nœuds. Il est recommandé que les baguettes ne soient pas fabriquées à partir de sciages de qualité inférieure, étant donné que la présence de nœuds et de fil tranché provoque des taux importants de cassage.

Parmi les baguettes les plus chères, signalons celles fabriquées à base de résine ou de plastique phénolique, d'aluminium, d'acier ou de LVL (bois de placage lamellé). En pratique, leur utilisation est toujours au stade expérimental. Ceci étant dit, les baguettes en LVL semblent être les plus prometteuses. Leur taille et leur teneur en humidité sont uniformes à l'achat, elles conservent mieux leurs dimensions que les baguettes de bois massif, et elles sont aussi moins sujettes au gauchissement. La surface lisse des baguettes non ligneuses est toutefois un grand désavantage, car elle facilite le glissement des sciages d'un paquet, notamment lorsqu'il s'agit de bois gelé, en raison de leur plus faible coefficient de friction.

12.3.4 ESPACEMENT DES BAGUETTES

Il faut garder à l'esprit que les baguettes jouent deux rôles en ce qui a trait au séchage. Premièrement, elles créent des passages pour la circulation de l'air entre les rangs d'un paquet ou d'un chargement. Deuxièmement, elles procurent une contrainte sur les sciages pour en minimiser le gauchissement. L'espacement des baguettes influence chacun de ces deux rôles, mais particulièrement la réduction du gauchissement. Il est évident que plus le nombre de points de contact entre les baguettes et les sciages est élevé, plus les sciages seront bien retenus durant le séchage. Cependant, le défi a toujours été de déterminer l'espacement optimal des baguettes qui permettra de minimiser les coûts d'empilage et des stocks de baguettes, tout en contribuant à prévenir le gauchissement.

Bien que les scieries de bois d'œuvre résineux aient recours à divers espacements des baguettes, elles semblent actuellement privilégier un espacement de 4 pieds (1,2 m), soit trois baguettes pour un paquet de 8 pieds (2,4 m), et cinq baguettes pour un paquet de 16 pieds (4,8 m). Quelques scieries ont adopté un espacement de 2 pieds (0,6 m). Une étude menée par Forintek a révélé qu'une réduction de l'espacement des baguettes entraînait une amélioration de la qualité du bois. Sous cet angle, notamment en considérant la réduction du gauchissement et du coût accru de l'empilage, on a formulé les recommandations suivantes pour l'espacement des baguettes :

- espacement de 32 pouces (0,8 m) ou moins pour le bois de dimension de qualité ordinaire;
- espacement de 24 pouces (0,6 m) pour le bois de qualité supérieure;
- espacement de 24 pouces (0,6 m) pour le bois susceptible de gauchissement, notamment le bois juvénile, le bois de plantation et les sciages contenant une proportion élevée de bois de compression ou de fil tranché (p. ex. épinette noire ou épinette jaune).

L'étude de Forintek a démontré que le pourcentage de sciages du groupe EPS de qualité ordinaire déclassés à cause du gauchissement est passé de 2,2 à 1,3 % à la suite de la réduction de l'espacement des baguettes de 48 à 32 po (de 1,2 à 0, 8 m). En examinant seulement les produits de qualité supérieure, dont la tolérance au gauchissement est beaucoup plus faible, le pourcentage de pièces déclassées à cause de ce phénomène était passé de 71 à 49 % à la suite de l'adoption d'un espacement de 24 po (0,6 m). Pour tirer profit de ces importantes améliorations liées à la récupération de sciages de qualité supérieure, une scierie pourrait envisager de séparer ces sciages à la scierie et de les empiler sur des baguettes plus rapprochées.

Le bois devient plus malléable lorsqu'il est exposé à de fortes températures. Conséquemment, un nombre insuffisant de baguettes ou le mauvais alignement des baguettes ou des travers aura des conséquences plus marquées si le bois est séché dans un séchoir plutôt que dans un parc de séchage à l'air, et elles seront encore plus prononcées dans des séchoirs à températures élevées. L'observation des règles de base en matière d'empilage des sciages prend donc une importance capitale à mesure que les températures de séchage augmentent.

12.4 EMPILAGE DU BOIS SUJET AU GAUCHISSEMENT

Certains sciages du groupe EPS sont naturellement sujets au gauchissement. Par exemple, les sciages de bois juvénile proche de la moelle sont davantage sujets à la torsion; les sciages issus de billes contenant du bois de compression sont sujets au voilement de rive et à la torsion. L'empilage de tels sciages exige un soin supplémentaire; s'ils ont bien retenus durant le séchage, il y a de fortes chances qu'ils resteront plats et droits lorsque l'empilement sera défait et que le bois sera raboté et mis en service.

Il faut veiller à ce que les baguettes soient parfaitement alignées et en utiliser un plus grand nombre, à raison d'une baguette pour chaque longueur de deux pieds (0,6 m) des sciages en question. La tolérance d'épaisseur devrait être la plus stricte possible, car un mélange de sciages épais et minces aura pour effet de laisser les pièces minces sans contrainte par les baguettes, donc libres de gauchir.

Les sciages issus de grosses billes de bois adulte présentent rarement des problèmes de gauchissement durant le séchage, mais l'approvisionnement en billes provenant d'arbres plus jeunes et de plus faible diamètre pourrait aggraver le problème dans l'avenir.

Lors de l'empilage de sciages ou de produits de dimensions différentes dans un séchoir, les sciages plus sujets au gauchissement peuvent être placés dans le bas du chargement pour tirer profit du poids supplémentaire des rangs supérieurs. Par exemple, dans certaines scieries, les sciages de 2 po x 3 po gauchissent davantage puisqu'ils sont souvent issus de billes de très faible diamètre et qui sont davantage sujets au gauchissement. En revanche, les sciages plus larges sont issus de plus grosses billes dont la qualité est souvent supérieure. Le cas échéant, l'empilage des sciages plus larges par-dessus les plus étroits procure davantage de contrainte sur ces derniers durant le séchage. Il revient aux responsables de l'empilage de prendre de telles décisions à la lumière de leurs connaissances des caractéristiques de gauchissement et des temps de séchage des sciages propres à leur approvisionnement.

12.5 PRATIQUES DE CHARGEMENT DES SÉCHOIRS

Dans la mesure du possible, tous les paquets empilés les uns sur les autres et côte à côte dans un séchoir à chargement sur rails devraient être de la même longueur. Si cela n'est pas possible, les paquets les plus courts devraient être placés au-dessus des plus longs et du côté opposé au déflecteur supérieur. Ce déflecteur maximisera les avantages de la circulation de l'air s'il est effectivement en contact avec le bois sur toute la longueur du séchoir. Si deux paquets courts doivent être placés côte à côte dans un séchoir à chargement sur rails, ils devraient être disposés de manière à ne laisser aucun vide pouvant faire dévier le débit d'air. S'il y a un vide au bout du chargement, l'air peut contourner le déflecteur de bout.

Dans certains systèmes de chargement, les baguettes ne s'étendent pas sur toute la largeur de l'empilement. Ainsi, un empilement de 9 pieds (2,7 m) de large dans un séchoir à chargement latéral peut comprendre deux paquets de 4,5 pieds (1,4 m) de large, placés côte à côte. En pareil cas, il se pourrait que certains espaces entre les rangées d'un paquet ne soient pas alignés avec les espaces entre les rangées du paquet adjacent (figure 12-5a). Cette situation entraîne une grande résistance à la circulation de l'air d'un paquet à l'autre, ce qui ralentit la vitesse de l'écoulement de l'air ainsi que le taux de séchage. Pour surmonter ce problème, il est recommandé de laisser un espace vertical de 2 à 3 pouces (de 51 à 76 mm) de large entre les paquets, comme dans la figure 12-5b. L'air peut ainsi circuler facilement depuis la sortie des espaces du premier paquet jusqu'à l'entrée des espaces du deuxième.

Figure 12-5
Le mauvais alignement des espaces créés par les baguettes (a) entrave la circulation de l'air. Ceci entraîne le prolongement du temps de séchage et augmente la variabilité de la TH finale. La solution consiste à prévoir un espace vertical de 2 à 3 pouces (de 51 à 76 mm) de largeur entre les paquets (b).

(a)

(b)

12.6 LESTAGE

La plupart des pertes attribuables au gauchissement surviennent dans les sciages des rangs supérieurs des empilements, et ce, en raison de l'absence de contrainte pour qu'ils restent plats pendant le séchage. La solution consiste donc à lester les chargements en déposant des dalles ou des blocs de béton, ou des plaques en acier, sur le dessus des chargements. Divers types de systèmes (hydrauliques, à ressort, etc.) ont été proposés à cette fin. Leur efficacité, cependant, dépend de leur capacité de maintenir une pression sur le chargement à mesure qu'il rétrécit, à la suite du retrait en épaisseur des sciages individuels durant le séchage.

Une étude sur le lestage menée par Forintek a révélé que les pertes liées au gauchissement dans les 10 à 15 rangs du haut d'un chargement non lesté étaient, en moyenne, deux fois plus élevées que dans le reste du chargement. Pour éviter ce problème, il est recommandé d'appliquer un lestage de l'ordre de 100 livres par pied carré (500 kg/m^2) sur le chargement. Cela correspond à une dalle d'environ 8 po (20 cm) de béton ou 2,4 po (6,1 cm) d'acier. La figure 12-6 montre le positionnement de dalles de béton sur un chargement de sciages du groupe EPS. Les économies découlant de la réduction du gauchissement doivent être comparées aux coûts supplémentaires liés au lestage afin de déterminer si cette solution est économiquement viable. Ces coûts supplémentaires correspondent à la réduction possible du nombre de rangs de sciages dans le séchoir, au prix des dalles, et au temps supplémentaire qu'exige leur manipulation, leur positionnement et leur retrait. Le dépôt d'une masse inerte sur un chargement entraîne un risque en matière de sécurité si l'équipement ne peut supporter le poids additionnel et en prévenir tout déplacement. Voilà une autre considération dont il faut tenir compte en soupesant les avantages et les désavantages du lestage. La figure 12-7 montre un système de lestage mécanique intégré à un séchoir. Ce type de dispositif peut supprimer certains des inconvénients liés à l'application du lestage.

Figure 12-6
Une étude de Forintek a révélé que l'application d'un poids de 100 livres par pied carré (500 kg/m^2) sur le dessus d'un chargement (dalle de béton d'une épaisseur de 8 po dans cet exemple) réduit le déclassement attribuable au séchage dans les rangs supérieurs du chargement.

Figure 12-7
Le lestage d'un chargement peut aussi s'effectuer au moyen d'un dispositif mécanique, comme celui qui est illustré ici. Le dispositif doit pouvoir s'ajuster continuellement pour maintenir une contrainte sur les sciages à mesure que le chargement sèche et rétrécit.

12.7 CERCLAGE DES PAQUETS AVEC DES COURROIES DE PLASTIQUE

L'installation de courroies de plastique autour des paquets de sciages de bois vert à la scierie a été suggérée comme solution de rechange au lestage. Il existe maintenant des courroies de plastique qui peuvent tolérer un certain degré d'étirement et s'adapter à la forme et à la taille des paquets qui se déforment, ainsi qu'au retrait durant le séchage. Plusieurs scieries de l'Est et de l'Ouest du Canada ont adopté cette pratique et bénéficié d'avantages autres que la seule réduction du gauchissement. D'après l'expérience de ces scieries, les principaux avantages du cerclage avec des courroies de plastique sont la diminution du nombre de pièces qui s'échappent des paquets de sciages durant leur manipulation dans la cour à bois, de même que la préservation de l'intégrité des paquets depuis la scierie jusqu'aux séchoirs. La constitution de paquets plus carrés entraîne une meilleure contrainte sur toutes les pièces d'un chargement. Les paquets plus stables peuvent être manipulés plus facilement, augmentant ainsi la productivité des chariots élévateurs. Même si les courroies appliquent une importante force de compression sur un paquet, ils ne procurent pas le même niveau de contrainte qu'un système de lestage. Toutefois, la contrainte appliquée est suffisante pour assurer une certaine réduction du gauchissement.

Les systèmes de cerclage avec courroies de plastique peuvent être assez simples. Les courroies peuvent être installées manuellement à l'aide d'un dispositif portatif ou au moyen d'un appareil entièrement automatisé. Ces derniers peuvent être dotés d'un système qui compressera le chargement dans les sens horizontal et vertical avant le cerclage. Parmi les autres variables dont il faut tenir compte lors de la mise en place d'un système de cerclage, signalons la qualité ou le calibre des courroies qui peuvent influencer la tension qui sera appliquée, ainsi que le nombre de courroies qu'il y a lieu d'installer par paquet. Certaines usines ont opté pour une courroie unique, tandis que d'autres en préfèrent deux. Dans un cas comme dans l'autre, la courroie doit être alignée soit sur la colonne verticale que forme l'extrémité des baguettes, soit juste à côté. Une courroie unique permettra de maintenir l'intégrité du paquet, mais n'influencera pas sensiblement la réduction du gauchissement.

Le cerclage est retiré seulement après l'arrivée des paquets de sciages à l'usine de rabotage, offrant ainsi une protection contre la perte de pièces entre les séchoirs et l'usine de rabotage. Les courroies usées sont hachées et renvoyées au fabricant aux fins de recyclage.

Certaines scieries ont tenté d'utiliser des courroies métalliques, mais celles-ci deviennent généralement lâches dès la première manipulation après le départ de la scierie, et perdent rapidement leur efficacité si ce n'est qu'elles empêchent les sciages de s'échapper des paquets.

LE SÉCHAGE À L'AIR

13.1 APERÇU

Que vous en soyez conscients ou non, vous faites du séchage à l'air. À moins que chaque sciage qui sort de votre scierie n'entre directement au séchoir, il sera inévitablement exposé aux éléments naturels. Lorsque les sciages sont gérés et manipulés de façon appropriée, tout séchage survenant à ce stade peut être bénéfique. En revanche, si on n'y prend pas garde, la situation peut se compliquer pour l'opérateur de séchoir lorsque les sciages lui parviennent. Un séchage important peut survenir à certaines périodes de l'année. S'il se produit de façon uniforme, il peut réduire les temps de séjour dans le séchoir, la consommation d'électricité et même le déclassement attribuable au séchage.

Lors de la production de sciages du groupe EPS, par exemple en bois de dimension, les cibles de TH finales, qui se situent habituellement entre 12 et 19 %, peuvent effectivement être atteintes dans un parc de séchage à l'air bien géré, évitant ainsi le recours aux séchoirs. Toutefois, d'autres facteurs, notamment les exigences en matière de réduction des inventaires, de livraisons ponctuelles et de réglementation phytosanitaire (traitement à la chaleur), confèrent souvent au séchage à l'air le statut de séchage complémentaire. L'uniformité du séchage à ce stade du processus donnera un produit plus facile à sécher dans les séchoirs. Le respect des principes fondamentaux décrits dans les prochaines sections du présent chapitre permettra d'améliorer l'uniformité du séchage.

Le séchage à l'air peut s'avérer utile et rentable dans les situations suivantes :

- le préséchage de sciages d'essences sujettes à la formation de poches de bois humide, par exemple le sapin baumier ou le sapin subalpin;
- le préséchage de bois à des périodes de l'année pendant lesquelles les séchoirs ne peuvent suivre la cadence de la scierie;
- le séchage de sciages destinés aux marchés intérieurs ne nécessitant pas de traitement à la chaleur;
- le reséchage de sciages contenant des poches de bois humide au terme du premier séchage d'un chargement.

13.2 PRINCIPES DU SÉCHAGE À L'AIR

13.2.1 EMPILAGE DU BOIS

Un bon empilage du bois est aussi important pour le séchage à l'air qu'il l'est pour le séchage au séchoir. L'alignement et l'espacement corrects des baguettes et des travers, comme on l'a souligné au chapitre précédent, permettront de réduire le gauchissement et favoriseront la circulation de l'air.

Des baguettes mesurant moins de ¾ de pouce (19 mm) peuvent parfois être utilisées dans un séchoir à bois, en supposant que le système de circulation de l'air soit conçu en conséquence. Toutefois, dans un parc de séchage à l'air, l'emploi de baguettes minces entrave la circulation de l'air. En effet, elles augmentent la résistance à la circulation de l'air, ce qui ralentit le séchage et favorise la saturation rapide de l'air au moment où il passe à travers le chargement. Si le séchage à l'air est utilisé dans le cadre d'une stratégie globale de séchage, l'épaisseur des baguettes ne devrait pas être inférieure à ¾ de pouce. L'obtention d'un séchage plus uniforme est le principal avantage de l'usage de baguettes plus épaisses.

Le cerclage, à la scierie, de paquets de sciages verts au moyen d'une ou deux courroies en plastique contribuera à maintenir l'intégrité des paquets. Ce sujet a été abordé plus en détail au chapitre précédent. Lors du séchage à l'air, il est parfois nécessaire de manipuler les paquets de sciages plus souvent et de les transporter sur de plus longues distances dans la cour à bois. Dans ces conditions, le cerclage avec des courroies en plastique se révélera bénéfique.

13.2.2 EMPLACEMENT DU PARC

La première étape dans l'élaboration d'une opération de séchage à l'air réussie consiste à choisir un bon emplacement. Plusieurs aspects de l'emplacement sont importants. Tout d'abord, le site devrait être bien exposé aux vents dominants. L'aménagement d'un parc à proximité de grands bâtiments, d'une zone forestière ou d'autres barrières naturelles ne favorisera pas une bonne circulation de l'air; conséquemment, le bois séchera plus lentement et moins uniformément. L'emplacement idéal pour un parc de séchage à l'air est donc un terrain élevé loin de tout obstacle à la circulation de l'air.

Un deuxième aspect important de l'emplacement du parc est le choix d'un terrain bien drainé et ferme. La figure 13-1 montre la différence entre une mauvaise et une bonne base. Les terrains faiblement drainés sont plus enclins au soulèvement par le gel durant l'hiver et à l'affaissement au printemps. Ces deux phénomènes peuvent faire pencher et même renverser des empilements de sciages. C'est une question de sécurité ainsi que de qualité et de productivité.

À défaut d'une bonne base naturelle, il faut prendre les mesures et le temps nécessaires pour aménager le terrain. Très peu de scieries peuvent se permettre de paver leur parc de séchage, mais l'ajout d'un remblai ou de gravier de bonne qualité contribuera à conserver le niveau et la régularité des allées et des zones destinées aux empilements. Cette solution, en plus d'offrir une base stable pour les empilements, permet aussi une manipulation plus rapide des paquets dans le parc et favorise le maintien de leur intégrité.

Figure 13-1

La photo (a) montre un parc bien nivelé. Une base ferme facilitera le positionnement et l'espacement des paquets. Des paquets penchés (b) constituent un risque d'accident et entraînent aussi un séchage non uniforme et un déclassement supplémentaire attribuable au séchage.

(a)

(b)

13.2.3 ORIENTATION, PRÉPARATION ET ENTRETIEN DU PARC

Une fois qu'un terrain plat et ferme a été trouvé, la prochaine étape consiste à élaborer un schéma d'empilage et à préparer les fondations des empilements. Il existe deux configurations principales d'un parc de séchage : en ligne et en rangée. La figure 13-2 montre le positionnement des empilements dans les deux types de parcs. Ils peuvent être comparés à un séchoir à chargement sur rails par opposition à un séchoir à chargement latéral pour ce qui est non seulement de la disposition des paquets, mais aussi des effets de leur disposition sur le séchage.

Dans une configuration en ligne, comme la distance que l'air doit parcourir à travers la pile de bois est assez courte, on peut s'attendre à un séchage plus uniforme. À l'inverse, dans une configuration en rangée, comme l'air doit passer sur beaucoup plus de bois, on peut s'attendre à une certaine variation du taux de séchage. Un parc en rangée ne devrait pas excéder plus de 5 à 7 empilements de paquets d'une largeur de 4 pieds (1,2 m) entre chaque allée. Un nombre supérieur rendra l'accès aux paquets plus difficile en plus d'entraver la circulation de l'air. Dans les deux types de parcs, on laissera un espace d'environ 2 pieds (0,6 m) entre les empilements pour atténuer l'influence du facteur distance sur la circulation de l'air. Cette solution offre un moyen d'ajouter de l'air frais relativement sec au flux d'air.

L'orientation des paquets par rapport aux vents dominants est un autre facteur à prendre en considération. Bien qu'il existe des théories différentes, l'arrangement des piles légèrement en biais par rapport aux vents dominants, comme l'illustre la figure 13-2, est le meilleur compromis. La face large des empilements devrait être presque perpendiculaire au vent, de sorte que la plus grande partie de l'air puisse s'introduire dans les espaces entre les baguettes. Ce positionnement en biais permet d'assurer un afflux d'air nouveau dans les espaces entre les paquets. Dans des régions à fortes chutes de neige, il est souvent souhaitable d'orienter le parc de façon à ce que le soleil printanier baigne les allées entre les lots. Cette disposition contribuera à faire fondre la neige et favorisera un séchage printanier précoce. Dans bien des situations, ces deux dernières considérations peuvent entrer en conflit, auquel cas il faudra trouver un bon compromis.

D'autres facteurs doivent être pris en compte dans toute décision visant l'aménagement d'un parc en rangée ou en ligne. Dans un parc configuré en ligne, tous les paquets sont accessibles à n'importe quel moment. Dans un parc en rangée, toutefois, l'accès à certaines paquets peut être bloqué et, à défaut de bonnes pratiques de gestion des stocks, une situation du type « premier arrivé, dernier sorti » peut survenir. Cela va à l'encontre du principal objectif du séchage à l'air, qui est d'abaisser et d'uniformiser la TH avant le séchage au séchoir. Pour un volume de bois donné, la configuration en ligne exigera davantage de terrain, mais les avantages d'un séchage uniforme et d'un contrôle facile des stocks peuvent en justifier le coût supplémentaire.

Les fondations des empilements peuvent être fabriquées en bois, en béton, en acier ou dans une combinaison de ces matériaux. Dans une situation idéale, les fondations des empilements devraient être installées en permanence.

Figures 13-2 a et b
Les parcs de séchage à l'air peuvent être disposés selon une configuration en rangée (a) ou en ligne (b). Chacune des deux méthodes présente des avantages et des inconvénients.

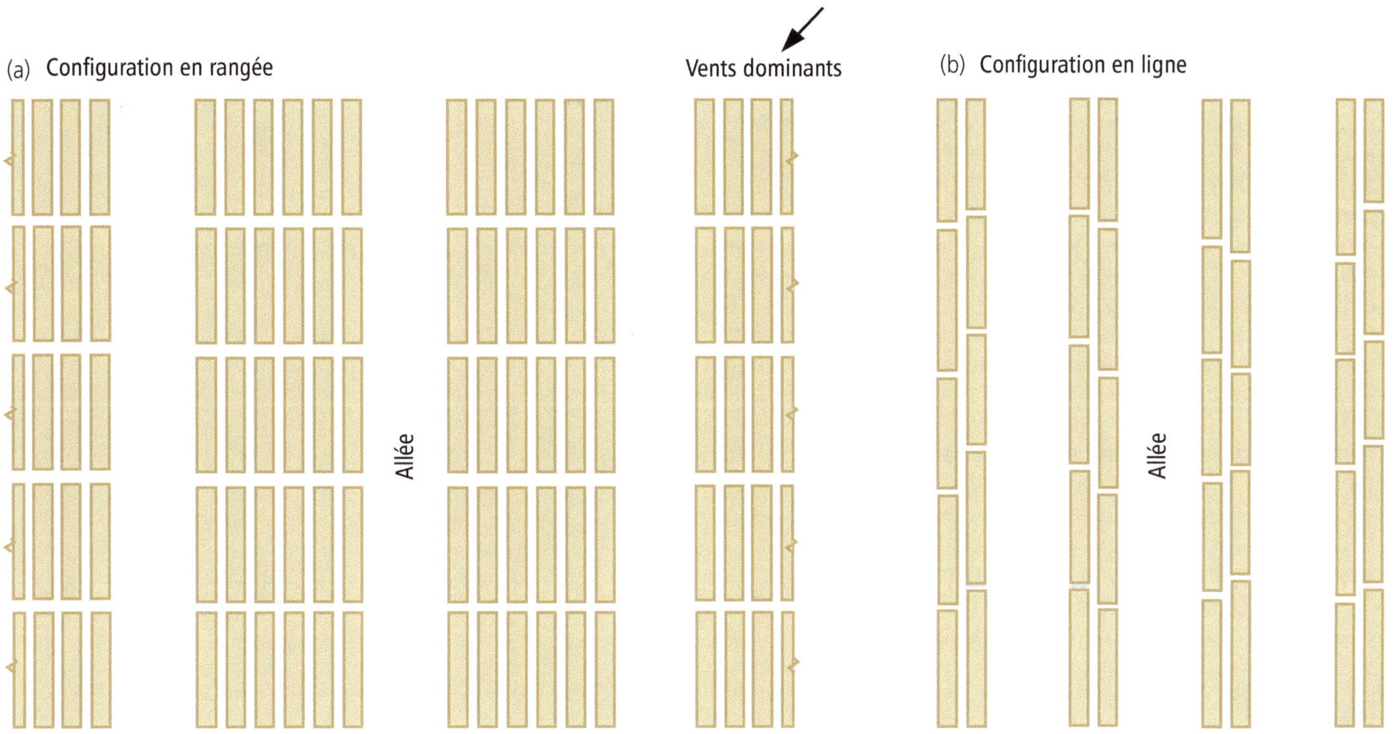

Cette technique permet de garantir un positionnement des empilements qui soit conforme aux recommandations énoncées précédemment relativement à leur orientation et leur espacement. Les fondations des empilements devraient au moins mesurer de 12 à 18 pouces (30 à 45 cm) de hauteur pour favoriser la circulation de l'air sous les empilements eux-mêmes et pour empêcher tout contact des sciages avec le sol. Si le bois doit rester empilé pendant une longue période, il peut s'avérer nécessaire de couper l'herbe ou la végétation susceptible de bloquer la circulation de l'air sous ou à travers les rangs inférieurs de sciages, ou de tuer cette végétation au moyen d'un herbicide.

Dans les parcs configurés en ligne, le nombre de paquets entre les allées est limité à deux. Comme nous l'avons mentionné précédemment, le nombre de paquets entre les allées d'un parc configuré en rangée ne devrait pas dépasser 7 paquets d'une largeur de 4 pieds (1,2 m). L'entassement d'un plus grand nombre de paquets entre les allées nuit à la circulation de l'air et entraîne une importante variabilité du taux de séchage entre les paquets situés près des extrémités des empilements et ceux qui se trouvent au milieu. Comme on l'a mentionné précédemment, cette pratique nuit à l'uniformité du séchage et pourrait entraîner la livraison aux séchoirs d'un mélange de sciages plus difficiles à sécher que les sciages verts issus d'arbres récemment abattus.

De grands travers ou des travers supplémentaires peuvent être utilisés pour relier des empilements adjacents (figure 13-3). Cette méthode améliore la stabilité de chaque rangée et en réduit la possibilité d'inclinaison ou de renversement. Lorsque les empilements doivent être entreposés pendant de longues périodes ou dans des régions marquées par de fortes pluies ou chutes de neige, on utilisera des couvertures pour protéger les sciages contre les précipitations.

Figure 13-3
Lorsque le bois est laissé dans un parc de séchage à l'air pendant de longues périodes, l'utilisation de couvertures protégera les sciages contre la réhumidification. Des travers de liaison aident à prévenir le renversement des empilements.

13.3 SURVEILLANCE ET CONTRÔLE DE L'INVENTAIRE

Tous les paquets devraient être étiquetés ou marqués de quelque façon que ce soit pour indiquer le moment où ils ont été déposés dans le parc de séchage. Cette mesure facilite l'assemblage de chargements de séchage comprenant des sciages de même âge. Un système d'inventaire et de cartographie papier ou informatique peut être mis en place pour rapidement déterminer l'âge et l'emplacement de tout le bois dans le parc.

En plus de maintenir des registres de l'inventaire, il est toujours important d'effectuer des inspections visuelles dans le parc, et ce, sur une base régulière. Pendant une marche autour du parc, il faut rechercher les mauvaises pratiques d'empilage ou de positionnement des paquets. Il faut aussi repérer les signes d'un séchage lent, comme l'apparition de moisissures ou de bleuissement sur les pièces, notamment entre les rangées de paquets. Même si la présence de gerces de bout profondes n'est pas souhaitable, l'absence complète de gerces témoigne probablement d'un séchage à l'air trop lent.

Il est difficile de contrôler le taux de séchage dans un parc de séchage à l'air. Aucun moyen pratique n'existe pour recueillir de l'information sur la TH et son évolution lorsque la TH du bois est largement au-dessus du point de saturation des fibres (le PSF équivaut à une TH de 25 à 30 %). Une fois que la TH approche le PSF, des humidimètres portatifs peuvent être utilisés pour obtenir une approximation de la TH du bois. Ces relevés sont utiles lorsque l'objectif du séchage à l'air est de supprimer une partie ou la totalité de l'eau libre.

Il est aussi possible d'utiliser des transmetteurs sans fil reliés à des sondes à résistance électrique pour déterminer le moment où la TH visée a été atteinte dans un parc de séchage à l'air. Ces appareils sont également employés à cette même fin dans les séchoirs, mais, à ce jour, leur usage s'est surtout limité au bois de feuillus et aux produits de résineux à valeur ajoutée. Pour les scieries qui visent à maximiser leur productivité, ces outils pourraient favoriser l'uniformité accrue des sciages acheminés aux séchoirs.

13.4 TAUX DE SÉCHAGE DANS UN PARC DE SÉCHAGE À L'AIR

L'une des façons de résoudre le problème des poches de bois humide dans les sciages de sapin baumier et de sapin subalpin (voir le chapitre 4) consiste à les sécher à l'air jusqu'à ce qu'ils atteignent une TH permettant ensuite de les sécher de la même manière et selon les mêmes temps que des sciages d'épinette ou de pin. Une étude de Forintek s'est penchée sur cette approche, principalement sur son application pour le séchage de sciages de sapin baumier de l'Est. Des sciages de cette essence ont pu être séchés à l'air jusqu'à une TH d'environ 18 % sur une période de 16 semaines à compter du début avril dans le parc d'une scierie du sud-est du Québec. Tout comme dans nombre d'endroits au Canada, les meilleures conditions de séchage à l'air ont tendance à être réunies durant les mois d'avril et de mai, lorsque la circulation d'air est bonne et l'humidité relative est faible. La figure 13-4 montre le taux de séchage observé pour le sapin baumier d'après cette étude. Dans des conditions printanières et estivales, des sciages dont la TH excédait 35 % ont affiché une baisse de TH de plus de 2 % par jour dans un bon parc de séchage à l'air. Comme dans les séchoirs, le taux de séchage ralentit considérablement une fois que le bois approche le PSF. Ces essais ont montré que le sapin baumier pouvait être séché à l'air jusqu'à ce qu'il approche le PSF, et ce, en 8 à 10 semaines dans des conditions estivales. À ce moment, les sciages peuvent être placés dans un séchoir conventionnel et séchés selon un programme semblable à celui que l'on utilise pour le séchage de sciages de pin ou d'épinette à l'état vert.

Figure 13-4

Taux de séchage de sciages de sapin baumier de 2 pouces d'épaisseur dans un parc de séchage industriel situé dans le sud-est du Québec.

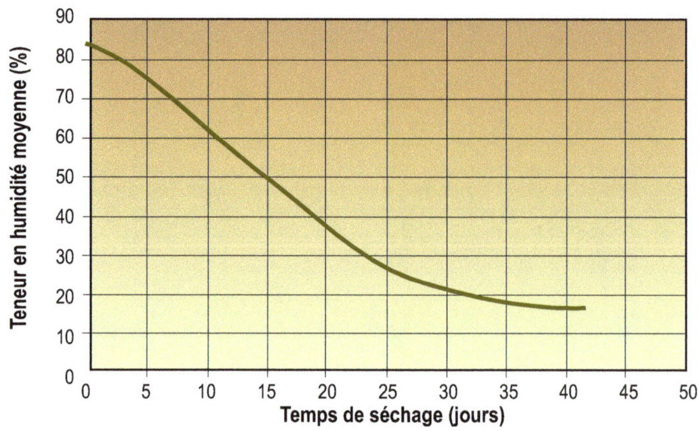

L'uniformité de la TH finale est le principal avantage découlant du séchage à l'air. Dans l'étude mentionnée précédemment, les sciages de sapin baumier à l'état vert séchés dans un séchoir présentaient un écart type de TH finale de 8,6 %. En les séchant à l'air jusqu'au PSF avant de les acheminer au séchoir, cet écart type a été réduit à 5,7 %. Lorsque les sciages ont été séchés à l'air jusqu'à la TH cible de moins de 19 %, l'écart type est passé à 2,4 %. Le préséchage à l'air de sciages de sapin baumier avant leur séchage en combinaison avec des sciages d'épinette et de pin réduit la tendance à sursécher les sciages de ces deux autres essences. Une réduction du surséchage entraîne moins de retrait et de gauchissement, et par conséquent moins de déclassement et de perte de valeur attribuables au séchage.

Pratiquement toutes les régions du Canada où poussent les essences du groupe EPS connaissent des conditions hivernales rigoureuses pendant au moins quelques mois de l'année. L'hypothèse a toujours voulu que le bois empilé dans un parc de séchage ne sèche pas pendant les mois d'hiver. Les essais décrits précédemment ont démontré que, même si les taux de séchage étaient très ralentis, les sciages séchaient quand même en hiver. Pour du bois à forte TH, le taux moyen de séchage dans ces conditions s'établissait à environ 0,6 % de TH par jour. Ainsi, l'entreposage des sciages de sapin baumier ou subalpin à forte TH dans le parc de séchage à l'air pendant l'hiver engendre tout de même un certain degré de séchage. La meilleure solution consiste à les placer dans le parc pendant l'hiver jusqu'au début du printemps, lorsque les conditions de séchage sont optimales.

13.5 RÉSUMÉ DES RECOMMANDATIONS POUR LE SÉCHAGE À L'AIR

1. Le séchage à l'air constitue un traitement préalable efficace pour les sciages de sapin baumier et de sapin subalpin, et en permet parfois le séchage ultérieur selon un programme élaboré pour les sciages d'épinette et de pin.
2. En raison du séchage lent au-dessous du point de saturation des fibres et des exigences phytosanitaires, le séchage à l'air n'est pas envisageable comme option de séchage total, mais cette méthode fonctionne bien en association avec un système de séchage à température élevée.
3. Les bonnes pratiques de séchage à l'air doivent être respectées pour maximiser le taux de séchage et garantir le séchage uniforme de tout le bois d'œuvre.
4. Le séchage à l'air peut servir de traitement d'équilibrage pour les sciages jugés trop humides après un premier passage au séchoir.

NOTES

SUIVI DU PROCESSUS DANS LES SÉCHOIRS

14.1 ÉTAT INITIAL DES SCIAGES

Lorsqu'il s'agit de déterminer les conditions de séchage auxquelles sera exposé un chargement de sciages, il est utile de connaître la provenance du bois et, plus particulièrement, son degré d'humidité. Les chapitres 10 et 11 présentent un aperçu des variables dont il faut tenir compte en matière de contrôle et de manutention des sciages avant leur acheminement au séchoir. L'étape suivante du processus de collecte d'information consiste à rassembler et interpréter, durant le séchage, les renseignements qui permettront à l'opérateur de séchoir de prendre les décisions les plus éclairées possibles. La plupart des processus de séchage industriel de bois de construction du groupe EPS ne se prêtent pas facilement aux interventions humaines en raison des conditions chaudes et humides qui prévalent à l'intérieur du séchoir ou des temps relativement courts du cycle de séchage. Par conséquent, les pratiques employées pour le séchage d'autres types de sciages pourraient ne pas convenir ou être d'une utilité limitée pour le séchage de sciages du groupe EPS. L'information recueillie avant et pendant le séchage aidera l'opérateur de séchoir à prendre les meilleures décisions possibles sur l'application des programmes de séchage qui sont présentés au chapitre 15.

Une des façons de recueillir de l'information sur l'état initial d'un chargement de séchoir consiste à prendre des lectures de TH le long du chargement à l'aide d'un humidimètre à résistance électrique. Ces lectures peuvent être prises avant ou après le positionnement du chargement dans le séchoir, mais avant sa mise en marche. Bien que les mesures de TH prises à ce stade ne soient pas des plus fiables, elles jettent néanmoins un peu de lumière sur l'état du chargement, surtout s'il a été préalablement séché à l'air. Avec l'expérience, l'opérateur de séchoir saura détecter les différences entre les sciages d'épinette et de pin et les sciages de sapin baumier ou subalpin. Ainsi, il pourra se faire une idée de la proportion relative des sciages de chaque essence dans un chargement, choisir le programme de séchage le plus approprié ou estimer avec plus de précision le temps de séchage qu'il doit prévoir.

14.2 TECHNIQUES DE SUIVI DE L'AVANCEMENT DU SÉCHAGE

14.2.1 MÉTHODES PAR PESÉE DES SCIAGES

14.2.1.1 MASSE DU CHARGEMENT

Un grand nombre de séchoirs de laboratoire sont conçus de façon à positionner un chargement entier sur un système de pesée afin de permettre le contrôle continu de la perte de masse attribuable au séchage. Si on parvient à déterminer la TH moyenne initiale du chargement avec un degré de précision raisonnable, on pourra calculer des valeurs de TH moyenne pour le chargement à partir de mesures de la perte de masse susmentionnée.

Par ailleurs, quelques fabricants de séchoirs ont mis au point des systèmes pour mesurer la masse d'un paquet entier de sciages ou d'un chariot de séchoir plein de sciages. L'information sur la masse des sciages peut être utilisée de plusieurs façons. Comme nous l'avons mentionné précédemment, si la TH initiale du bois est connue, on peut établir l'évolution de la TH à partir des changements de masse des sciages. Le taux de perte de masse peut être un indicateur de l'état du chargement. Comme le taux de séchage diminue progressivement tout au long du processus, un certain taux de perte de masse pourrait s'avérer un bon prédicteur de la TH intermédiaire ou finale. Une autre technique nécessite de connaître la densité et le volume du bois dans la partie du chargement faisant l'objet d'une pesée. La densité peut être obtenue directement à partir de la documentation existante (chapitre 3), ou on peut calculer une valeur moyenne pour l'éventail des sciages en présence. Si on connaît la masse, la densité et le volume d'une pièce de bois, le calcul de la TH initiale et de toute autre valeur de TH est une opération relativement simple. Le chapitre 3 traite de la procédure pour établir la relation entre la densité, la masse et la TH.

14.2.1.2 MÉTHODE DES PLANCHES TÉMOINS

La méthode des planches témoins constitue une approximation de la méthode par pesée des chargements. Cette technique requiert la sélection de planches témoins dans un chargement de séchoir et le suivi de leur perte de masse respective. Cette méthode est couramment utilisée dans l'industrie des sciages de bois feuillu pour la fabrication de produits de grande valeur qui exigent de longs temps de séchage. Elle peut aussi être utilisée lors du séchage de sciages de résineux de qualité supérieure selon des programmes prévoyant un séchage lent et long; c'est pourquoi on la décrit ci-après. Qui plus est, cette méthode peut aussi être considérée comme un outil utile pour l'élaboration de programmes de séchage à l'intention de l'industrie du bois d'œuvre de résineux. La méthode consiste à placer un certain nombre de planches témoins préparées dans un chargement de séchage, mais de façon à ce qu'elles puissent facilement être retirées du séchoir à certains moments, et pesées afin d'en estimer la TH.

Les pièces qui seront débitées pour obtenir les planches témoins devraient idéalement être sélectionnées durant la constitution du chargement à sécher. Ces pièces doivent être représentatives des sciages les plus secs et les plus humides, les plus épais et les plus minces, des sciages sciés sur quartier et sciés sur dosse, ainsi que des sciages contenant des proportions variées de bois d'aubier et de bois de cœur. Il faut ensuite retrancher de 18 à 24 po (46 à 61 cm) des extrémités de chacune de ces pièces. On prélève ensuite dans le sens du fil une section de 1 po (25 mm) qui servira au calcul de la TH. La procédure de découpage pour la fabrication des planches témoins est illustrée à la figure 5-1 du chapitre 5. Le reste de la pièce formera la planche témoin qu'il faut placer dans le chargement de séchage. La longueur des planches témoins ne doit pas être inférieure à 2 ou 3 pieds (0,6 à 0,9 m). Par ailleurs, ni la section servant au calcul de la TH ni la planche témoin elle-même ne doivent contenir de poches de résine, de carie, de nœuds ou d'écorce.

Les extrémités des planches témoins doivent être enduites d'un produit imperméable – enduit à couvertures, scellant à base de silicone ou couche épaisse de peinture – pour en empêcher le séchage. L'endroit le plus pratique pour le positionnement des planches témoins se trouve dans les vides créés par les travers de soutien.

Chaque fois que l'on retire les planches témoins du séchoir, il faut les peser et en calculer la TH conformément à la procédure détaillée suivante :

Étape 1 :
Calculer la TH moyenne de chaque planche témoin en séchant les deux petites sections au four et en utilisant la procédure décrite au chapitre 5 pour déterminer leur TH respective. Établir la moyenne de la TH des deux sections pour estimer la « TH moyenne » de la planche témoin.

Étape 2:
Calculer la masse anhydre prédite de chaque planche témoin à l'aide de la formule suivante :

$$\text{Masse anhydre prédite} = \left\{\frac{\text{Masse de la planche à l'état vert}}{(\text{TH moyenne} + 100)}\right\} \times 100$$

Étape 3 :
Chaque fois qu'une planche témoin est retirée du séchoir pendant le séchage, il faut la peser et utiliser sa nouvelle valeur de masse pour calculer une TH intermédiaire au moyen de la formule suivante :

$$\text{TH intermédiaire (\%)} = \left\{\frac{\text{Masse intermédiaire} - \text{Masse anhydre prédite}}{\text{Masse anhydre prédite}}\right\} \times 100$$

On peut alors modifier le programme de séchage lorsque la moyenne des TH de toutes les planches témoins ou la planche témoin la plus humide atteint la valeur de modification du programme.

Il va de soi que la méthode des planches témoins ne se prête pas bien aux situations de forte productivité et aux cycles de séchage courts. En outre, comme l'accès au séchoir s'impose, la méthode ne peut être utilisée si les températures du séchoir sont trop élevées pour y entrer. Elle ne peut non plus être utilisée dans des séchoirs à feu direct où les émissions du brûleur rendent l'environnement dangereux pour les humains.

Un important inconvénient lié à cette technique tient au nombre de planches témoins qui peuvent être vérifiées dans un chargement, et à leur représentativité de l'ensemble du chargement. Un échantillon de 12 planches issues d'un chargement de 50 000 planches n'affiche peut-être pas la meilleure représentativité. À cela s'ajoute la position des planches témoins dans le chargement, qui ne représentent les conditions de séchage que pour ces emplacements seulement.

Cela étant dit, une scierie qui exploite une installation de séchage de résineux à haute vitesse pourrait considérer cette méthode comme un outil pour la mise au point ou la validation de programmes de séchage. L'information sur le taux de séchage qu'elle génère peut aider à déterminer le moment où il y a lieu d'apporter une modification à un programme de séchage. Ainsi, la méthode des planches témoins pourrait, à l'occasion, servir à développer de nouveaux programmes de séchage ou à optimiser les programmes existants.

14.2.1.3 PESÉE DE PLANCHES TÉMOINS DANS LE SÉCHOIR

Une autre façon d'appliquer la technique des planches témoins consiste à automatiser la collecte de données sur la masse intermédiaire des planches témoins. Il existe des cellules de pesée électroniques qui supportent bien les conditions ambiantes d'un séchoir et qui fonctionnent bien dans de telles conditions. Une application évidente de ces appareils est d'éliminer la pesée manuelle de planches témoins pendant le séchage de sciages de qualité supérieure. Plusieurs fabricants offrent ce type de système de contrôle. Une fois surmontés les obstacles techniques liés à la pesée d'une planche témoin dans un séchoir à bois, on se rend compte que le concept est simple et précis. On peut se procurer des cellules de pesée sensibles à une vaste plage de températures de fonctionnement, bien que certaines limites, tant technologiques que financières, s'imposent.

Les avantages d'un tel système par rapport à un système manuel de pesée de planches témoins découlent, d'une part, de la pesée en continu des planches au lieu de pesées ponctuelles et, d'autre part, de la possibilité de peser des planches témoins dans un milieu non favorable pour l'opérateur de séchoir (p. ex. un séchoir à feu direct). L'opérateur doit néanmoins sélectionner et positionner les planches témoins manuellement, comme par le passé, mais ces planches sont désormais placées dans un appareil posé sur des cellules de pesée ou suspendues à celles-ci, ce qui assure le contrôle continu de la masse des planches témoins individuelles.

14.2.2 MÉTHODES ÉLECTRIQUES

14.2.2.1 SONDES DE RÉSISTANCE ÉLECTRIQUE

La TH de sciages peut être évaluée à partir du principe de la résistance électrique et à l'aide de sondes enfoncées dans des trous prépercés à une ou plusieurs profondeurs, et ce, dans un certain nombre de pièces d'un chargement de séchoir. Le principe de mesure est presque identique au principe de fonctionnement des humidimètres portatifs décrits au chapitre 5. Les contraintes importantes de ce type de contrôle tiennent à l'imprécision inhérente des systèmes de mesure de résistance électrique au-dessus du PSF et à la nécessité d'apporter des correctifs aux mesures obtenues en fonction de la température du bois. Dans un système informatisé, les correctifs en fonction de la température peuvent s'effectuer automatiquement.

Là encore, comme pour l'application de la méthode par pesée des planches témoins, la sélection de pièces suffisamment représentatives de l'ensemble du chargement ainsi que leur positionnement influencent manifestement la précision du système. Une méthode pour repérer et sélectionner les pièces consiste à utiliser un humidimètre portatif à résistance électrique. En évaluant un grand nombre de sciages, on peut sélectionner un plus petit échantillon représentatif de l'ensemble du chargement.

Cette méthode peut être utilisée non seulement comme méthode de rétroaction pour évaluer l'avancement du séchage, mais elle peut aussi être intégrée dans un système automatique de régulation de séchoir. Un grand nombre d'opérateurs de séchoirs utilisent les valeurs estimatives des sondes de TH en plus d'une ou d'autres méthodes pour anticiper la TH finale et commander l'arrêt du séchage.

Figure 14-1
Certains systèmes de régulation de séchoirs et de contrôle de la TH font appel à des sondes à résistance électrique enfoncées dans certaines planches d'un chargement pour surveiller le taux de séchage ou déterminer l'arrêt du séchoir.

14.2.2.2 SONDES DIÉLECTRIQUES

Certains fabricants de séchoirs offrent désormais un système de détection de la TH intégré au séchoir qui mesure les propriétés diélectriques d'un paquet complet de sciages (ou d'une importante partie d'un paquet). Les sondes de tels systèmes se composent d'une paire de plaques métalliques qui sont insérées dans les espaces entre les baguettes d'un chargement (figure 14-2). Chaque séchoir peut être doté de nombreuses sondes pour obtenir des valeurs de TH dans diverses sections du chargement. Ces plaques métalliques sont disposées à intervalles préétablis (c.-à-d. nombre préétabli de rangs de sciages). Ainsi, la zone de contrôle peut contenir quelque 200 planches ou plus.

Figure 14-2
Exemple d'un système de contrôle intégré au séchoir faisant appel à des sondes diélectriques insérées dans les chargements de séchoir.

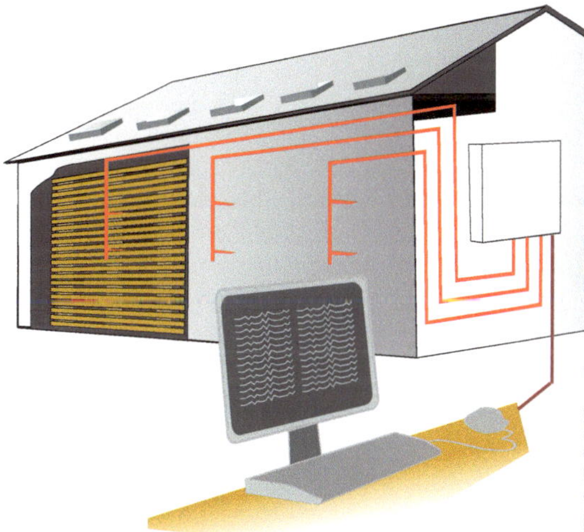

Ce type d'humidimètre intégré au séchoir procure une seule valeur estimative de TH pour chaque sonde. Cette valeur représente la TH moyenne représentative de la TH dans la zone de contrôle. La précision de cette valeur par rapport à la TH réelle dépend en grande partie de la qualité de l'étalonnage du système.

La plupart des systèmes peuvent contenir huit sondes ou plus par séchoir. Les données enregistrées sont acheminées à un ordinateur central qui peut assurer le contrôle de plusieurs séchoirs. Les lectures sont enregistrées continuellement, ce qui permet d'élaborer une courbe de séchage pour les sciages dans chaque zone de contrôle du séchoir. L'utilité première des données sur la TH est d'aider l'opérateur de séchoir à déterminer le moment le plus propice pour arrêter le séchoir. L'avantage ultime devrait consister en une diminution du nombre de chargements qui sont soit sous-séchés, soit surséchés. Une TH finale plus uniforme permettra de réduire le déclassement attribuable au gauchissement dû au surséchage, ou à la présence de sciages trop humides découlant d'un cycle de séchage trop court. Une autre application possible de l'information ainsi générée est d'optimiser l'exploitation du séchoir grâce à la production de valeurs de TH intermédiaires qui aident l'opérateur à déterminer le moment où il y a lieu de modifier le programme de séchage.

Le temps et l'effort consacrés à l'étalonnage du système permettront d'améliorer la cohérence des résultats et de raccourcir la période de récupération de l'investissement. Les suggestions énumérées ci-après se veulent un guide sur le processus d'étalonnage d'un nouvel humidimètre intégré au séchoir.

- Premièrement, il faut établir les données de base auxquelles les résultats seront comparés. Pour de nombreuses scieries, il s'agira de données générées par l'humidimètre en continu à l'usine de rabotage. Le cas échéant, avant d'amorcer l'étalonnage de l'humidimètre intégré au séchoir, il faut s'assurer que l'humidimètre en question a été étalonné correctement et qu'il est en bon état.
- L'étalonnage par rapport à un humidimètre en continu exige la saisie de données relatives aux chargements individuels ainsi que des données relatives aux sciages dans chacune des zones de contrôle. Cette démarche permettra d'établir des corrélations entre les lectures des sondes individuelles (prises à la fin de l'opération de séchage) et les données de TH moyenne générées par l'humidimètre en continu dans la zone échantillon. De même, on pourra établir des corrélations entre la moyenne de toutes les lectures finales des sondes pour un chargement en particulier avec les données de TH moyenne générées par l'humidimètre en continu, et ce, pour le chargement entier de sciages en question.
- En l'absence d'un humidimètre en continu, il est toujours possible d'établir ce genre de corrélations, mais au prix d'efforts supplémentaires. Il faudra alors sélectionner des sciages dans chacune des zones de contrôle pour la prise de lectures de TH au moyen d'un humidimètre portatif. L'obtention de données pour le chargement total exige la prise de lectures ponctuelles durant le rabotage des sciages du chargement en question.
- Pour améliorer la précision globale du système, il y a lieu d'étalonner un des systèmes de mesure de la TH de la scierie par rapport aux valeurs de TH des sciages selon la méthode au four. La méthode au four reste la plus précise qui soit; qui plus est, elle génère les meilleures données de base, quel que soit le type d'humidimètre utilisé. L'humidimètre en continu d'une usine peut être étalonné à partir de résultats obtenus par la méthode au four. D'autres systèmes, par exemple l'humidimètre intégré au séchoir, peuvent ensuite être étalonnés par rapport aux résultats générés par l'humidimètre en continu. Il faut toutefois s'assurer que les mesures prises soient reliées au système qui servira effectivement à évaluer la TH finale du produit. Signalons, entre autres, la procédure d'échantillonnage ou l'application de facteurs de correction qui sont spécifiques au groupe EPS ou aux exigences des clients.

Le principal désavantage de ce type d'humidimètre intégré au séchoir est l'absence de données sur la variabilité de la TH finale entre les pièces. Il peut être possible d'améliorer l'information obtenue pour ce qui est de la TH moyenne d'un chargement, mais ces systèmes ne génèrent pas de données de TH pour les sciages individuels. Dans le cas du séchage de sciages dont la TH est très uniforme, ce désavantage perd de son importance. Cependant, dans bon nombre de cas, c'est l'écart type (variabilité) relatif à la TH finale qui détermine la sortie d'un chargement du séchoir. En pareil cas, il faudra peut-être procéder à des vérifications à chaud au moyen d'un humidimètre portatif capable de générer des données pour chaque pièce.

14.2.3 DIFFÉRENTIEL DE TEMPÉRATURE À TRAVERS LE CHARGEMENT DE BOIS (DTAB)

Le différentiel de température à travers le chargement de bois (DTAB), paramètre utilisé par de nombreux manufacturiers, correspond à la mesure de la perte d'énergie découlant du processus d'évaporation de l'humidité à mesure que l'air chaud passe au-dessus de la surface humide des sciages. De façon générale, la plupart des bois afficheront un important DTAB au début du séchage, mais ce différentiel diminuera avec l'avancement du séchage. Avec l'expérience, un opérateur de séchoir sera en mesure de déterminer à quel moment le DTAB correspond à la fin du processus de séchage et quand il constitue un indice d'arrêt du séchoir.

Mais l'application efficace du DTAB exige une corrélation avec les valeurs d'un autre système. La procédure d'étalonnage d'un humidimètre intégré au séchoir décrite dans la section précédente peut être utilisée pour établir des corrélations entre les valeurs finales de DTAB et les valeurs de TH finale obtenues à l'usine de rabotage. D'autres variables influencent également le DTAB, et il faudra établir des corrélations spécifiques de conditions d'exploitation. Signalons, entre autres, divers programmes de séchage, la présence de produits hétérogènes dans le séchoir et, surtout, différentes caractéristiques de circulation de l'air.

14.3 TECHNIQUES POUR DÉTERMINER LA FIN DU CYCLE DE SÉCHAGE

Établir le moment où un chargement de sciages atteint la TH visée s'avère déterminant pour la réussite du séchage au séchoir. Le bois d'œuvre sous-séché affiche une TH qui ne répond pas aux normes et il sera habituellement inapproprié pour l'emploi final qu'on lui attribuait. Le surséchage, pour sa part, augmente la probabilité de déclassement, entraîne un gaspillage d'énergie et du temps de production.

Chacune des méthodes mentionnées précédemment peut servir à établir l'arrêt du séchoir, sous réserve de certaines conditions et d'exigences exposées ci-après.

14.3.1 MÉTHODE DE LA PLANCHE TÉMOIN

Que les planches témoins soient pesées manuellement ou au moyen d'un système de pesage intégré au séchoir, le succès de cette méthode tient à la représentativité des planches témoins sélectionnées par rapport au chargement, à leur positionnement dans le chargement (loin des « zones froides » ou des « zones chaudes » du séchoir) et à la prise fréquente de mesure vers la fin du cycle de séchage pour éviter le surséchage.

14.3.2 SONDES À RÉSISTANCE ÉLECTRIQUE ET SONDES DIÉLECTRIQUES

Ces deux méthodes peuvent être utilisées pour déterminer la TH d'arrêt du séchoir pourvu que la corrélation entre les lectures et les mesures prises à l'usine de rabotage soient établies avec soin. Dans le cas des sondes à résistance électrique, il faut appliquer les facteurs appropriés de correction de la température du bois. Même si cette étape s'effectue dans le cadre d'un processus automatisé, il faut néanmoins vérifier qu'il s'agit des facteurs appropriés. Les températures finales du bois s'approcheront de la température sèche, mais les valeurs réelles ne peuvent être déterminées qu'au moyen d'une sonde de température, par exemple un thermocouple, enfoncée dans les pièces échantillonnées.

Le degré de précision de ces méthodes augmentera avec l'accumulation de données de charges de séchage successives. La précision s'améliorera également avec l'expérience de l'opérateur de séchoir à comparer les données des vérifications de la TH des sciages des chargements après leur retrait du séchoir et leur refroidissement.

14.3.3 DIFFÉRENTIEL DE TEMPÉRATURE À TRAVERS LE CHARGEMENT DE BOIS (DTAB)

Le DTAB s'atténue vers la fin d'un cycle de séchage car, comme le taux de séchage diminue, moins d'énergie est requise pour évaporer l'humidité du bois. Cependant, l'estimation de la valeur du DTAB que l'opérateur de séchoir peut utiliser pour estimer le moment propice pour arrêter le séchage vient avec l'expérience. Et comme pour toute autre méthode, il y a lieu d'assurer la corrélation des données obtenues avec des données de contrôle de la qualité de sciages secs et rabotés obtenues ultérieurement. La tenue de registres des données est donc d'une importance capitale pour faciliter l'interprétation des données du DTAB.

14.3.4 VÉRIFICATIONS À CHAUD

Une vérification à chaud exige l'utilisation d'un humidimètre portatif pour évaluer la TH d'un chargement de sciages encore dans le séchoir. Le mot « chaud » fait allusion à la température du bois au moment de la vérification. Les vérifications à chaud ont pour objet de déterminer si un chargement de sciages a atteint la TH finale visée. Elles servent parfois comme deuxième vérification des données obtenues au moyen des méthodes décrites précédemment. Dans d'autres cas, il est possible qu'elles constituent la seule vérification de la TH finale d'un chargement. On procède aux vérifications à chaud pendant qu'un chargement est toujours dans le séchoir pour une raison bien simple : si le bois n'est pas assez sec, on peut remettre le séchoir en marche pour achever le processus. Les vérifications à chaud exigent toutefois certaines précautions. La direction et le personnel préposé au séchage doivent établir des consignes de sécurité. Celles-ci varieront d'une scierie à l'autre, selon la nature de l'équipement de séchage, mais les considérations énumérées ci-après s'appliquent dans tous les cas:

- Abaisser la température du séchoir à un niveau sécuritaire et raisonnablement confortable.
- S'il s'agit d'un séchoir à feu direct, établir une procédure pour s'assurer d'une bonne ventilation de l'enceinte du séchoir avant de permettre à quiconque d'y entrer.
- Prendre les mesures nécessaires pour empêcher les pièces de tomber des chargements.
- Verrouiller les commandes de mise en marche du séchoir et informer un compagnon de travail qu'il y a quelqu'un dans le séchoir.

Il n'existe aucun outil privilégié pour effectuer une vérification à chaud. Les humidimètres à résistance et les humidimètres diélectriques peuvent tous deux être utilisés. De façon générale, un humidimètre à résistance se prête bien à une vérification à chaud de sciages au séchage uniforme, tandis qu'un humidimètre diélectrique est tout indiqué pour la vérification de sciages d'essences sujettes à la formation de poches de bois humide. Lors de la vérification de sciages de telles essences, il est important de prendre un grand nombre de lectures, et l'humidimètre diélectrique se prête mieux à cette fin.

L'humidimètre à résistance doit être muni de sondes recouvertes d'un revêtement isolant, qui garantira que les lectures reflètent bel et bien la résistance entre les extrémités des sondes. Cependant, seules les pièces placées sur les côtés d'un chargement peuvent être vérifiées avec ce type d'humidimètre. En outre, il faut enfoncer les sondes dans la rive des sciages plutôt que dans leur face large, comme on le fait habituellement avec les sciages qui ne sont pas empilés dans le séchoir. Le gradient de TH le long de la rive des sciages diffère du gradient sur leur face large. En conséquence, il faut enfoncer les sondes un peu plus profondément que la normale. Il n'y a aucune règle qui régit la profondeur à laquelle il faut enfoncer les sondes, mais si la profondeur normale est de ⅜ po (9 mm) sur la face large, il y aurait lieu de les enfoncer à une profondeur de ¾ po (19 mm) sur la rive. Cela étant dit, la considération la plus importante est d'assurer l'uniformité de la profondeur d'enfoncement des sondes. On peut s'en assurer en plaçant un bloc sur les sondes de manière à en empêcher l'enfoncement au-delà de la profondeur cible. La constance de la profondeur d'enfoncement des sondes et des autres variables de mesure favorisera le succès au chapitre de la corrélation des résultats des vérifications à chaud avec d'autres contrôles de la TH finale habituellement effectués à l'usine de rabotage.

L'emploi d'un humidimètre diélectrique pour effectuer des vérifications à chaud exige l'utilisation d'une sonde que l'on insère dans les espaces entre les baguettes. Comme c'est le cas avec l'appareil lui-même, il faut assurer un bon contact du capteur à l'extrémité de la sonde d'empilement avec la pièce dont on mesure la TH.

Quel que soit le type d'humidimètre utilisé, des facteurs de correction doivent être appliqués soit manuellement, soit automatiquement par l'appareil. Dans le cas d'un humidimètre à résistance électrique, il faut appliquer des facteurs de correction spécifiques tant pour l'essence que pour la température du bois. Il est souvent difficile d'estimer la température du bois; par conséquent, on recommande d'utiliser un fil thermocouple de faible calibre et un lecteur électronique pour mesurer la température interne du bois. Une moyenne de deux ou trois lectures devrait suffire. Cependant, il faut savoir que la prise de lectures des deux côtés d'un chargement de sciage pourrait entraîner une différence des lectures. L'utilisation d'un humidimètre diélectrique exige également l'application de facteurs de correction pour l'essence et la température du bois.

L'aspect le plus important d'une vérification à chaud est de normaliser la procédure d'échantillonnage et de la faire respecter par tous les opérateurs de séchoirs à l'emploi d'une même scierie. Un grand nombre de variables peuvent influer sur le lien entre les données de la vérification à chaud et la mesure de la TH prise ultérieurement. Chaque scierie doit donc établir sa propre corrélation entre les valeurs des vérifications à chaud et la TH réelle. Certaines des techniques décrites dans la section sur les humidimètres intégrés aux séchoirs peuvent s'avérer utiles pour l'établissement d'une corrélation entre les résultats de vérifications à chaud et les estimations plus précises de la TH obtenues ultérieurement, après le refroidissement des sciages. La figure 14-3 montre un graphique élaboré pour aider une scierie à établir la corrélation entre les résultats de vérifications à chaud et la TH finale mesurée au moyen d'un humidimètre en continu à l'usine de rabotage.

Figure 14-3

Il y a lieu de comparer les estimations de TH générées par les vérifications à chaud avec les résultats issus d'autres systèmes, par exemple un humidimètre en continu, et ce, afin d'augmenter la précision du processus et de faciliter la détermination du moment optimal pour arrêter le séchoir.

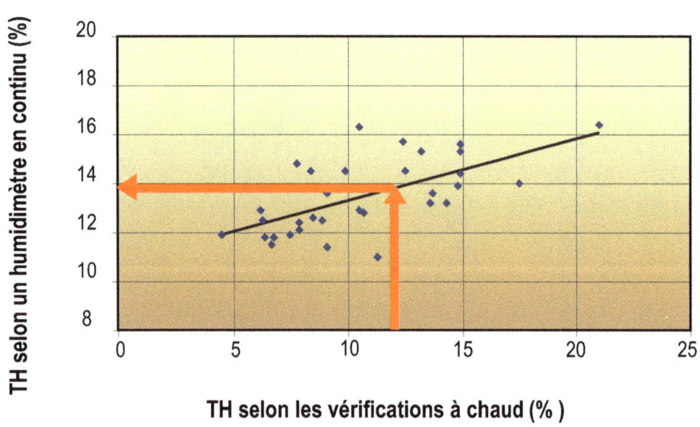

Le personnel de la scierie doit établir ses propres données de référence en ce qui a trait à la TH finale. Ces données de référence dépendent de la précision des systèmes et des attentes des clients. Dans une installation de transformation d'essences du groupe EPS fabriquant du bois de construction, il faut comparer les résultats des vérifications à chaud aux résultats découlant de la procédure utilisée par l'organisme de classement des sciages pour évaluer la TH finale.

Une mesure toute simple de l'efficacité d'une vérification à chaud consiste à noter le nombre de fois qu'il faudra remettre le séchoir en marche après avoir effectué la vérification à chaud. Un des buts visés par cette procédure est d'optimiser le temps de séchage d'un séchoir et d'un produit en particulier. Si le bois d'œuvre est toujours surséché et qu'il ne faut jamais remettre le séchoir en marche, on a manqué le but. Comme le temps de séchage varie d'un chargement à l'autre, une procédure efficace de vérification à chaud permettra inévitablement d'identifier les chargements qu'il faut continuer de sécher. Avec le temps, un opérateur de séchoir en viendra à cerner la période de séchage additionnelle qu'il doit prévoir à la lumière des résultats obtenus. Une deuxième vérification à chaud ne sera peut-être pas nécessaire; une vérification finale une fois les sciages retirés du séchoir pourrait suffire.

PROGRAMMES DE SÉCHAGE

15.1 APERÇU

Le présent chapitre sert de toile de fond à l'élaboration d'un programme de séchage et illustre des exemples de programmes de séchage particuliers. L'information présentée dans les chapitres précédents devrait aider le lecteur à identifier la solution qui convient le mieux dans son propre cadre d'exploitation. Il est impossible, en raison du grand nombre de variables dont il faut tenir compte, d'élaborer un programme qui couvrirait tous les aspects du séchage dans un contexte industriel. Ce chapitre présente toutefois des programmes pour des essences et des dimensions spécifiques et propose des lignes directrices pour la sélection ou la modification d'un programme pour le séchage de sciages provenant d'un mélange d'essences. Il n'existe aucune garantie quant au temps de séchage ou à la qualité du produit. En conséquence, les programmes de séchage proposés doivent être considérés comme des points de départ à partir desquels les scieries pourront élaborer leurs propres procédures de séchage à la lumière de leur cadre d'exploitation particulier.

Signalons, en passant, qu'une partie importante de l'industrie du séchage du bois d'œuvre du Canada utilise toujours des systèmes de commande et des programmes de séchage faisant appel à l'échelle de température Fahrenheit. Ainsi, afin d'en simplifier la présentation et d'en faciliter l'interprétation, les programmes de séchage dans ce chapitre sont présentés en degrés Fahrenheit. Une table de conversion est incluse à l'annexe I du présent manuel.

15.2 STRATÉGIE

Quiconque a déjà exploité un séchoir pour les sciages du groupe EPS sait qu'il n'existe aucune approche universelle pour sécher un mélange de ces essences. Les chapitres précédents ont mis en lumière la diversité des propriétés du bois, tant au sein d'une même essence qu'entre les essences. En outre, il faut tenir compte d'un grand nombre de facteurs spécifiques du milieu. Tous les aspects de la transformation, depuis les méthodes d'exploitation forestière jusqu'à l'entreposage de sciages verts dans la cour à bois, peuvent influencer le séchage. On comprendra alors qu'il est impossible de proposer des programmes de séchage pour chaque situation.

Le présent chapitre s'appuie sur les connaissances acquises relativement aux propriétés du bois et au processus de séchage afin d'élaborer des stratégies de séchage qui permettront d'atteindre les résultats visés dans le cadre d'une situation particulière. Au terme du présent chapitre, nous espérons que le lecteur pourra mieux utiliser les exemples et les stratégies présentés pour définir le processus de séchage qui convient le mieux à sa situation.

L'expression « processus de séchage » est utilisée à la place de « programme de séchage » pour véhiculer un message spécifique. Elle désigne non seulement ce qui se passe dans le séchoir, mais aussi un grand nombre de pratiques préalables et consécutives au séchage au séchoir, notamment :

- le prétriage des sciages;
- le séchage à l'air;
- le reséchage.

Voilà autant d'exemples de processus dynamiques dont il faut comprendre les principes et qu'il faut contrôler pour maintenir la productivité de l'exploitation et obtenir le rendement maximal en produits de qualité supérieure.

15.3 FIXER LA CIBLE

La première étape de la planification d'un voyage consiste à en fixer le point d'arrivée. Des destinations ou cibles claires facilitent la modification du trajet en cours de route, au besoin, pour parvenir à bon port. Il en va de même pour le séchage du bois. On peut toujours modifier les cibles en temps et lieu si l'on s'aperçoit qu'il en coûtera trop cher pour les atteindre. En l'absence de cibles, cependant, un grand nombre d'opérateurs de séchoirs se livreront à la recherche de la bonne solution. Ils pourraient toutefois passer outre sans se rendre compte qu'ils l'avaient trouvée.

Quelles sont donc les cibles qu'il faut viser et comment faut-il s'y prendre pour les atteindre? À ce stade du processus, échanger avec d'autres intervenants de l'exploitation, et même de l'extérieur, est un élément clé de succès. Un des objectifs de toute opération de séchage consiste à favoriser l'atteinte d'un état où le bois séché affichera les caractéristiques voulues pour son utilisation finale. Par conséquent, il faut avoir une certaine connaissance de l'utilisation finale du produit afin d'établir des buts et des objectifs réalistes pour l'opération de séchage. Tout opérateur séchant des sciages d'EPS peut s'attendre à ce qu'un certain nombre d'utilisateurs, intermédiaires ou finaux, de ses produits s'intéressent à la qualité du bois séché. La liste qui suit fait état de caractéristiques souhaitées à divers stades de la chaîne de fabrication et d'utilisation du bois d'œuvre.

- L'opérateur de raboteuse préfère des sciages plats dont la surface n'est pas trop sèche, car de tels sciages se prêtent bien à l'usinage et réduisent les obstructions à la raboteuse.
- Le directeur de la scierie recherche du bois d'œuvre plat afin d'obtenir le plus fort pourcentage de sciages de qualité supérieure dont la TH n'entraîne pas de réclamations et dont le séchage s'effectue dans les plus brefs délais.
- L'inspecteur de l'agence de classement veut s'assurer que le bois d'œuvre est suffisamment sec pour satisfaire à l'exigence d'une TH de 19 %.
- L'utilisateur final veut du bois droit qui conservera sa rectitude.
- Et l'opérateur de séchoir veut satisfaire aux attentes de tous!

Heureusement, ces attentes ne sont pas inconciliables. Elles exigent toutefois que l'opérateur de séchoir élabore une stratégie de compromis dont la réalisation satisfera aux attentes des diverses parties. Le premier élément de cette stratégie consiste à établir les cibles de l'opération de séchage. Les critères décrits ci-après serviront à cette fin.

15.3.1 TENEUR EN HUMIDITÉ FINALE

En matière de séchage, l'objectif le plus évident est sans aucun doute la TH finale. En Amérique du Nord, la Commission nationale de classification des sciages (NLGA) stipule que le bois portant la mention S-DRY ou R-SEC (raboté, sec) doit avoir été séché à une TH de 19 % ou moins. En outre, dans le cas d'une inspection axée sur la TH finale, 95 % des sciages visés doivent afficher une TH de 19 % ou moins. Voilà l'exigence à laquelle les opérateurs séchant des sciages d'EPS ont tenté de répondre au fil des ans. Signalons, cependant, qu'il s'agit d'une exigence du marché et que cette valeur de TH finale n'est pas nécessairement la TH cible visée au séchoir. Il y a peut-être lieu d'établir une cible différente afin de maximiser la productivité ou le rendement en qualité.

Depuis peu, certains produits ou certains marchés exigent une TH qui diffère de la valeur classique de 19 % pour le bois d'œuvre d'EPS. La NLGA, pour sa part, stipule que le bois peut afficher une TH finale différente, par exemple en portant l'estampille « MC-15 ». Ainsi, le fournisseur et l'utilisateur peuvent s'entendre sur une TH particulière. Dans bien des cas, la TH finale fera l'objet d'une entente entre l'utilisateur final et le fournisseur. Dans certains cas, il s'agira d'une étape intermédiaire du processus de fabrication, par exemple la fabrication de bois lamellé-collé ou de poutrelles en I. Dans d'autres cas, il peut s'agir d'une exigence particulière de la part d'un grossiste ou d'un détaillant. Lorsque le bois est entreposé et vendu depuis un magasin entrepôt chauffé (plutôt qu'à partir d'une cour à bois traditionnelle), il peut être souhaitable de le sécher à une TH inférieure. En d'autres cas, le manufacturier de bois d'œuvre lui-même peut décider d'adopter une valeur de TH différente dans le cadre d'une stratégie de commercialisation. Il est impossible de dresser la liste des TH cibles pour chaque situation. Ces cibles doivent être établies à la lumière des besoins de l'utilisateur final. De nombreux marchés traditionnels pour le bois d'œuvre d'EPS continueront d'exiger une TH inférieure à 19 %, mais pareille exigence doit être clairement définie. Les règles de classement de la NLGA permettent que 5 % des sciages d'un lot donné affichent une TH finale non conforme. Dans certains cas, par exemple une opération de collage à haute fréquence, même une proportion de 5 % des pièces affichant une TH qui excède 19 % suffit à entraîner des problèmes. Par ailleurs, un fabricant de bois lamellé-collé pourrait exiger que tout le bois qu'il achète soit séché à une TH moyenne de 12 % ± 2 %. Enfin, l'utilisateur final pourrait bien se soucier de la TH moyenne ou de la TH maximale, tout en cherchant à éviter une trop forte proportion de bois surséché.

On comprendra alors l'importance de discuter des besoins de l'utilisateur final et de s'entendre clairement sur la TH cible. Une fois la cible établie, l'opérateur de séchoir pourra mettre au point des stratégies de séchage qui lui permettront d'atteindre la ou les cibles visées. Il pourra aussi formuler des jugements sur la possibilité de les atteindre à la lumière des propriétés connues de la matière première et des capacités de l'équipement de séchage. Par exemple, si la TH cible n'admet qu'une minime variation et que le mélange de sciages à sécher comprend un fort pourcentage de sciages de sapin baumier, l'opérateur de séchoir devra opter pour un programme de séchage conservateur assez long suivi d'un long traitement d'équilibrage. L'opérateur de séchoir et la direction de l'entreprise pourront alors décider si l'opération de séchage sera rentable ou non.

15.3.2 DÉCLASSEMENT ATTRIBUABLE AU SÉCHAGE

Dès l'étape de planification d'une opération de séchage, la détermination d'un niveau acceptable de déclassement attribuable au séchage constitue un autre objectif dont il faut tenir compte. Le déclassement attribuable au séchage représente la perte de valeur découlant du séchage.

Comme pour les exigences en matière de TH, les règles de classement de la NLGA stipulent ce qui est admissible en termes des différents types de gauchissement des sciages. Ces règles constituent habituellement des critères minimaux, et l'industrie pourrait stipuler des exigences différentes. Par exemple, une entreprise qui vend des sciages de qualité « PREMIUM » pourra spécifier que le niveau de gauchissement n'excède pas la moitié des critères acceptés pour les sciages de qualité N° 2 et meilleur.

Les pertes dues à l'éboutage représentent un autre facteur de déclassement attribuable au séchage. La perte en volume consécutive à l'éboutage pour éliminer les défauts attribuables au séchage et au déclassement entraîne une certaine perte de valeur des sciages. Il serait facile d'exiger que les pertes attribuables au séchage soient « nulles » ou « minimales », mais il est beaucoup plus réaliste de fixer un objectif atteignable qui permettra d'évaluer les résultats obtenus. Le chapitre 18, intitulé Mesures de contrôle de la qualité, propose des moyens pour mesurer la perte de valeur attribuable au séchage.

Une fois l'objectif fixé, l'opérateur de séchoir pourra mieux évaluer les résultats obtenus et modifier, au besoin, les programmes de séchage auxquels il a recours. Par exemple, si les sciages en train de sécher sont sujets au gauchissement, il pourrait opter pour un programme de séchage davantage conservateur pour éviter le surséchage d'une trop grande proportion des sciages.

15.3.3 CONTRAINTE DE SÉCHAGE

Dans la plupart des applications relatives aux sciages d'EPS, les contraintes de séchage ne sont pas une préoccupation. Il en va autrement, cependant, lorsque l'utilisateur final façonnera le bois pour obtenir un produit dont la forme diffère de la forme rectangulaire sur le plan transversal du bois de dimension. Une autre situation préoccupante survient lorsqu'il faut refendre des sciages. La figure 15-1 illustre ces deux exemples.

Figure 15-1

Les contraintes de séchage peuvent entraîner le gauchissement de sciages séchés qui sont refendus ou façonnés.

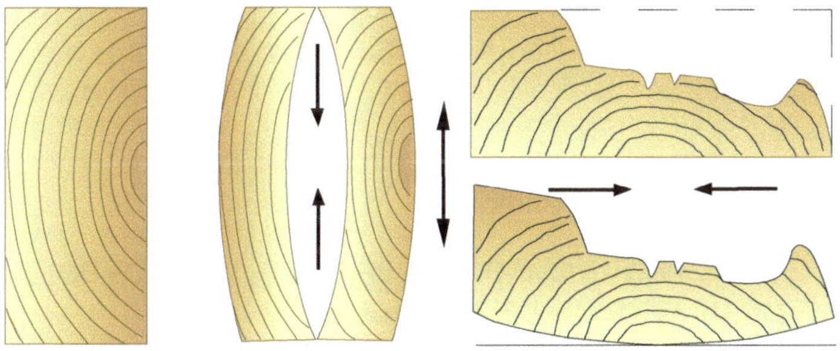

La personne responsable de l'élaboration du programme de séchage doit déterminer si les contraintes de séchage constituent ou non une préoccupation. Le cas échéant, il doit prévoir un traitement de conditionnement et une certaine marge de souplesse relativement au temps de séchage.

15.4 STRUCTURE D'UN PROGRAMME DE SÉCHAGE

15.4.1 TENDANCE TYPE DE LA TEMPÉRATURE SÈCHE ET DE LA TEMPÉRATURE HUMIDE

La description d'un programme de séchage peut prendre la forme d'un tableau ou d'un graphique. Par le passé, comme les programmes de séchage se résumaient à une série d'étapes, le tableau s'avérait utile pour leur représentation. De nos jours, cependant, la plupart des systèmes de commande de séchoir modifient les conditions de séchage graduellement. En conséquence, le graphique se prête habituellement mieux que le tableau à la visualisation et à la comparaison des programmes de séchage. Les personnes responsables du séchage font surtout appel à des tableaux pour traduire le programme de séchage en termes qu'un système de régulation (système de contrôle) de séchoir peut interpréter. Sous cet angle, chaque système de commande a ses propres exigences. Les programmes de séchage présentés dans le présent chapitre seront décrits sous forme de graphiques et de tableaux, comme à la figure 15-2.

La figure 15-2 reflète la tendance type d'un programme de séchage de sciages résineux. La température sèche, basse au début du programme, monte rapidement pendant une courte période avant d'afficher une montée plus graduelle pendant le reste du cycle de séchage. L'écart entre les températures sèche et humide (la dépression) augmente aussi tout au long du programme de séchage. L'augmentation de la dépression est associée avec une diminution de l'HR et de la teneur en humidité d'équilibre (THE). La plupart des programmes de séchage affichent ce type de tendance. Les explications pertinentes sont exposées dans les chapitres sur l'impact de la structure du bois sur le séchage (chapitre 2), les rapports humidité–bois (chapitre 3) et les facteurs physiques influençant le séchage du bois (chapitre 6). Les programmes peuvent dévier de la tendance type lorsque des traitements supplémentaires d'équilibrage ou de conditionnement du bois sont requis.

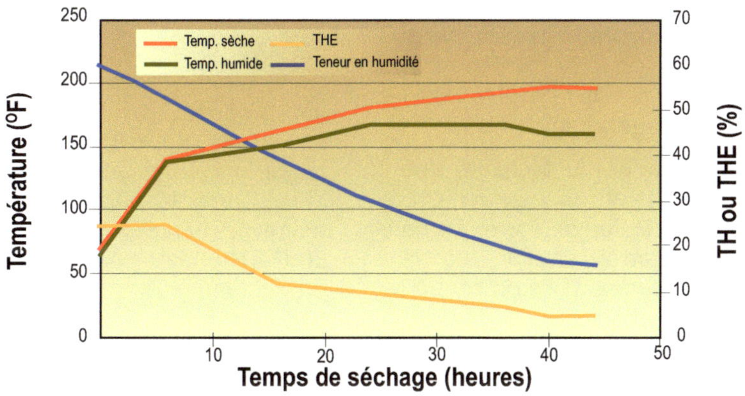

Figure 15-2

Représentation graphique type d'un programme de séchage de sciages d'EPS (Programme n°1 de l'Annexe IV).

Programme 1

Temps (heures)	6	16	24	36	42-fin
Plage de TH approx. (%)	Vert-55	55-40	40-30	30-24	24-fin
Temp. sèche (°F)	140	160	180	190	195
Temp. humide (°F)	140	150	166	166	160
THE (%)	24,6	11,9	9,1	7	5,3

15.4.2 LA VITESSE DE L'AIR COMME ÉLÉMENT D'UN PROGRAMME DE SÉCHAGE

De façon générale, les programmes de séchage, y compris les programmes qui sont présentés dans ce manuel, ne comprennent pas de spécifications concernant la vitesse de l'air. Cependant, la vitesse de l'air influence le taux de séchage du bois tout comme les températures sèche et humide (chapitre 6). Nous savons qu'une vitesse de l'air élevée à certains stades du séchage entraînera une augmentation du taux de séchage. Il serait donc logique d'inclure la vitesse de l'air comme élément d'un programme de séchage. Ce n'est que depuis peu que les fabricants de séchoirs ont commencé à doter leurs séchoirs d'entraînement à vitesse variable pour les ventilateurs. Sans ces dispositifs, il serait impossible de faire varier la vitesse de l'air dans le séchoir. Les opérateurs de séchoirs offrant cette option devraient envisager de spécifier la vitesse de l'air à chacune des étapes de leur programme de séchage. Comme la capacité de réglage de la vitesse de l'air varie énormément d'un séchoir à l'autre, il serait illogique de le spécifier dans les programmes décrits dans le présent chapitre. Cependant, les lignes directrices énumérées ci-après faciliteront l'établissement de critères en matière de vitesse de l'air pour les étapes d'un programme de séchage.

- Au début du programme de séchage, augmenter graduellement la vitesse de l'air jusqu'à son maximum pour le traitement de sciages à l'état vert.
- Réduire la vitesse de l'air lorsque la TH des sciages approche le point de saturation des fibres (PSF).
- Envisager une vitesse de l'air réduite pour les sciages qui ont subi un bon séchage à l'air.
- Le différentiel de température à travers le chargement de bois (DTAB) est un indicateur du besoin de varier la vitesse de l'air; un DTAB élevé exige une vitesse de l'air élevée.
- Régler le régime des ventilateurs de façon à ce que la vitesse de l'air ne soit pas inférieure à 300 pieds par minute à la sortie des chargements.
- Se reporter à d'autres renseignements sur la vitesse de l'air dans le présent manuel pour l'entretien et la performance des séchoirs (chapitre 9) et l'effet de la vitesse de l'air sur le taux de séchage (chapitre 6).

Sur les plans du taux ou de la qualité du séchage, une vitesse de l'air trop rapide ne présente aucun inconvénient. En supposant que les paramètres de températures sèche et humide ont été réglés à un niveau acceptable pour le séchage des sciages en présence, la vitesse de l'air contribue seulement à uniformiser le taux de séchage pour l'ensemble du chargement. Par contre, une diminution de la vitesse de l'air entraîne un avantage économique. La réduction de la vitesse des ventilateurs s'accompagne d'une réduction de la demande d'énergie électrique ainsi que d'une réduction globale de la consommation d'électricité. En fait, même une modeste réduction de la vitesse de l'air peut avoir un effet considérable sur les coûts de séchage.

15.5 PROGRAMMES DE SÉCHAGE À MOYENNE OU À HAUTE TEMPÉRATURE

La majorité des séchoirs utilisés au Canada pour sécher les sciages d'EPS sont des séchoirs dits « classiques » pour ce qui est de leur température d'opération. Bien qu'un grand nombre de ces séchoirs puissent atteindre une température supérieure à celle du point d'ébullition de l'eau, ils ne répondent pas aux critères typiques des séchoirs à haute température. Pour cette raison, la plupart des programmes de séchage présentés dans le présent chapitre ont été élaborés pour les séchoirs classiques et prévoient des températures sèches allant jusqu'à environ 220 °F.

Le séchage à haute température fait habituellement appel à de l'équipement et à des programmes de séchage dont la température d'opération, pendant la plus grande partie du temps de séchage, est sensiblement supérieure au point d'ébullition de l'eau. Comme nous l'avons mentionné précédemment, un grand nombre de programmes de séchage prévoient une température supérieure à celle de l'ébullition de l'eau pendant une faible partie du temps de séchage, en particulier lorsque le bois est près ou au-dessous du PSF. Quelques exemples de véritables programmes de séchage à haute température sont présentés dans ce chapitre avec quelques conseils sur leur application.

15.6 PROGRAMMES DE SÉCHAGE POUR LE BOIS DE DIMENSION DE 2 POUCES

Comme il a été mentionné précédemment, le succès du séchage de bois d'œuvre dépend de nombreuses variables. Il est donc difficile de généraliser les résultats obtenus, et ce, même lorsque le bois est séché dans des séchoirs similaires. Ainsi, il y a lieu de considérer les programmes de séchage publiés comme des lignes directrices ou des points de départ pouvant être adaptés ou modifiés sur mesure en fonction de caractéristiques spécifiques du bois ou de la capacité de l'équipement de séchage.

Un des principaux défis liés au séchage des sciages d'EPS tient à la variation de leur TH initiale. Cette variation peut découler de la variation naturelle de la TH spécifique à chaque essence ou d'une essence à l'autre ainsi que des pratiques de manutention et d'entreposage du bois. Les scieries qui utilisent des systèmes de triage à l'état vert ont réussi, dans une certaine mesure, à atténuer le problème. Mais comme la plupart de ces scieries ne procèdent pas au triage des sciages de toutes les dimensions, le problème de la TH initiale persiste, du moins pour une partie de la production.

Les caractéristiques du séchoir peuvent aussi influencer les résultats d'un programme de séchage. Par exemple, les programmes de séchage publiés supposent une vitesse de l'air suffisante à travers toutes les parties du chargement d'un séchoir. Cette hypothèse n'est peut-être pas valable, cependant, notamment lorsqu'il s'agit de séchoirs d'un certain âge. La variation de l'épaisseur des baguettes et de la qualité des empilements influencent la vitesse de l'air. Par conséquent, il se pourrait que les résultats attendus à la suite de l'application d'un programme de séchage particulier ne soient pas atteints parce que le séchoir est incapable d'atteindre ou de maintenir les valeurs de consigne. Les séchoirs à feu direct ne peuvent peut-être pas atteindre certaines valeurs de consigne de température humide en l'absence d'un système d'humidification supplémentaire. En pareil cas, il faudra peut-être modifier les programmes de séchage pour éviter le déclassement attribuable au séchage.

Le séchage de sciages d'EPS a évolué considérablement au cours des dernières années. Dans le passé, chaque scierie les séchait sans prétriage, et ce, peu importe la quantité d'essences en présence. Cette pratique entraînait invariablement le surséchage des sciages d'épinette et de pin et le sous-séchage des sciages de sapin. Le nombre excessif de sciages déclassés en raison du surséchage et de sciages trop humides (dont la TH excède la TH maximale admissible) a convaincu un grand nombre d'industriels du sciage de séparer les sciages d'épinette et de pin des sciages de sapin pour les besoins du séchage. Ceux qui ont modifié leurs pratiques en ce sens ont constaté une réduction immédiate du surséchage des sciages d'épinette et de pin. Les sciages de sapin subalpin et de sapin baumier exigent un plus long séchage; en fait, de nombreuses scieries signalent avoir obtenu de meilleurs résultats lorsque ces essences avaient été séchées à l'air pendant quelques mois avant leur séchage au séchoir.

Le tableau 15-1 indique les programmes de séchage de base pour chaque essence ainsi que des programmes de rechange. Ces numéros renvoient aux programmes de séchage pour le bois de dimension de 2 pouces présentés à l'annexe IV. Comme les exigences et les priorités de chaque scierie diffèrent, trois versions de chaque programme sont présentées. Outre le programme de séchage de base, on retrouve un programme « accéléré » et un programme « conservateur ». Le qualificatif « accéléré » renvoie à des programmes plus sévères susceptibles d'entraîner un temps de séchage relativement court, mais au prix d'un manque d'uniformité de la TH finale. Le qualificatif « conservateur » renvoie, pour sa part, à des programmes de séchage conçus pour les sciages d'essences difficiles à sécher ou des groupes de sciages affichant un large éventail de caractéristiques de séchage. Les programmes de base sont proposés comme points de départ. Il y a donc lieu d'en analyser les résultats pour déterminer s'il vaut la peine d'appliquer une version plus conservatrice ou accélérée des programmes.

15.7 SÉLECTION ET MODIFICATION D'UN PROGRAMME DE SÉCHAGE

Un grand nombre de facteurs peuvent empêcher un programme de séchage d'atteindre les résultats escomptés dans une situation particulière. Comme nous l'avons mentionné précédemment, la diversité des variables découlant des caractéristiques de la matière première et des capacités d'opération de l'équipement de séchage empêche l'élaboration de programmes de séchage couvrant toutes les situations concevables. En conséquence, il se peut fort bien que les opérateurs de séchoirs soient appelés à opter pour un programme modifié ou à modifier un programme donné en fonction de leur situation particulière. Les programmes de séchage pour le bois de dimension de 2 pouces présentés précédemment comprenaient des versions appelées « programme accéléré » et « programme conservateur », chacune reflétant l'apport de modifications au programme de base. La présente section aborde plus en détail les facteurs susceptibles d'influencer la sélection d'un programme de séchage.

15.7.1 SÉLECTION D'UN PROGRAMME POUR SCIAGES D'ESSENCES MÉLANGÉES

Les programmes de séchage pour des bois de dimension de 2 pouces présentés au tableau 15-1 sont identifiés par essence. Dans la plupart des cas, les scieries de bois d'EPS sèchent un mélange de sciages issus de billes des essences du groupe EPS. Les caractéristiques de séchage peuvent varier de façon substantielle pour chaque essence, comme on l'a vu aux chapitres 2 et 3. En conséquence, le séchage de sciages d'essences mélangées appellera habituellement certains compromis, qui peuvent s'articuler comme suit :

- Faut-il appliquer le programme de séchage pour l'essence à séchage plus rapide et accepter la présence de sciages trop humides dans l'essence à séchage plus lent?

Tableau 15-1
Programmes de base, accéléré, conservateur et à haute température proposés pour le séchage de bois de dimension de 2 pouces. Les programmes sont présentés à l'annexe IV.

Essence	Programmes proposés[1]			
	De base	Conservateur	Accéléré	Haute température[2]
Épinette blanche de l'Est et épinette rouge	1	1-C	1-A	H-1, H-2[4]
Épinette blanche de l'Ouest et épinette d'Engelmann	2	2-C	2-A	H-1, H-2[4]
Épinette noire (épinette « jaune »[3])	3	3-C	3-A	Non recommandé
Pin gris	4	4-C	4-A	H-1, H-2[4], H-3
Pin de Murray	5	5-C	5-A	Non recommandé
Sapin baumier et sapin subalpin	6	6-C	6-A	Non recommandé

Remarques :

[1] Se reporter aux observations sur la sélection et l'application des programmes de séchage mentionnés précédemment.

[2] Se reporter aux observations sur le séchage à haute température au chapitre 6 et à la section 15.5.

[3] Comme le bois d'épinette « jaune » affiche une TH initiale supérieure et sèche plus lentement que le bois d'épinette noire, il y a lieu de sécher les sciages d'épinette « jaune » selon un programme de séchage conservateur.

[4] Pour le séchage de sciages affichant une faible TH initiale, c.-à-d. séchés à l'air ou infestés par les insectes.

- Faut-il appliquer le programme de séchage pour l'essence à séchage plus lent et accepter la présence de sciages surséchés dans l'essence à séchage plus rapide?
- Faut-il modifier la dernière phase du programme de séchage en vue de l'équilibrage des sciages afin d'éviter l'une ou l'autre des deux situations, mais au prix du prolongement du temps de séchage?

Inévitablement, la sélection du programme de séchage doit s'effectuer à la lumière de données spécifiques à chaque situation. Laquelle des trois options est la plus acceptable sur les plans de la productivité et de la rentabilité de la scierie?

Moins les différences entre les essences sont grandes, plus il est facile d'opter pour un compromis acceptable. Dans la plupart des régions, le mélange de sciages de pin et d'épinette est un compromis plus acceptable que le mélange de sciages de sapin baumier ou subalpin avec des sciages d'autres essences. Par conséquent, un grand nombre de scieries étudient la possibilité de traiter les essences de sapin séparément et de traiter les sciages d'épinette et de pin ensemble. Pour optimiser la performance des séchoirs, par ailleurs, la séparation des sciages d'épinette des sciages de pin (tout en examinant d'autres options de prétriage) entraînera les meilleurs résultats.

Tout ce qui peut être fait pour minimiser la variabilité des sciages dans le séchoir facilitera la sélection, l'élaboration ou la modification d'un programme de séchage.

Dans le cas d'essences mélangées, il est possible de formuler un programme « mixte » en comparant les programmes individuels pour chaque essence. Le tableau 15-2 illustre une telle comparaison. À chaque étape du programme, on choisit la température sèche la plus basse, la dépression la plus basse et le moment le plus tardif où une modification du programme s'impose. Cette démarche aboutira normalement à un programme de séchage plus conservateur que l'un et l'autre des programmes de départ, ce qui contribuera normalement à réduire le surséchage. Pendant le séchage de sciages issus d'essences mélangées, cependant, il faut effectuer les vérifications à chaud sur un plus grand nombre de sciages pour obtenir une bonne mesure de la variabilité de la TH finale.

15.7.2 MODIFICATION D'UN PROGRAMME POUR SCIAGES DE 1 POUCE

La plupart des scieries de bois de dimension d'essences résineuses fabriquent une proportion relativement faible de sciages dont l'épaisseur nominale est de 1 pouce. Dans certains cas, ces planches sont vendues à l'état vert et destinées à diverses applications n'exigeant pas l'utilisation de bois séché. En d'autres cas, il faut sécher ces planches ou les soumettre à un traitement à la chaleur, selon les exigences des clients ou des marchés auxquels elles sont destinées. Comme le volume de sciages de 1 pouce est habituellement faible, les scieries ne sont pas toujours en mesure de les traiter efficacement.

Certaines scieries empilent les planches de 1 pouce en rangs de deux séparées par des baguettes et les font sécher comme s'il s'agissait de sciages de 2 pouces (parfois dans un chargement contenant des sciages de 2 pouces). Cette pratique peut s'avérer efficace pour satisfaire aux exigences de traitement à la chaleur, mais elle ne favorise pas un séchage de qualité. Deux planches de 1 pouce superposées sécheront plus rapidement qu'un sciage de 2 pouces. Si on les sèche ensemble, les planches de 1 pouce seront surséchées. Si elles sont séchées séparément, les planches de 1 pouce superposées afficheront une répartition anormale de l'humidité, la face intérieure des planches affichant une TH légèrement supérieure à celle de la face extérieure. Cela augmente le risque de gauchissement – habituellement sous la forme de tirant à cœur – après leur retrait du séchoir et pendant une période d'équilibrage en entrepôt ou en service.

Pour obtenir un produit bien séché, la meilleure solution pour les sciages de 1 pouce consiste à placer des baguettes entre chaque rang et à les faire sécher selon des programmes de séchage spécialisés. Les programmes pour le séchage de sciages de 2 pouces peuvent être utilisés à cette fin, mais il faut savoir que les sciages plus minces sécheront plus rapidement et qu'ils atteindront la TH cible bien avant la dernière étape du programme de séchage. Par conséquent, la meilleure solution consiste à réduire la durée de chaque étape du programme de séchage. La procédure particulière pour convertir un programme de séchage de sciages de 2 pouces en programme pour sécher les sciages de 1 pouce serait la suivante :

Tableau 15-2
Exemple de l'élaboration d'un programme « mixte » à partir de deux programmes de séchage. À chaque étape des programmes, choisir les conditions les moins sévères (valeurs mises en évidence dans le programme mixte) de température sèche, de dépression et de temps d'étape.

Programme n° 2[1]				Programme n° 5[1]				Programme mixte			
Temps (h)	Ts (°F)	Dép. (°F)	Th (°F)	Temps (h)	Ts (°F)	Dép. (°F)	Th (°F)	Temps (h)	Ts (°F)	Dép. (°F)	Th (°F)
6	140	0	140	6	140	0	140	6	140	0	140
16	160	5	155	16	165	5	160	16	160	5	155
24	180	8	172	24	185	8	177	24	180	8	172
36	190	16	174	36	195	16	179	36	190	16	174
42	195	27	168	42	200	26	174	42	195	26	169

[1] Programmes décrits à l'annexe IV

- En respectant les lignes directrices énoncées dans la section précédente, sélectionner un programme de séchage pour sciages de 2 pouces de l'essence appropriée;
- Respecter l'étape de réchauffement initial sans en réduire la durée;
- Réduire la durée de chaque étape subséquente d'environ 50 %;
- Jusqu'à l'établissement d'un temps de séchage définitif, effectuer des vérifications à chaud à compter d'une période correspondant à 40 % du temps de séchage normal pour des sciages de 2 pouces.

Le temps de séchage pour des sciages de 1 pouce, peu importe l'essence, est habituellement de moins de la moitié du temps nécessaire pour le séchage de sciages de 2 pouces. Selon une règle non écrite utilisée pour le séchage de feuillus, doubler l'épaisseur des sciages a pour effet de tripler le temps de séchage. On ne parvient toutefois pas à la même réduction du temps de séchage dans le cas de bois de dimension de résineux, et ce, pour plusieurs raisons. Les programmes de séchage du bois de dimension de résineux ne sont pas soumis aux mêmes limites de contrainte de séchage interne que les programmes de séchage des feuillus, beaucoup plus denses. Le bois de dimension de 1 pouce provient, en grande partie, de la partie externe des billes et contient donc une importante proportion de bois d'aubier. Dans la plupart des essences résineuses, la TH initiale du bois d'aubier est au moins deux fois supérieure à celle du bois de cœur. En conséquence, le temps de séchage pour les sciages de 1 pouce devrait s'établir à environ 50 % du temps requis pour les sciages de 2 pouces. Jusqu'à l'établissement d'un temps de séchage cible, il est recommandé d'effectuer une vérification à chaud initiale à compter d'une période correspondant à 40 % du temps de séchage normal pour des sciages de 2 pouces de la même essence ou du même mélange d'essences.

Le séchage à l'air réduira le temps de séchage en séchoir. Pour les raisons mentionnées précédemment, les sciages de 1 pouce sècheront plutôt rapidement. Ainsi, l'entreposage de sciages à l'extérieur pendant une période relativement importante entraînera la modification des règles concernant l'établissement du temps de séchage. Le cas échéant, l'opérateur de séchoir devra faire preuve d'une vigilance accrue et surveiller le séchage de beaucoup plus près.

Pour le séchage de sciages de 1 pouce ou d'une épaisseur semblable, l'empilage devient une considération importante. Les techniques d'empilage sont décrites au chapitre 12. Pour les sciages de 1 pouce, l'espacement des baguettes ne devrait pas excéder 24 pouces. Comme ces sciages sont plus minces, donc moins résistants, l'alignement des baguettes et des travers est d'une importance capitale en ce qui a trait à la rectitude des sciages.

15.7.3 MODIFICATION D'UN PROGRAMME POUR SCIAGES ÉPAIS

Le volume de billes d'EPS débitées en sciages et dont l'épaisseur excède deux pouces est plutôt faible. Dans la plupart des cas, il s'agit de commandes spéciales plutôt que de produits de base destinés au marché ordinaire. En règle générale, c'est l'utilisation finale des produits qui influencera l'établissement d'une TH finale cible et d'autres aspects de la qualité des sciages séchés. Signalons, entre autres, les tolérances ou les limites concernant les gradients de TH, les contraintes de séchage, le gauchissement, les gerces de surface et la coloration de l'aubier. Il est important de connaître tous les critères de qualité du produit et d'en tenir compte avant de prendre quelque décision que ce soit concernant le séchage des sciages.

Le programme de séchage qui suit a été mis au point pour le séchage de sciages de résineux d'une épaisseur de 3 à 4 pouces. Il s'agit d'un programme relativement conservateur. Comme les temps de séchage sont approximatifs, il y a lieu d'effectuer de fréquentes vérifications à chaud pour déterminer la fin du séchage, et ce, jusqu'à ce qu'un temps de séchage cible ait été établi. Ce programme est recommandé pour le séchage de sciages d'épinette et de pin. Il peut être utilisé pour le sapin baumier et le sapin subalpin, mais il faudra alors augmenter considérablement le temps de chacune des étapes du programme.

Tableau 15-3

Programme de séchage pour des sciages d'épinette et de pin d'une épaisseur de 3 à 4 pouces.

Durée de l'étape (heures)	Temp. sèche (°F)	Temp. humide (°F)	THE (%)
12	130	125	16,0
24	135	130	15,9
48	140	135	15,8
48	145	135	11,9
48	150	135	9,5
48	155	135	8,0
48	160	135	6,8
48	175	135	4,4
Total 324 heures			

Si les sciages peuvent tolérer un programme de séchage plus intense, la version conservatrice du programme de séchage approprié aux sciages de 2 pouces présenté précédemment peut être modifiée pour le séchage des sciages de 3 à 4 pouces. À cette fin, on pourra doubler, pour les sciages de 3 pouces, et tripler, pour les sciages de 4 pouces, la durée de chaque étape du programme de séchage. Une fois de plus, il y a lieu d'effectuer de fréquentes vérifications à chaud (ou recourir à d'autres techniques de contrôle de la TH en séchoir) pour déterminer la fin du séchage.

On peut adopter la même démarche (augmentation du temps de séchage à chaque étape du programme) pour des pièces dont l'épaisseur excède 4 pouces. Dans la plupart des cas, cependant, il est rarement nécessaire de sécher les pièces de plus de 4 pouces à une faible TH à travers toute la section transversale. Habituellement, ces sciages sont soit placés dans le séchoir pour en sécher la couche extérieure en vue de prévenir la formation de moisissures et de coloration de l'aubier, soit séchés à l'air puis placés dans le séchoir pour effectuer le traitement à la chaleur qui s'impose. Le chapitre 19 traite plus en détail du traitement à la chaleur des sciages.

15.7.4 MODIFICATION DE LA SÉVÉRITÉ D'UN PROGRAMME DE SÉCHAGE

Les programmes de séchage de bois de dimension de 2 pouces présentés à la section 15.6 comprennent une version accélérée et une version conservatrice du programme de base. Ces programmes ont été modifiés selon certains principes simples qui s'appliquent à tout programme de séchage. Ces principes sont résumés ci-après à titre de lignes directrices pour la modification des présents programmes de séchage ou d'autres programmes.

Afin de bien mesurer l'efficacité de toute modification apportée à une opération, il est important de recueillir des données sur la performance globale du système. En matière de séchage, il faut pouvoir contrôler les propriétés des sciages à l'entrée et à la sortie du séchoir. Cette information est indispensable pour la mise en place d'un système efficace de contrôle de la qualité. La collecte et l'analyse de données dans le cadre d'un programme de contrôle de la qualité sont abordées en détail au chapitre 18.

Les résultats d'une inspection méthodique de sciages séchés indiqueront s'il faut un programme de séchage plus accéléré ou plus conservateur pour atteindre les objectifs de séchage (voir la section 15.3, Fixer la cible).

La sévérité d'un programme de séchage est le résultat de nombreux facteurs. Dans la plupart des opérations de séchage, les trois principales variables que l'on peut modifier sont la température sèche, la dépression et la durée des étapes du programme. Le tableau 15-4 fait état des tendances générales pour chacune de ces variables. Le chapitre 3 (Rapports humidité-bois) et le chapitre 6 (Facteurs physiques influençant le séchage du bois) présentent davantage de précisions connexes.

Tableau 15-4

Modification des paramètres de fonctionnement d'un séchoir pour obtenir une version accélérée ou conservatrice d'un programme de séchage.

Variable du programme	Accéléré	Conservateur
Dépression	Augmenter la dépression	Diminuer la dépression
Température sèche	Augmenter la température	Abaisser la température
Étapes du programme	Raccourcir (effectuer les changements d'étapes plus tôt)	Prolonger (retarder les changements d'étapes)

La patience est de mise lorsqu'il faut modifier un programme de séchage. Il faut y aller graduellement, et prévoir suffisamment de temps pour que l'effet des modifications se reflète sur le produit final. Il faut surtout éviter de juger trop précipitamment de l'efficacité des modifications apportées à la lumière des résultats d'un seul chargement de sciages. En effet, un grand nombre de variables, autres que le programme de séchage lui-même, peuvent influencer les résultats pour un seul chargement. Par ailleurs, il faut éviter de modifier un trop grand nombre de variables à la fois. Par exemple, si vous essayez d'améliorer l'uniformité de la TH finale en élaborant un programme de séchage plus conservateur, il y aurait peut-être lieu de commencer par réduire la dépression vers la fin du programme. Si on se rend compte qu'il est impossible d'atteindre la nouvelle valeur de dépression, il sera peut-être nécessaire d'abaisser aussi la température sèche. Enfin, il faut absolument documenter les modifications effectuées, noter le moment de leur exécution et consigner toute condition anormale, susceptible d'influencer les résultats, qui pourrait survenir durant la période de transition.

15.8 EFFET DU PRÉTRIAGE SUR LA SÉLECTION DU PROGRAMME DE SÉCHAGE

Le chapitre 11 traite en détail des raisons justifiant le prétriage des sciages et des méthodes utilisées à cette fin. Le prétriage aboutit à la constitution de groupes de sciages dont les propriétés naturelles de séchage sont différentes. Les groupes ainsi constitués afficheront des temps de séchage différents, même s'ils sont tous séchés selon le même programme. On peut tirer profit d'autres avantages du prétriage en élaborant des programmes de séchage spécifiques à chaque groupe de sciages. Les programmes présentés aux sections précédentes ont été établis pour des essences particulières, mais ils prévoient aussi des versions accélérée et conservatrice. La présente section propose des conseils sur l'application de ces programmes pour le séchage de sciages ayant fait l'objet d'un prétriage.

Le tableau 15-5 décrit divers groupes de sciages ayant fait l'objet d'un prétriage avant le séchage. On y trouve une recommandation sur le type de programme qu'il y aurait lieu d'appliquer. Par exemple, dans le cas de sciages d'épinette noire préalablement triés selon la densité, il est recommandé d'appliquer un programme plus conservateur qui convient au séchage des sciages de forte densité. On pourrait alors sélectionner un programme conservateur pour le séchage de sciages d'épinette noire à partir des programmes énumérés au tableau 15-1, ou modifier le programme actuel selon la procédure décrite dans la section précédente.

15.9 EFFET DES SCIAGES GELÉS SUR LE FONCTIONNEMENT DU SÉCHOIR

Le bois qui contient de l'eau libre est un assez bon conducteur de chaleur. Peu importe que le bois soit gelé ou non, l'application d'une quantité suffisante de chaleur à la surface du bois aura pour effet de chauffer assez rapidement le centre d'une pièce de bois à une température qui s'approche de la température de service du séchoir. Les programmes de traitement à la chaleur énumérés au chapitre 19 reflètent ce phénomène, mais une étude de Forintek décrivant l'effet de sciages gelés sur les opérations de séchage en a également fait la démonstration. L'étude en question permet de conclure que le facteur limitatif en ce qui a trait au chauffage d'un chargement de sciages gelés ne tient pas aux propriétés de transfert de chaleur du bois, mais plutôt à la puissance calorifique du séchoir.

Tableau 15-5

Degré de sévérité de programmes de séchage (de base vs accéléré vs conservateur) en fonction de critères de prétriage.

		Programme recommandé selon la sévérité B = Base, A = Accéléré, C = Conservateur			
Critère de triage	**Description**	**Épinette rouge et blanche**	**Épinette noire ou « jaune »**	**Pin**	**Sapins**
TH initiale	Élevée	B	C	B	C
	Moyenne	A	B	A	B
	Faible	A	B	A	B
Densité	Élevée	C	C	B	C
	Moyenne	B	C	A	B
	Faible	A	B	A	B
Densité courante	Élevée	C	C	B	C
	Moyenne	B	C	A	C
	Faible	A	B	A	B

La figure 15-3 montre l'évolution de la température au centre d'un sciage de 2 pouces à l'état vert gelé à mesure qu'il est chauffé. Autour du point de congélation, la courbe de température affiche un plateau qui est associé au changement de phase de l'eau, qui passe de l'état solide (glace) à l'état liquide. On appelle « chaleur latente de fusion » l'énergie supplémentaire nécessaire pour le passage d'un état à l'autre. La chaleur latente de fusion associée au passage de l'état solide à l'état liquide est de 334 kilojoules par kilogramme (144 BTU/lb).

Par conséquent, un gros chargement de sciages gelés affichant une TH initiale élevée exigera une importante quantité d'énergie pour faire monter la température des sciages. Si le séchoir ne peut pas fournir rapidement l'énergie nécessaire, le chauffage du chargement sera retardé. En revanche, si le séchoir est capable de fournir l'énergie requise, il sera possible de dégeler le bois et de le chauffer à la température d'opération dans un délai relativement court, comme le montre la figure 15-3. L'examen de cette figure montre que les sciages affichant une TH initiale faible et ceux dont la TH initiale est élevée atteignent la même température centrale au bout de 5 heures environ.

Figure 15-3

Vitesse de montée en température de deux sciages de 2 pouces (épaisseur nominale), l'un affichant une faible TH initiale et l'autre, une TH initiale élevée.

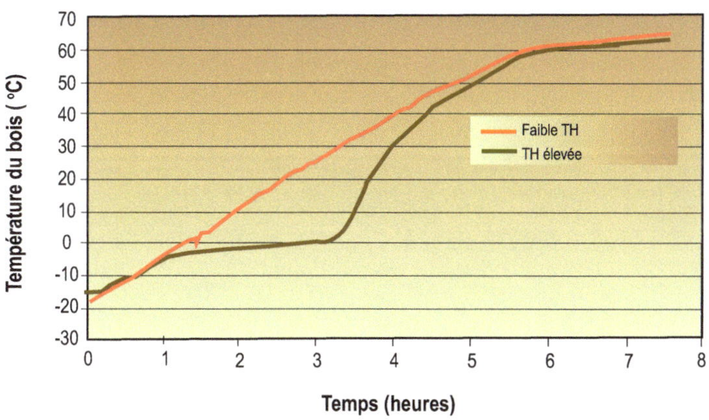

Un autre facteur lié aux sciages gelés dont on oublie souvent de tenir compte est la TH de départ. Un grand nombre d'opérateurs de séchoirs attribuent le prolongement des temps de séchage au fait que le bois était gelé au début du cycle de séchage. Outre la demande supplémentaire en énergie mentionnée précédemment, il faut aussi considérer que la TH initiale des sciages pourrait être supérieure en hiver. Cet état de fait découle habituellement des piètres conditions de séchage à l'air en hiver. En effet, les sciages entreposés pendant quelques semaines dans la cour à bois ne sécheront certes pas autant que durant l'été. Le chapitre 13 sur le séchage à l'air présente des données sur les taux de séchage à l'air. Une TH initiale supérieure entraînera non seulement le prolongement du temps de séchage, mais aussi une augmentation de la demande en énergie. À nouveau, si la capacité du système de séchage est limitée, la vitesse de montée en température plus lente entraînera le prolongement des temps de séchage.

Les facteurs mentionnés précédemment doivent être pris en compte lors de l'application d'un programme de séchage. Si la puissance calorifique du séchoir le permet, une montée en température rapide de sciages gelés réduira les temps de séchage, et ce, sans nuire aux sciages. Cependant, il faudra peut-être prolonger les temps de séchage étant donné la TH initiale plus élevée des sciages en hiver.

En général, la TH du bois bien séché à l'air se situera près ou sous le PSF. Par conséquent, ce bois ne sera pas affecté par les facteurs déjà mentionnés. Comme ce bois ne contient pas d'eau libre, il n'y aura pas de changement de phase de la matière et ainsi pas d'augmentation sensible de la demande en énergie. Le bois d'œuvre séché à l'air peut être chauffé rapidement quelle que soit sa température de départ.

Il ne faut pas oublier, toutefois, que si l'isolation du séchoir laisse à désirer et qu'en présence d'importantes fuites de chaleur le séchoir n'atteint pas ses consignes d'opération, les temps de séchage en hiver seront prolongés, et ce, peu importe la TH de départ des sciages.

15.10 PROGRAMMES FONDÉS SUR LA TEMPÉRATURE DE L'AIR À L'ENTRÉE OU À LA SORTIE D'UN CHARGEMENT

Le chapitre 6 explique le concept du différentiel de température à travers le chargement de bois (DTAB). Le DTAB entraîne une température sèche plus basse du côté du chargement d'où l'air s'échappe (à la sortie). Si la température sèche de ce côté du chargement est adoptée comme température de contrôle du séchoir, il faut élaborer les programmes de séchage en conséquence. Ce principe de fonctionnement est une caractéristique de certains systèmes de contrôle automatisés. Il permet de réagir au taux de séchage en fournissant davantage de chaleur (élévation de la température) à l'entrée d'un chargement en présence d'un taux de séchage élevé. Le différentiel de température à travers le chargement de bois est un indice de l'avancement du séchage : un DTAB élevé indique que le bois sèche rapidement, tandis qu'un faible DTAB témoigne d'un faible taux de séchage.

Si les conditions de séchage sont fondées sur la température de l'air à la sortie d'un chargement, la température de l'air à l'entrée de ce chargement est le résultat du DTAB. Les programmes de séchage présentés dans les sections précédentes sont fondés sur les conditions de l'air à l'entrée des chargements. L'application de ces programmes par un système de contrôle régi par la température de l'air à la sortie d'un chargement exige une certaine connaissance des valeurs de DTAB à divers stades du cycle de séchage. Outre la TH, plusieurs facteurs influencent le DTAB : vitesse de l'air, largeur des empilements, mode d'empilement et autres caractéristiques spécifiques des installations. Il est donc impossible de proposer une procédure de conversion simple pour la transformation d'un programme de séchage fondé sur la température de l'air à l'entrée d'un chargement en programme fondé sur la température de l'air à la sortie. Si l'opérateur de séchoir dispose ou peut recueillir des données sur le DTAB spécifique d'un séchoir donné, l'information dont il dispose peut être utilisée pour transformer un programme.

La figure 15-4 montre la température sèche à l'entrée et à la sortie d'un chargement pour une opération typique de séchage. La tendance type du DTAB entraîne une différence moindre entre la température sèche à l'entrée et à la sortie d'un chargement vers la fin du séchage. Par conséquent, la différence entre un programme de séchage fondé sur la température de l'air à l'entrée versus la température à la sortie sera plus importante au début du cycle de séchage qu'à la fin.

Certains opérateurs de séchoirs préfèrent utiliser un programme fondé sur la température de l'air à la sortie d'un chargement, car ils peuvent compenser les variations des conditions de séchage d'un chargement à l'autre. La figure 15-4 montre la situation pour deux chargements placés dans le même séchoir. Comme le chargement n° 1 affichait une TH initiale supérieure, il a entraîné le développement d'un DTAB plus important. Même si les conditions de l'air à la sortie sont similaires pour les deux chargements, la température de l'air à l'entrée est différente. En conséquence, le chargement le plus humide est séché selon un programme plus sévère fondé sur les conditions de l'air à l'entrée du chargement. Ainsi, la stratégie de contrôle de la température de l'air à la sortie des chargements compense pour la différence entre les deux chargements sur le plan de l'humidité. Cette stratégie est efficace tant et aussi longtemps que les conditions qu'elle engendre n'entraînent pas d'autres problèmes. Les opérateurs de séchoirs doivent être au courant des conditions dans toutes les zones de leur séchoir lorsqu'ils élaborent un programme de séchage. Un programme qui présente un aspect conservateur selon la température de l'air à la sortie des chargements peut en fait s'avérer passablement sévère. Cette mise en garde s'applique également à la comparaison de programmes.

Figure 15-4
Diagramme de deux chargements de séchoir dont la température de l'air à la sortie est similaire, mais dont la température à l'entrée diffère en raison de différences de TH d'un chargement à l'autre.

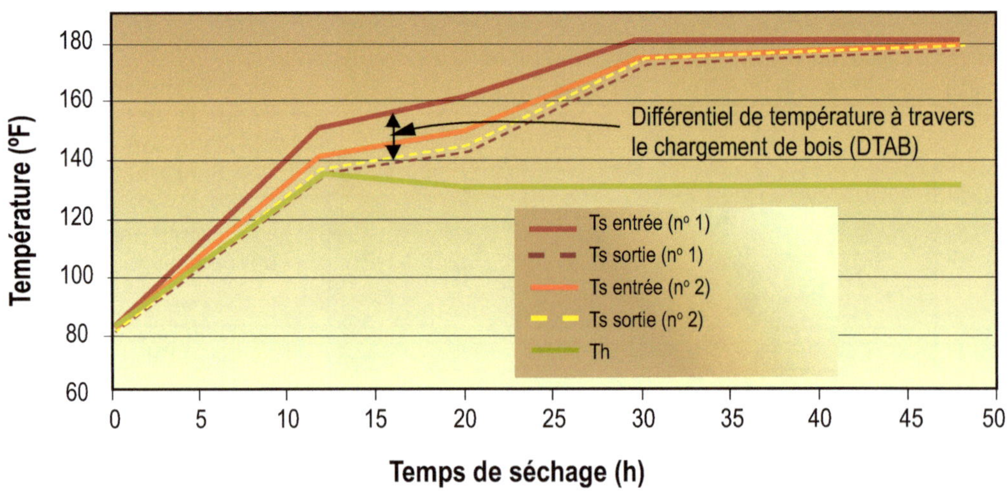

15.11 OBSERVATIONS SUR LES TEMPS DE SÉCHAGE

Il faut savoir que les temps de séchage indiqués dans les programmes de séchage proposés dans le présent manuel ne constituent que des estimations. Les temps de séchage varieront en fonction de nombreux facteurs, par exemple les caractéristiques de la matière première, les pratiques de manutention et d'entreposage des billes et des sciages à l'état vert, l'état et les capacités de l'équipement de séchage. Comme un grand nombre de ces facteurs varieront d'une scierie à l'autre, il est habituellement difficile de comparer les temps de séchage d'une scierie à l'autre.

Il faut se garder de juger de l'efficacité d'un programme de séchage sur le seul ou, dans bien des cas, le principal critère du temps de séchage. La productivité reste une préoccupation majeure pour les manufacturiers, quels que soient leurs produits, mais elle prend une importance capitale pour les manufacturiers de produits de base. Cependant, la qualité du bois peut l'emporter en importance sur le temps de séchage, et ce, même dans un milieu de fabrication de produits de base. En ce qui a trait à la modification de programmes de séchage, l'amélioration de la qualité implique habituellement un séjour prolongé dans le séchoir. Ainsi, la seule façon de justifier le prolongement du séchage au séchoir tient à la qualité des produits. Le chapitre 18 (Measures de contrôle de la qualité) traite de ces considérations.

NOTES

CHAPITRE 16

16

ENTREPOSAGE ET EXPÉDITION DU BOIS D'ŒUVRE SEC

16.1 INTRODUCTION

Les spécifications de teneur en humidité (TH) fixées pour le bois d'œuvre séché sont établies en fonction de l'utilisation finale du bois. On assume généralement que l'atteinte de la TH visée incombe, en grande partie, à l'opérateur de séchoir. Cependant, une fois que le bois a été retiré du séchoir, les conditions d'entreposage et de transport peuvent influer de façon importante sur la TH réelle du bois au moment de sa livraison chez le client. Le bois séché au séchoir à une TH donnée peut continuer de perdre de l'humidité s'il est placé dans un milieu où la teneur en humidité d'équilibre (THE) est beaucoup plus faible, ou inversement, gagner en humidité s'il est exposé à une THE plus élevée.

16.2 ENTREPOSAGE DU BOIS SEC SUR DES BAGUETTES

Le présent chapitre traite essentiellement du transport et de l'entreposage du bois d'œuvre sec et raboté. La période d'entreposage du bois d'œuvre brut sec comprise entre le séchage et le rabotage doit aussi être prise en compte au moment d'établir des procédures visant à maintenir la TH finale visée. Dans la plupart des cas, une brève exposition à l'extérieur ne nuira pas aux sciages de bois de construction. En fait, pareille exposition pendant quelques jours est souvent souhaitable dans la mesure où elle permet d'accroître la TH de surface et d'améliorer l'usinabilité. Même une faible pluie ne sera pas nuisible puisque l'absorption de l'humidité se fait principalement en surface et le bois sera par la suite raboté.

Des problèmes surviennent, cependant, lorsque le bois est exposé à des précipitations, extrêmes ou prolongées, de pluie ou de neige, laquelle fondra par la suite. Dans de telles situations, la TH moyenne du bois peut augmenter au-delà de la valeur visée. Même si l'humidité réabsorbée ne pénètre pas jusqu'au centre des pièces, elle peut être suffisante pour accroître la TH moyenne jusqu'à un degré inacceptable. Les humidimètres portatifs et en continu sont sensibles à l'humidité de surface et vont ainsi considérer ces sciages comme « trop humides », même si leur TH ne dépasse pas la valeur visée.

La mesure de protection la plus efficace de sciages empilés sur baguettes consiste à gérer la période d'entreposage afin de tirer profit des avantages qu'elle présente tout en évitant les problèmes décrits ci-dessus. Cette période d'entreposage « judicieuse » variera énormément selon l'emplacement géographique de la scierie et la période de l'année. La seule façon de déterminer la meilleure période d'entreposage consiste à effectuer de nombreuses vérifications de la TH finale dès la sortie du séchoir et immédiatement avant le rabotage. Ainsi, des lignes directrices d'exploitation pourront être établies. Signalons, toutefois, qu'il y a toujours un risque de problèmes dès que le bois est exposé à l'environnement.

Les mesures mentionnées ci-haut seront efficaces pour l'entreposage de courte durée de bois d'œuvre brut séché à une TH de 19 % ou moins. Lorsque la durée de l'entreposage est plus longue ou que le bois d'œuvre a été séché à une TH plus faible, d'autres mesures de protection peuvent s'imposer. Couvrir le bois brut sec constitue la meilleure mesure de protection. Les scieries situées dans des régions à fortes précipitations aménageront souvent une zone couverte à la sortie des séchoirs. Le bois peut ainsi refroidir et « s'équilibrer » dans une certaine mesure avant le rabotage. Un bâtiment couvert, à côtés ouverts, offrira généralement une protection suffisante au bois d'œuvre du groupe EPS.

16.3 EFFET DE LA PLUIE ET DE LA NEIGE SUR LE BOIS SEC

Il peut arriver que le bois sec soit exposé à la pluie, tant pendant son transport que pendant son entreposage. L'humidité est facilement absorbée et la TH de surface augmente rapidement sous l'effet de la pluie. L'humidification et le séchage répétés des surfaces donnent au bois un aspect très altéré. Le gonflement ou le retrait qui accompagne les changements de teneur en humidité provoque des gerces de surface et de bout.

À titre d'exemple, lors de précipitations de pluie ou de neige qui tombent sur du bois en paquets non emballés (ou dont l'emballage est déchiré) sur un chantier de construction, l'eau, en plus d'humidifier les surfaces exposées, s'infiltrera entre les rangées de sciages. Alors que les surfaces exposées sèchent facilement, l'humidité sera retenue à l'intérieur des paquets, ce qui pourrait causer des problèmes si ce bois emballé est entreposé pendant de longues périodes avant d'être utilisé. L'eau emprisonnée dans les paquets peut faire augmenter la TH du bois jusqu'à un degré suffisamment élevé – généralement établi à 22 % ou plus – pour permettre la croissance fongique. Au mieux, le bois devient inesthétique lorsqu'il se décolore sous l'effet de moisissures de surface et de champignons responsables du bleuissement du bois. Au pire, le bois laissé dans cet état durant une longue période peut pourrir et devenir inutilisable.

Figure 16-1
Le bois sec ayant regagné en humidité peut rapidement moisir en surface, notamment dans des conditions d'empilage solide.

16.4 EFFET DE L'ENTREPOSAGE DE BOIS SEC AVEC DU BOIS HUMIDE

Dans certaines circonstances, le bois séché au séchoir peut s'humidifier lorsqu'il est expédié ou entreposé avec du bois à l'état vert. Il existe plusieurs raisons à cette reprise d'humidité. Le contact direct avec du bois à l'état vert dans la même cale de navire ou zone d'entreposage permettra à l'humidité de s'échapper du bois plus humide et d'humidifier le bois plus sec. S'il est expédié par conteneur ou dans un espace autrement fermé, une forte THE peut se développer dans l'espace clos et provoquer la réhumidification du bois plus sec, soit directement, soit sous l'effet de la condensation produite dans le conteneur.

Tout bois sec placé en contact direct avec du bois à TH beaucoup plus élevée reprendra de l'humidité. Si des paquets de bois sec et de bois humide sont placés ensemble, seules les pièces extérieures seront en contact, et même si leur gain d'humidité peut être important, celui-ci n'aura que peu d'incidence sur la teneur en humidité moyenne du paquet. Néanmoins, étant donné que les sciages extérieurs et les extrémités de toutes les pièces peuvent s'humidifier suffisamment pour moisir et se tacher, il y a lieu d'être attentif afin d'éviter le contact du bois sec et du bois humide.

La THE dans une cale de navire augmentera normalement durant un voyage, en raison de l'évaporation de l'humidité du bois vert dans l'air et, dans certaines régions, à cause de l'apport d'air extérieur à forte THE. Les contraintes de chargement et de déchargement de navires empêchent souvent la répartition du bois humide et du bois sec dans des cales différentes. Ainsi, un important volume d'eau présent dans le bois vert peut toujours s'évaporer dans l'air; de ce fait, l'humidité relative (HR) dans une cale fermée est très élevée. La ventilation et la déshumidification contribueront à maintenir l'HR à un faible niveau. L'exemple qui suit (tableau 16-1), tiré de recherches passées, montre l'incidence des conditions d'entreposage sur la teneur en humidité du bois séché. Les données se rapportent à un chargement de sciages d'épinette de 2 pouces expédié en Australie depuis Vancouver.

Tableau 16-1
Effet sur la teneur en humidité de l'expédition de bois par bateau dans une cale fermée pendant 66 jours.

	Teneur en humidité moyenne			
	Au chargement	Au déchargement	Écart	Teneur en humidité maximale d'une pièce
Entreposé avec du bois sec	18,7 %	18,4 %	- 0,3 %	19 %
Entreposé avec du bois vert	19,1 %	22,3 %	+3,2 %	26 %

Un problème de condensation particulier survient dans les cales lorsqu'un apport d'air humide et chaud, refroidi à une température inférieure au point de rosée, entre en contact avec le bois frais ou la structure en acier froide de la cale. La condensation ainsi formée s'accumule ou s'égoutte sur les paquets de bois sec et la forte TH qu'elle engendre favorise la croissance fongique.

16.5 EFFET DE L'ENTREPOSAGE EXTÉRIEUR OU SOUS DES ABRIS OUVERTS

La TH de sciages entreposés à l'extérieur, mais protégés de la pluie ou de la neige, variera en fonction des conditions régnantes de THE. Plus le bois est exposé à l'air, plus la TH se modifiera rapidement. Comme les sciages d'empilements solides sont moins exposés à l'air, leur TH change donc plus lentement. Toutefois, si le bois séché est empilé sur baguettes, la TH de toutes les pièces aura tendance à évoluer selon les variations de la THE. Le tableau 16-2 dresse une liste des moyennes de THE à l'extérieur dans certaines villes du Canada et des États-Unis. Ce tableau montre clairement les situations dans lesquelles la reprise d'humidité peut être un problème pour le bois sec à faible TH et celles où la perte continue d'humidité peut constituer une difficulté pour d'autres types de bois.

Les conditions de séchage du bois d'œuvre ont un effet sur les gains ou les pertes d'humidité du bois. En général, le bois séché à l'air affiche un gain d'humidité plus important, pour une période donnée, que le bois séché au séchoir. Le bois séché dans un séchoir à haute température, c.-à-d. à plus de 100 °C (212 °F), reprendra moins d'humidité que le bois séché à des températures inférieures ou conventionnelles.

Il est très peu probable que du bois de dimension séché au séchoir à une TH sous la limite de 19 % réabsorbe assez d'humidité provenant de l'air (à THE élevée) au point d'augmenter sa TH au-delà de 19 %. Ainsi, il peut être entreposé de façon satisfaisante sous un abri ouvert. Le bois de finition et de qualité « atelier » séché à une très faible TH, par exemple 9 % à l'intérieur d'une fourchette allant de 7 à 11 %, ne devrait pas être entreposé sous un abri ouvert. Dans un essai précédent, la TH de sciages d'épinette de l'Ouest séchés au séchoir à une TH de 7 %, puis entreposés sous un abri ouvert à Vancouver, a grimpé à 14 % au bout de 46 jours. La TH de sciages similaires, entreposés pendant 11 mois dans un entrepôt fermé et chauffé à une température de 15 °C (59 °F) durant les mois d'hiver, est passée de 6,3 à 10,9 %. Ainsi, on peut en conclure que le bois de finition et de qualité « atelier » affichent une reprise d'humidité beaucoup plus faible dans un abri fermé et chauffé.

Tableau 16-2
THE moyenne à l'extérieur dans diverses villes nord-américaines.

Ville	THE moyenne à l'extérieur			
	Janvier	Avril	Juillet	Octobre
Halifax	14,6	13,6	13,8	16,1
Montréal	13,8	11,5	12,6	13,8
Toronto	15,7	12,4	12,3	14,6
Winnipeg	16,6	11,2	12,9	13,0
Calgary	10,8	9,5	10,4	9,9
Vancouver	17,6	14,7	13,8	18,0
Atlanta	13,3	11,8	13,8	13,0
New York	12,2	11,0	11,8	12,3
Chicago	14,2	12,5	12,8	12,9
Phœnix	9,4	6,1	6,2	7,0
Los Angeles	12,2	13,8	15,0	13,8

Source : U.S. Dept. Of Agriculture, Forest Service Research Note « Equilibrium Moisture Content of Wood in Outdoor Locations in the United States and Worldwide ».

Figure 16-2
Le bois sec sur un chantier de construction peut rapidement reprendre de l'humidité s'il est laissé à découvert ou en contact avec le sol.

16.6 ENTREPOSAGE DU BOIS SEC DANS DES BÂTIMENTS FERMÉS ET CHAUFFÉS

Des problèmes peuvent survenir en hiver dans des bâtiments fermés et chauffés, par exemple des usines de deuxième ou troisième transformation, lorsque du bois séché avec soin à une TH particulière est ensuite exposé à des THE considérablement inférieures. En hiver, un apport d'air froid extérieur, contenant très peu d'humidité, est admis dans le bâtiment par ventilation naturelle ou artificielle et chauffé à la température ambiante. L'HR et la THE de l'air chutent brusquement et le bois sèche davantage, ce qui peut entraîner des gerces et un certain gauchissement. En conséquence, le bois peut devenir difficile à usiner et impropre à l'utilisation finale envisagée. Le tableau suivant illustre les changements qui peuvent survenir lorsque l'air extérieur, affichant une HR de 75 % à diverses températures, est chauffé à 22 °C (72 °F).

Tableau 16-3
Effet de l'augmentation de la température sèche sur l'HR et la THE.

Air extérieur			Conditions intérieures résultant du réchauffement de l'air à 22 °C (72 °F)	
Température (°C)	Température (°F)	HR (%)	Nouvelle HR (%)	THE (%)
10	50	75	34,4	6,7
5	41	75	24,3	5,1
0	32	75	17,0	3,9
-5	23	75	11,5	2,8
-10	14	75	7,3	1,9
-15	5	75	4,6	1,1
-20	-4	75	2,9	<1,1

Pour surmonter ce problème, il est clair qu'il faut ajouter de l'humidité à l'air, dont le niveau d'humidité (hygrométrie) doit ensuite être contrôlé. De cette façon, la THE et la TH du bois peuvent être maintenues à un niveau quasi constant. Il y a donc lieu d'installer du matériel d'humidification automatique pour l'exécution de cette fonction. Certaines des techniques d'humidification pour les séchoirs abordées au chapitre 8 peuvent aussi être utilisées pour humidifier les aires d'entreposage ou de transformation. Parmi celles-ci, signalons l'injection de vapeur basse pression et les systèmes d'atomisation d'eau.

16.7 PROTECTION DU BOIS SEC EN TRANSIT

16.7.1 CONTENEURS FERMÉS

La solution idéale consiste à transporter le bois sec dans des wagons, des camions ou des conteneurs fermés, et à l'entreposer sous un abri ouvert ou dans des bâtiments fermés pour le protéger des intempéries. Le bois séché à une faible TH et destiné à la fabrication de meubles, de menuiseries préfabriquées ou de bois de menuiserie est souvent expédié dans des conteneurs fermés pour offrir la meilleure protection contre la reprise d'humidité. Cependant, ces mesures de protection ne sont pas toujours possibles, et il faut alors s'y prendre autrement.

16.7.2 EMBALLAGE PROTECTEUR

Le bois sec empilé sur des wagons plats ou des remorques à plateau aux fins de transport ferroviaire ou routier est souvent enveloppé de plastique ou de papier imperméable. Ces emballages sont très efficaces dans la mesure où ils ne sont pas endommagés par suite d'une mauvaise manipulation ou sous l'effet du vent. Une fois installés, ils seront généralement laissés sur le bois jusqu'à sa livraison à l'utilisateur final. Ils peuvent aussi protéger les paquets de bois qui ont été ouverts sur les chantiers de construction.

La plupart des emballages pour le bois utilisés aujourd'hui se composent d'un matériau plastique tissé (polyéthylène ou polypropylène) dont la surface extérieure affiche les couleurs de l'entreprise et la surface intérieure est noire. Une surface extérieure plus claire réduit la production de chaleur et minimise l'évaporation sous l'emballage. La surface noire, pour sa part, protège de la pénétration de rayons ultraviolets, minimisant ainsi le vieillissement du bois et réduisant le risque de condensation. Il existe aussi des emballages composés d'une couche externe en plastique et d'une couche interne en papier. Le papier agirait comme une mèche favorisant par capillarité l'élimination de l'humidité à la surface du bois. Dans le cas du séchage du bois, la caractéristique essentielle d'un emballage pour le bois est sa résistance à l'eau. Plusieurs autres facteurs doivent être pris en compte au moment de choisir un emballage : sa vie utile, sa résistance au déchirement, sa recyclabilité et son coût. Tant qu'il n'est pas abîmé, tout emballage commercial constitue une barrière imperméable et un moyen efficace de maintenir la TH du bois de qualité construction.

Pour les sciages séchés à une faible TH, l'empilage solide et l'emballage offriront une protection contre une reprise d'humidité, mais ils ne pourront empêcher l'inévitable. Ainsi, si la THE ambiante est supérieure à la TH du bois, cette dernière augmentera. L'emballage du bois ralentira le processus de reprise d'humidité et, tant que les périodes d'entreposage et la durée du transit seront maintenues au minimum, cette pratique peut s'avérer un moyen efficace d'expédier du bois affichant une faible TH.

Même si l'emballage procure une bonne protection, certaines précautions s'imposent lors de son utilisation. Sous certaines conditions, l'emballage du bois peut favoriser l'accumulation d'humidité à la surface du bois. Chaque pied cube de bois d'EPS séché au séchoir à une TH uniforme de 19 % et moins contient de 3 à 4 livres d'eau. Cette eau, présente sous forme d'eau liée et de vapeur, peut migrer dans le bois en réaction aux changements de température. Si la température de surface du bois chute, la tension de vapeur à la surface diminue; ainsi, l'humidité passe de l'intérieur à la surface du bois et peut s'y évaporer. Si la température de surface augmente, la tension de vapeur à la surface s'accroît, et l'humidité se déplace vers le centre des planches.

Si l'humidité qui s'évapore de la surface du bois est retenue dans le matériau d'emballage, elle pourrait, à certain moment, se condenser et s'accumuler à la surface du bois, ce qui peut en entraîner l'humidification au point de favoriser la croissance fongique. Le problème peut devenir particulièrement sérieux si le paquet de bois en question comprend des sciages contenant des poches humides dont la TH est largement supérieure à 19 %. Ces poches, qui restent dans le bois sec d'essences comme le sapin baumier ou le sapin subalpin, peuvent contribuer à ce problème.

Dans la plupart des cas, l'emballage de paquets de bois ne couvre que les quatre côtés et le dessus des paquets. Cette méthode d'emballage contribue à réduire l'accumulation d'humidité à l'intérieur de l'emballage puisque l'ouverture sous les paquets en favorise l'élimination. Les couleurs des matériaux d'emballage ont été modifiées pour atténuer l'effet de la chaleur de rayonnement lorsque les paquets de sciages sont exposés au soleil. Certains secteurs de l'industrie du bois, notamment les usines qui fabriquent des produits à valeur ajoutée, ont opté pour des emballages rétractables. Ces emballages sont efficaces pour le bois de faible TH qui ne sera pas entreposé à l'extérieur pendant une longue période. Il faut savoir que l'entreposage prolongé à l'extérieur de paquets ainsi enveloppés favorise l'effet de serre. En conséquence, le bois chauffe, sèche un peu et la vapeur d'eau se condense sur la surface intérieure de l'emballage.

Un traitement avec un produit hydrofuge constitue une solution de rechange à l'emballage. Plusieurs produits de ce type sont disponibles, et ils sont généralement appliqués sur chaque pièce par vaporisation. Ces traitements ont été utilisés par le passé, en particulier sur les produits de bois côtier exportés outre-mer. Toutefois, la majorité des entreprises optent maintenant pour la barrière physique et la protection qu'offrent les matériaux d'emballage pour le bois.

16.7.3 EXPÉDITION SUR DES CAMIONS OUVERTS

Le bois sec non emballé est parfois expédié sur des camions à plateau ouvert. Selon l'époque de l'année et les conditions météorologiques, le bois peut reprendre de l'humidité. S'il est expédié sur de courtes distances par temps clément, il s'agit d'un moyen de transport acceptable. Pour des distances plus longues ou lorsque le temps est inclément, le bois devrait être emballé selon les méthodes décrites dans la section précédente, ou la charge entière devrait être recouverte d'une bâche. Cette dernière méthode protégera le bois en transit, mais il sera exposé pendant les opérations de chargement et de déchargement, et ce, jusqu'à ce qu'il soit placé sous abri.

16.8 PROTECTION DU BOIS SEC APRÈS L'EXPÉDITION

La teneur en humidité est une propriété dynamique du bois qui évolue constamment en fonction des changements de l'environnement auquel il est exposé. Ce processus ne prend pas fin lorsque le produit arrive chez le client. Le bois peut souvent demeurer pendant de longues périodes dans des sites de construction, des cours à bois de grossistes et de détaillants. Lorsque des problèmes relatifs à la TH surviennent à l'un ou l'autre de ces stades de la manutention du bois, les premiers soupçons se portent vers un mauvais séchage du bois. Pour éviter ces problèmes, il est souvent sage de renseigner les utilisateurs finaux sur les effets de leurs pratiques de manutention et d'entreposage sur la TH. Connaître les pratiques des clients et leur prodiguer des conseils judicieux pour éviter les problèmes contribueront à réduire le nombre de réclamations et à améliorer les relations avec les clients. Le Conseil canadien du bois a publié un document à l'intention des constructeurs, intitulé Managing Moisture and Wood – Building Performance Series No. 6. Cette publication est une mine d'information sur les « meilleures pratiques » qu'il y a lieu de suivre sur les sites de construction pour résoudre les problèmes d'humidité.

16.8.1 VENTES AU DÉTAIL ET ENTREPOSAGE DU BOIS SEC

Dans la plupart des situations, la manutention du bois de sciage requiert de protéger le bois sec contre la reprise d'humidité. Dans le contexte actuel de commerce de détail du bois dans les « grandes surfaces », le problème particulier qui se présente est l'effet de la poursuite du séchage sur la qualité du bois. Pour que les clients puissent magasiner au sec et en tout confort, on conserve le bois dans un endroit chaud et sec.

Le bois de construction séché à la TH habituelle de 19 % et moins perdra de l'humidité s'il est entreposé dans un bâtiment chauffé, notamment pendant les mois d'hiver dans les régions soumises à des conditions climatiques de grands froids.

Des mesures sur la façon de minimiser ce problème ont été proposées dans la section précédente sur l'entreposage du bois sec dans des bâtiments fermés et chauffés. Un autre moyen de résoudre cette situation consiste à sécher le bois destiné à ce segment du marché jusqu'à une TH plus faible. Sécher le bois jusqu'à une TH proche de la THE de l'entrepôt ou du lieu d'utilisation finale réduira le degré de séchage supplémentaire du bois. Le problème que pose le séchage excédentaire dans ces bâtiments est qu'il se produit dans des conditions où les contraintes sur le bois ne sont pas bien maintenues et où seules certaines surfaces des pièces sont exposées à de faibles THE. Ces deux situations entraîneront une augmentation du gauchissement et du volume de pièces rejetées ou invendables.

Figure 16-3
De nombreux commerces de détail « grandes surfaces » placent le bois dans des entrepôts chauffés où la THE est faible. Le bois destiné à ces marchés est parfois séché jusqu'à une TH inférieure à la normale pour éviter des problèmes attribuables à un séchage excédentaire non contrôlé dans ces bâtiments.

16.9 FAIBLE THE EXTÉRIEURE

Il existe une autre situation où les produits du bois sont exposés à des conditions de faible THE, à savoir leur expédition vers certaines régions géographiques où l'HR est naturellement basse. Prenons l'exemple de bois expédié à Phœnix, en Arizona. Comme on peut le constater au tableau 16-2, la THE extérieure à cet endroit avoisine les 6 % durant les mois d'été. Un environnement aussi sec présente un potentiel énorme de séchage excédentaire des produits du bois secs, notamment les produits du bois de construction qui ont été séchés tout juste en-deçà de la barre des 19 %. Dans ce cas, il est impossible de modifier la THE à laquelle le bois est exposé. Il existe deux façons de traiter ce problème. La première consiste à sécher le bois destiné à ces marchés jusqu'à une faible TH, de manière à réduire le potentiel de séchage excédentaire une fois le bois arrivé à destination. La seconde consiste à éviter d'expédier du bois ou des produits qui sont sujets au gauchissement. Comme il est expliqué au chapitre 17, certaines caractéristiques physiques du bois le prédisposent au gauchissement une fois séché. En utilisant des essences ou des qualités de sciages moins sujettes au gauchissement, il est possible de minimiser le problème lié au séchage ultérieur. Le bois continuera de sécher une fois arrivé à destination, mais ne développera pas autant de gauchissement.

Le problème du gauchissement attribuable au séchage excédentaire des produits en bois massif empire souvent lorsque le bois est intégré dans un produit composite. Les poutres ou les panneaux lamellés constituent un exemple de produits qui gauchiront s'ils continuent à sécher après leur assemblage. Le gauchissement est souvent le fruit d'un retrait excessif d'une ou deux pièces dans l'assemblage, attribuable à certaines caractéristiques anormales du fil, comme la présence de bois de compression ou la déviation du fil. Le meilleur moyen de résoudre le problème est encore une fois de mettre en place des procédures visant à mettre ces pièces à l'écart ou de les sécher jusqu'à une TH plus basse.

NOTES

DÉFAUTS DE SÉCHAGE ET MESURES PRÉVENTIVES

17.1 APERÇU

Dans la pratique, quelles que soient les méthodes employées, le séchage de bois d'œuvre du groupe EPS s'accompagne de retrait. En soi, le retrait ne constitue pas un défaut de séchage, mais la plupart des défauts attribuables au séchage découlent directement du retrait et des contraintes qu'il engendre. Il importe donc de comprendre comment les contraintes se développent, les problèmes auxquels elles donnent lieu et les mesures préventives pour réduire au minimum la dégradation du bois.

17.2 DÉVELOPPEMENT DE CONTRAINTES

Lorsqu'une pièce de bois très mince (moins de 0,5 po ou 12,5 mm d'épaisseur) sèche, le processus s'effectue de façon tellement uniforme que toute la pièce sèche et rétrécit en même temps. En pareil cas, aucun problème relié au retrait ne devrait se manifester. Il en va tout autrement toutefois pour les sciages plus épais. En fait, le séchage s'effectue plus ou moins couche par couche, depuis la surface jusqu'au centre des sciages.

Le processus de séchage comprend une étape clé. Il s'agit du moment où l'eau libre présente dans les couches extérieures, ou partie externe, d'une pièce de bois est éliminée et où s'amorce l'élimination de l'eau liée alors que le centre de la pièce, ou partie interne, contient toujours de l'eau libre. La partie externe tend alors au retrait, mais la partie interne gonflée d'eau constitue une entrave à ce processus. Ainsi, le séchage de la partie externe se poursuit, mais le retrait ne peut avoir lieu normalement. Il en résulte une partie externe sèche qui est beaucoup plus volumineuse qu'elle ne le serait en l'absence de toute entrave au retrait. La partie externe de la pièce subit donc une contrainte de tension. La partie interne, en revanche, subit l'effet de contraction engendré par la partie externe qui tend au retrait. On dit qu'elle subit une contrainte de compression.

Si les contraintes de tension se maintiennent, la partie externe du bois demeurera étirée jusqu'à la fin du processus de séchage, sinon au-delà. Elle rétrécira ou gonflera selon l'évolution de la TH en réponse au milieu ambiant, mais elle restera plus grande qu'elle ne le serait si le retrait avait pu avoir lieu sans entrave. On dira alors que la pièce de bois en question est sous tension et que sa partie externe affiche une déformation permanente produite par une force de tension. On pourrait alors comparer la pièce de bois à une bande élastique tendue pendant une longue période de temps et qui ne retrouve pas ses dimensions initiales une fois la tension relâchée.

De même, la partie interne humide sous compression aux premiers stades du séchage peut afficher une déformation permanente produite par une force de compression. Plus tard, lorsque la pièce sèchera, elle affichera un retrait plus important que si elle avait pu sécher sans que sa partie interne ne soit comprimée par la partie externe. Une contrainte de tension se développera alors dans la partie interne de la pièce.

Sur le plan des défauts de séchage, les contraintes peuvent entraîner des problèmes pour l'utilisateur final du bois. Ces problèmes sont abordés plus en détail dans les sections suivantes. La préoccupation première durant le séchage est d'empêcher les contraintes d'endommager le bois. Comme la résistance du bois est nettement supérieure sous compression que sous tension, on se soucie donc davantage des contraintes de tension. Sur ce plan, les contraintes de tension transversales perpendiculaires au fil représentent les points de plus faible résistance du bois, et c'est dans ce sens que les ruptures se produiront. Lorsque les contraintes de tension excèdent la résistance du bois, les fibres ligneuses se séparent. En conséquence, il se forme des gerces, défaut que l'on aborde en détail dans une section ultérieure. Une des caractéristiques distinctives des gerces causées par une contrainte de séchage tient au fait qu'elles sont toujours parallèles à l'orientation du fil. Les fentes ou séparations de fibres ligneuses dans d'autres directions sont presque toujours le résultat d'autres facteurs reliés à la qualité du bois.

17.3 ENCROÛTEMENT

Le terme « encroûtement », dans le domaine du séchage du bois, désigne depuis longtemps un état de contrainte qui se développe durant le séchage ou qui persiste par la suite. Les sections qui suivent décrivent cet état du bois qu'entraîne un séchage trop rapide. Dans l'industrie du sciage de bois d'EPS, le terme « encroûté » évoque une pièce de bois dont la partie externe est très sèche et la partie interne, relativement humide. Le processus d'encroûtement se développe dans les pièces de bois à séchage lent exposées à des conditions de séchage sévères. À certains égards, il s'agit de deux conditions similaires puisque toutes deux sont des conséquences normales du séchage et que leur sévérité augmente avec l'intensité du programme de séchage. La présente section traite de l'état des sciages nommé « encroûtement ». Le chapitre 15 décrit certaines modifications qui peuvent être apportées aux programmes de séchage pour atténuer l'état de gradient d'humidité prononcé qui caractérise les sciages dits « encroûtés ».

17.3.1 DÉVELOPPEMENT DE L'ENCROÛTEMENT

Le terme encroûtement décrit une répartition particulière des contraintes présentes dans les sciages après leur séchage. Il est important de connaître les étapes de développement de l'encroûtement durant le processus de séchage afin de prendre les mesures appropriées pour le corriger, au besoin. Les contraintes qui entraînent l'encroûtement sont les mêmes qui favorisent la formation de gerces de surface et internes. Aux premiers stades du séchage, le retrait de la partie externe des sciages est limité par la partie interne, dont la TH est toujours au-dessus du point de saturation des fibres (PSF). Conséquemment, la partie externe est assujettie à une contrainte de tension, tandis que la partie interne est assujettie à une contrainte de compression. En fin de compte, la partie externe fait l'objet d'une déformation permanente de tension, tandis que la partie interne fait l'objet d'une déformation permanente de compression.

Ultérieurement, durant le processus de séchage, la partie interne commence à sécher à une TH au-dessous du PSF, ce qui en déclenche le retrait. Si la déformation permanente de compression s'était produite plus tôt, le retrait de la partie interne aurait tendance à être plus important qu'il ne l'aurait été autrement. Lorsque la partie interne amorce son retrait, celui-ci est facilité au début par la partie externe qui a été étirée pendant qu'elle essayait de rétrécir. Le retrait de la partie interne atténue les contraintes de tension dans les couches de la partie externe. Cependant, alors que la partie interne continue de rétrécir avec le séchage, son retrait est entravé par la partie externe qui affiche une déformation permanente de tension, c'est-à-dire que la partie externe est fixée dans un état étiré.

C'est à ce moment que les contraintes commencent à s'inverser. La partie externe passe d'un état étiré à la tendance d'être tirée par la partie interne, donc devient comprimée ou passe en compression. La partie interne, quant à elle, passe d'un état de compression à un état de tension en étant retenue par la partie externe.

C'est l'état désigné par le mot « encroûtement ». Il désigne un état de contrainte du bois séché au séchoir caractérisé par la compression de ses couches externes et la tension de ses couches internes. Si l'on pouvait, à ce moment, séparer les parties externe et interne d'une pièce de bois, la partie externe s'agrandirait et la partie interne rétrécirait. Si le programme de séchage ne prévoit pas un processus de relâchement de ces contraintes, l'encroûtement persistera longtemps après le séchage.

L'encroûtement est une conséquence normale du séchage au séchoir, mais sa sévérité est influencée par les conditions de séchage qui sont appliquées. Si une pièce de bois dans cet état est orientée à la verticale (sur le chant) et refendue sur sa longueur, les deux moitiés afficheront un aspect convexe l'une par rapport à l'autre (figure 17-1). Ce phénomène s'explique par le fait que le refendage de la pièce de bois en question engendre un état de contrainte non équilibré. Chacune des deux pièces obtenues affichera une face contenant des fibres ligneuses qui étaient assujetties à une contrainte de tension (avant le refendage), tandis que l'autre face contenait des fibres assujetties à une contrainte de compression. La face qui constituait initialement la partie externe s'agrandira; en revanche, la nouvelle face (partie interne du sciage refendu) rétrécira et il en résultera du tirant à cœur.

Figure 17-1
Lorsque l'on refend du bois encroûté, le déséquilibre des contraintes entraîne la déformation des sciages comme le tirant à cœur présenté ici.

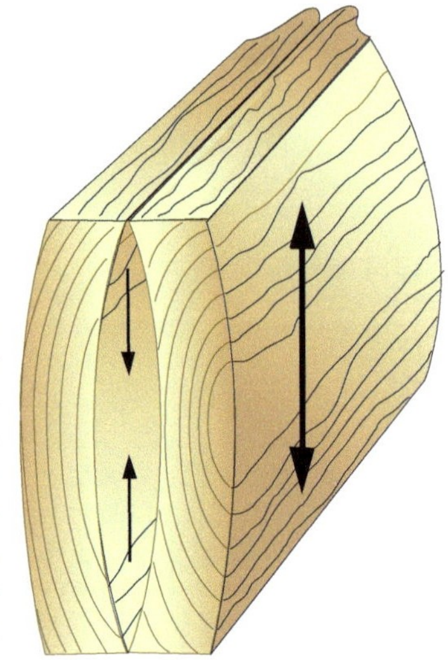

Lorsque des sciages sont refendus sur leur longueur ou lorsqu'un processus de transformation enlève davantage de bois d'un côté d'une pièce que de l'autre (p. ex. la fabrication de moulures - voir la figure 15.1), l'encroûtement causera des problèmes. L'encroûtement ne présente pas de problème pour un grand nombre de produits finis issus de sciages de résineux, car les produits en question ne font pas l'objet d'une telle transformation secondaire. Dans le cas d'une pièce dont la section transversale n'est pas refendue, les contraintes de compression dans la partie externe et les contraintes de tension dans la partie interne s'équilibrent.

Dans certains autres cas, toutefois, l'encroûtement (contraintes résiduelles) peut occasionner des problèmes soit pour le client, soit pour le prochain utilisateur du produit. Lors de l'usinage de précision du bois affichant des contraintes résiduelles de séchage, il faut garder à l'esprit la possibilité que la forme ou les dimensions des pièces changent quelque peu. Par exemple, lors de l'usinage de bois pour l'aboutage de pièces ou l'usinage d'encoches dans les semelles de poutrelles en I, un encroûtement prononcé peut entraîner le mouvement du bois et diminuer la qualité du joint entre les pièces aboutées ou collées. Dans de telles situations et bien d'autres, la solution consiste à prévoir un élément de relâchement des contraintes dans le programme de séchage.

17.3.2 DÉTECTION DE L'ENCROÛTEMENT

Lorsqu'on sait que des sciages en train de sécher subiront une transformation ultérieure, il est prudent de déterminer l'écart entre les contraintes exercées sur les parties externe et interne des sciages en question. La méthode classique de détection consiste à débiter un échantillon de 0,5 à 1 pouce (12 à 25 mm) de longueur dans le sens du fil, et ce, à au moins 18 pouces (46 cm) de l'extrémité d'une pièce provenant du chargement en train de sécher. Si l'éprouvette est prélevée plus près de l'extrémité de la pièce, les contraintes ne seront pas représentatives. En fait, le gros du séchage s'est réalisé dans le sens du fil à cet endroit et l'écart de TH entre la partie externe et la partie interne sera moindre.

On pratique ensuite dans chaque éprouvette, à partir d'une rive, un certain nombre de traits de scie parallèles aux faces originales de la pièce. Les traits de scie se terminent à environ 0,5 pouce (12,5 mm) de l'autre rive, de manière à retenir les fourchons ainsi formés. La figure 17-2 illustre ces étapes. Dans le cas de sciages d'une épaisseur nominale de 2 pouces, il suffit souvent de ne laisser que les fourchons externes, comme le montre la figure 17-2 (b).

Figure 17-2
Schéma de découpage du test de la fourchette pour détecter la présence de contraintes dans le bois. Des fourchons droits comme en (b) attestent de l'absence de contraintes de séchage. L'illustration en (c) témoigne d'un état de contrainte au début du séchage, tandis que l'illustration en (d) témoigne d'un encroûtement qui se développe habituellement vers la fin du cycle de séchage (avant le conditionnement).

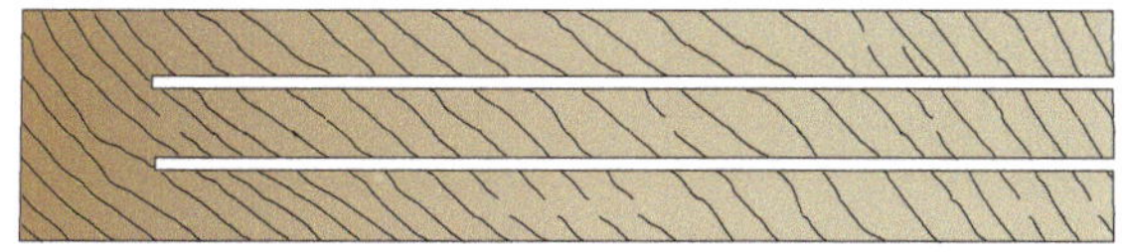

a) Éprouvette servant à déterminer la présence d'encroûtement. Les fourchons internes doivent être enlevés.

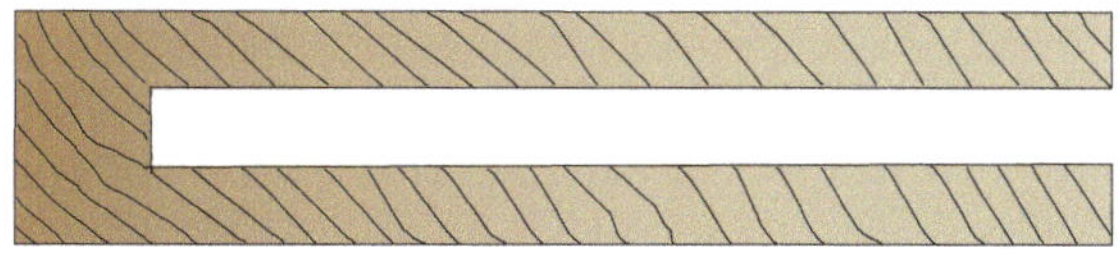

b) Éprouvette montrant un sciage sans encoûtement.

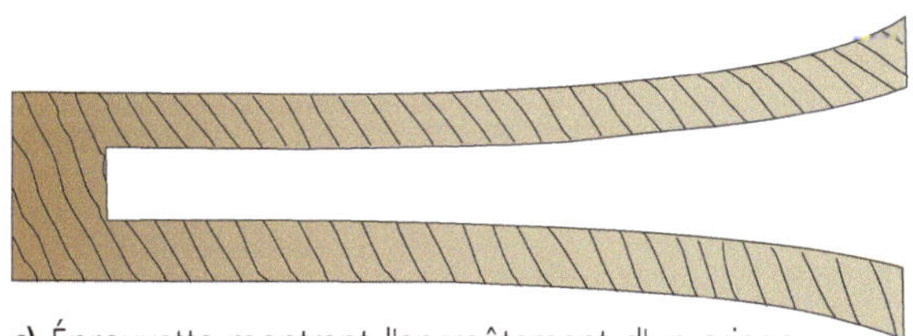

c) Éprouvette montrant l'encroûtement d'un sciage partiellement sec.

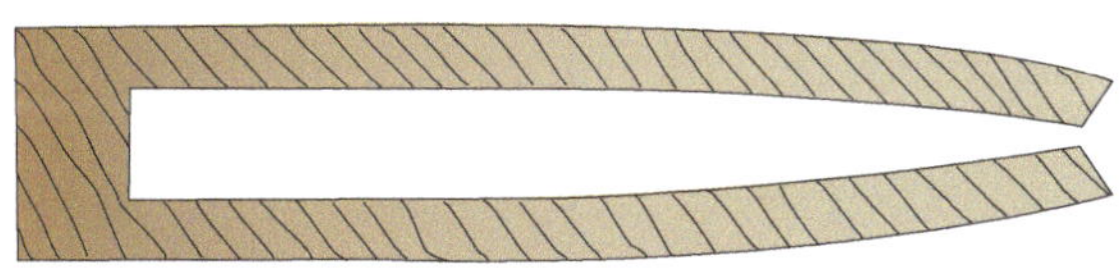

d) Éprouvette montrant l'encroûtement à la fin du cycle de séchage.

On peut détecter sur-le-champ la présence de fortes contraintes de séchage en observant le mouvement des fourchons externes. Pour éliminer les contraintes de retrait attribuables uniquement à l'écart de la TH entre les parties externe et interne des sciages, il y a lieu de laisser les éprouvettes dans une pièce chauffée pendant une journée. Durant cette période, tout le bois atteindra une TH uniforme. L'état des fourchons constituera alors une indication précise de la présence d'encroûtement, comme on peut le constater à l'examen des figures 17-2 (c) et (d). En présence d'encroûtement, les fourchons se referment. En l'absence d'encroûtement, ils resteront droits.

Les traits de scie permettent à chaque fourchon de l'éprouvette (chacun représentant une couche de bois) de changer d'orientation selon les contraintes en présence. Le bois dans un état de tension se contracte, tandis que le bois dans un état de compression subit une expansion. Si les fourchons sont droits à ce moment-là, on peut conclure que les sciages sont exempts d'encroûtement. On peut alors refendre ou autrement usiner le bois sans craindre l'apparition ultérieure de gauchissement ou de mouvement quelconque causé par les contraintes de séchage.

Si les fourchons de surface se replient vers l'intérieur, on doit conclure à la présence d'encroûtement et prendre les mesures nécessaires pour l'éliminer avant toute transformation ultérieure.

17.3.3 MESURES POUR ÉLIMINER LES CONTRAINTES LIÉES À L'ENCROÛTEMENT

L'encroûtement est causé par un séchage accéléré et le développement rapide d'un important gradient d'humidité entre les parties externe et interne de sciages. La tendance à l'encroûtement est plus forte dans les sciages épais que dans les sciages minces, dans le bois d'essences imperméables à séchage lent et dans des conditions de séchage accéléré. En général, les contraintes de séchage seront minimes ou nulles dans le bois séché à l'air, modérées dans le bois séché à basse température et de plus en plus importantes quand la température de séchage augmente et que le temps de séchage diminue.

Afin de limiter le développement d'un état d'encroûtement dans des sciages destinés à une transformation ultérieure, l'opérateur de séchoir doit tenter de maintenir la TH de surface des sciages au degré le plus élevé possible sans toutefois trop ralentir le taux de séchage. En fait, il doit prévoir un séchage dans des conditions humides plutôt que dans des conditions très sèches.

Si, à la fin de la période de séchage, le test de la fourchette révèle la présence d'un encroûtement dont le degré nuirait à la transformation ultérieure du bois, il faut prévoir un traitement spécial de relâchement des contraintes. Le principe d'un tel traitement tient au fait que l'augmentation de la température et de la TH du bois le rend plus plastique (ramolli), ce qui peut entraîner le relâchement des contraintes, lesquelles peuvent ensuite s'équilibrer.

Dans la pratique, ce traitement s'effectue en augmentant la température et l'humidité dans le séchoir, souvent par l'injection de vapeur saturée dans l'enceinte du séchoir. D'autres façons d'augmenter l'humidité dans le séchoir sont présentées à la section 8.7. L'objectif est d'augmenter l'humidité dans le séchoir jusqu'à ce que la dépression du thermomètre humide s'inscrive dans une plage de 8 à 10 °F (4 à 5 °C). Dans ces conditions, les couches superficielles du bois regagneront de l'humidité, ce qui déclenchera le processus de relâchement des contraintes internes. Cette pratique est plus efficace et plus souvent requise lorsque le bois est séché à de faibles TH. Par exemple, il est beaucoup plus probable que les sciages entrant dans la fabrication de bois lamellé-collé séchés à une TH de 12 % exigeront un traitement de conditionnement que les sciages ordinaires séchés à une TH de 19 %.

Il est assez difficile de déterminer la fin du traitement et tout prolongement excessif comporte un risque. La seule façon d'établir la durée du conditionnement requis est par le découpage d'éprouvettes de contrainte à intervalles réguliers. Une fois la durée du conditionnement arrêtée pour un produit et un séchoir donnés, on peut l'appliquer au traitement de chargements ultérieurs sans découper d'éprouvettes. Si les sciages sont destinés à un client qui se préoccupe des contraintes de séchage, il est conseillé de recourir à des éprouvettes de contraintes pour chaque chargement. En règle générale, quatre à six éprouvettes suffisent. Les résultats de la détermination des contraintes peuvent être consignés électroniquement ou sur papier; il s'agit de déposer les éprouvettes sur le plateau d'un numériseur ou d'une photocopieuse pour créer des images numériques ou papier qui peuvent ensuite être sauvegardées à titre d'éléments du registre de séchage.

Il faut savoir qu'un excédent de relâchement des contraintes a pour effet d'inverser les contraintes en présence. Conséquemment, la partie externe sera assujettie à une contrainte de tension, tandis que la partie interne sera assujettie à une contrainte de compression. On se retrouve alors en présence d'encroûtement inverse, identifiable par l'écartement des fourchons externes de l'éprouvette. Il s'agit d'un problème important qui ne peut être éliminé qu'en faisant tremper (par immersion) le bois et en le séchant de nouveau.

Pour cette raison, le relâchement des contraintes est un traitement qui exige énormément d'attention de la part de l'opérateur de séchoir. Dans le cadre du séchage de sciages de mêmes essence et dimension dans des conditions de séchage similaires, il se rendra compte rapidement de la durée optimale du traitement.

Figure 17-3
Pour enregistrer l'état de contrainte de séchage, on peut créer des images numériques ou des photocopies des éprouvettes. Les images ainsi créées sont ensuite consignées au registre de séchage.

17.4 GERCES

Le phénomène de l'encroûtement a mis en lumière l'effet des contraintes de séchage engendrées par le retrait inégal du bois. Lorsque les contraintes sont à ce point importantes que le bois ne peut les supporter, on assistera à la formation de gerces ou de fentes de retrait. Une gerce consiste en une séparation qui se forme en cours de séchage entre les cellules du bois et qui s'étend dans le sens de la longueur d'une pièce.

Selon le type de contraintes exercées par le retrait non uniforme et le moment où elles se développent, on identifie différents types de gerces. Les trois principales causes du retrait non uniforme sont :

- Comme il est expliqué pour l'encroûtement, la différence de retrait entre la partie externe et la partie interne de sciages durant le séchage;
- La différence de retrait entre les directions radiale et tangentielle du bois;
- La différence de retrait entre le bois normal et le bois de compression.

En général, les gerces sont causées par un retrait non uniforme qui se produit dans des zones adjacentes d'une pièce de bois. Les sections suivantes décrivent la nature et la cause des principaux types de gerces.

17.4.1 GERCES DE BOUT

Les gerces de bout (figure 17-4) sont causées par le séchage trop rapide des extrémités des pièces. Le bois sèche plus rapidement le long du fil qu'en travers du fil jusqu'à une distance pouvant atteindre 18 po (46 cm) à chacune des extrémités d'une pièce. De façon évidente, le séchage est plus rapide à l'ultime extrémité des pièces. Par conséquent, le retrait du bois aux extrémités d'une pièce se manifeste beaucoup plus tôt que le retrait dans le reste de la pièce, ce qui a pour effet d'assujettir les extrémités à une contrainte de tension. Si les contraintes de tension sont supérieures à la résistance du bois, des gerces se formeront.

Figure 17-4
Les gerces de bout découlent d'un séchage rapide et du retrait du bois à l'extrémité d'une pièce bien avant que le reste de la pièce n'atteigne le point de saturation des fibres (PSF).

Les gerces de bout sont plus fréquentes à l'extrémité de pièces larges étant donné que les contraintes transversales qui se développent dans ces pièces sont naturellement plus fortes. Elles sont aussi davantage problématiques dans les sciages séchés à l'air que dans les sciages verts séchés au séchoir, en partie à cause des conditions accélérées de séchage dans le séchoir, où la différence entre le taux séchage des extrémités et de la partie centrale des pièces est moins importante. Dans certaines régions du pays, une très faible THE à certains moments de l'année favorise également le développement de gerces. Les fentes de bout sont aussi plus communes dans les pièces sciées sur dosse du fait que le retrait en largeur dans ces pièces est d'environ le double du retrait dans les pièces sciées sur quartier.

Une solution au problème consiste à enduire les extrémités des sciages d'un revêtement résistant à l'humidité, ce qui en ralentit le séchage et, par conséquent, le retrait. Cette solution est habituellement rentable pour le traitement de gros sciages ou de sciages d'une grande valeur, mais elle n'est pas avantageuse dans le cas de bois de dimension d'EPS. Dans la pratique, il est plus économique de découper les extrémités des pièces à l'usine de rabotage pour en éliminer les gerces de bout les plus sévères. Les pertes à l'éboutage sont un défaut de séchage et doivent être considérées à ce titre lors de l'évaluation d'une opération de séchage.

On peut aussi réduire ces pertes en mettant beaucoup de soins à la constitution des chargements de sciages empilés sur baguettes qui seront placés dans le séchoir. Il faut donc veiller à ce qu'aucune pièce ne dépasse des chargements et que les baguettes des bouts des paquets soient à égalité avec l'extrémité des pièces. Ces mesures entravent la circulation de l'air autour des extrémités des pièces, ce qui atténue la différence du taux de séchage entre les extrémités et la partie centrale des pièces individuelles.

On peut aussi réduire la formation de gerces de bout dues au séchage à l'air en prenant des mesures pour ralentir le séchage aux extrémités des pièces. Le rapprochement des empilements dans la cour à bois diminuera l'exposition des extrémités des pièces au soleil tout en réduisant la circulation d'air. Certaines scieries tendent une toile maillée en plastique sur les extrémités pour obtenir le même effet.

17.4.2 GERCES DE SURFACE

Les gerces de surface, comme illustré à la figure 17-5, sont causées par le séchage et le retrait plus rapides des couches de surface des sciages que de leur partie interne. Comme dans le cas de l'encroûtement, des contraintes de tension se développent dans la partie externe des sciages au début du cycle de séchage. Si les forces exercées par ces contraintes excèdent la résistance du bois, des gerces se formeront. Les gerces de surface apparaissent davantage aux premiers stades du cycle de séchage au séchoir que durant les stades subséquents, car à une TH élevée, le bois a une résistance plus faible et supporte moins bien les contraintes de stress.

Les gerces de surface se développent le plus souvent sur les pièces larges sciées sur dosse, car le retrait en largeur de pièces sciées sur dosse est environ le double du retrait de pièces sciées sur quartier. La différence entre le retrait d'une surface en train de sécher et d'une partie interne toujours gonflée sera donc plus grande dans les pièces sciées sur dosse.

Figure 17-5
Le séchage rapide de la surface de sciages, notamment de bois imperméable, peut engendrer des contraintes de séchage capables de provoquer la séparation des fibres du bois (gerces de surface).

En général, les gerces de surface qui se forment durant les premiers stades du cycle de séchage se refermeront à mesure du retrait des couches internes des sciages. Les gerces de surface deviennent alors presque invisibles et très difficiles à repérer. Toutefois, bien que les gerces se referment, le dommage au bois persiste; en conséquence, elles peuvent se manifester de nouveau, même lorsque le bois est en service (voir la section suivante sur les gerces internes). Quelquefois, elles se referment à la surface mais resteront ouvertes plus au centre de la pièce. On parle alors de gerces internes.

Le phénomène de contraintes fait partie intégrante du séchage du bois. Le séchage réussi du bois, soit de manière à ce qu'il soit exempt de gerces de surface, exige le contrôle du taux de séchage de manière à réduire les écarts de TH entre les parties externe et interne des sciages. En général, il faut utiliser un programme de séchage qui prévoit une THE relativement élevée et un temps de séchage un peu plus long.

17.4.3 GERCES INTERNES

Les gerces internes peuvent découler d'un prolongement des gerces de surface ou être le résultat de contraintes de tension internes qui se développent vers le milieu et la fin du cycle de séchage.

Une fois dépassés les premiers stades du séchage, qui s'effectue progressivement depuis les couches de surface jusqu'aux couches internes, la partie interne des sciages sèche au-dessous du PSF et commence à rétrécir. Le retrait de la partie interne des sciages est toutefois limité par la partie externe, qui a été forcée de sécher dans un état élargi (déformation permanente de tension de la surface au stade initial de l'encroûtement). Une contrainte de tension se développe alors dans la partie interne. Comme nous l'avons souligné précédemment, si la force exercée par la contrainte excède la résistance du bois, on assistera à la séparation des cellules et à la formation de gerces internes.

La prévention de gerces internes s'effectue en maintenant un gradient d'humidité raisonnable entre les parties externe et interne de sciages dont l'essence et les dimensions sont propices à la formation de gerces internes.

Les essences sujettes à la formation de poches humides sont davantage susceptibles de former des gerces internes. En raison de la faible perméabilité et de la forte TH du bois de ces essences, il est plus probable que les conditions de fort gradient d'humidité mentionnées se développent. Dans certains cas, les gerces internes se développeront une fois que les sciages auront été éboutés, exposant des extrémités affichant encore une forte TH interne.

Figure 17-6
Les gerces internes sont parfois le prolongement des gerces de surface. Elles peuvent aussi se développer durant le séchage de la partie interne des sciages, après que la surface ait atteint un état de déformation permanente (étirée).

17.5 NŒUDS

Pour certaines qualités de bois d'œuvre, il peut arriver que des sciages soient déclassés à la suite du fendillement de nœuds ou si les nœuds deviennent lâches ou s'échappent des sciages en y laissant un trou comme à la figure 17-7. Même certains sciages de bois de construction peuvent être déclassés en raison de nœuds lâches ou manquants. Dans les essences de pins, particulièrement, les nœuds peuvent être encastrés dans une enveloppe de résine et, lors du séchage à des températures trop élevées, la résine peut devenir cassante. Elle peut alors se désagréger au rabotage et les nœuds, ainsi libérés, s'échappent alors des sciages. Les nœuds sèchent et rétrécissent plus rapidement que le bois qui les entoure, ce qui entraîne une autre situation de différence de taux de séchage. La prévention des dommages aux nœuds exige d'effectuer un séchage lent et de cibler la TH finale la plus élevée possible afin de minimiser le retrait. De façon générale, les nœuds des sciages d'EPS sont plutôt petits et bien répartis dans les pièces, ne causant pas de problèmes au séchage.

Figure 17-7
Les conditions du séchage peuvent causer le relâchement des nœuds.

17.6 GAUCHISSEMENT

Le gauchissement s'entend de toute déformation qui se produit durant l'usinage ou le séchage de bois d'œuvre. Il découle du retrait différentiel entre une face ou rive d'une pièce donnée et la face ou rive opposée. Le retrait différentiel peut résulter de différences normales entre le retrait radial, tangentiel et longitudinal. Le retrait différentiel peut aussi résulter de la présence de fil ondulé ou dévié, de bois de compression ou de bois juvénile. Les différentes formes de gauchissement sont illustrées à la figure 17-8 et décrites dans les sections qui suivent.

17.6.1 VOILEMENT TRANSVERSAL (TIRANT À CŒUR)

Le tirant à cœur définit toute déviation d'une ligne droite tirée d'un bord à l'autre d'une pièce dans le sens de sa largeur. Les pièces sciées sur dosse ont une tendance naturelle au tirant à cœur pendant le séchage en raison du retrait supérieur qui se développe sur la face la plus parallèle aux cernes de croissance, c'est-à-dire sur la face affichant du bois d'aubier. Le tirant à cœur est aussi la déformation causée par le refendage de bois en état d'encroûtement, comme il a été décrit précédemment. Une autre situation favorisant le tirant à cœur se présente lorsqu'une des faces de la pièce sèche davantage ou plus rapidement que l'autre. C'est pourquoi il est conseillé d'éviter de sécher de larges pièces de 1 pouce d'épaisseur en n'insérant des baguettes qu'à tous les deux rangs d'un chargement de séchage. L'utilisation d'un plus grand nombre de baguettes et de bonnes pratiques d'empilage, comme celles qui sont décrites au chapitre 12, sont les mesures les plus efficaces pour empêcher ce type de déformation. Le tirant à cœur sera davantage problématique avec des pièces larges et des pièces débitées à partir de billes de faible diamètre ou de pièces issues d'une section d'une bille proche de la moelle. Il en est ainsi parce que la courbure prononcée des cernes de croissance dans de telles pièces entraîne un différentiel de retrait plus prononcé entre les deux faces opposées. Les pertes les plus importantes liées au tirant à cœur surviennent au rabotage alors que l'effet de la pression des rouleaux de la raboteuse peut fendre des pièces affichant un fort tirant à cœur.

Figure 17-8
Les quatre principales formes de gauchissement qui se développent durant le séchage du bois.

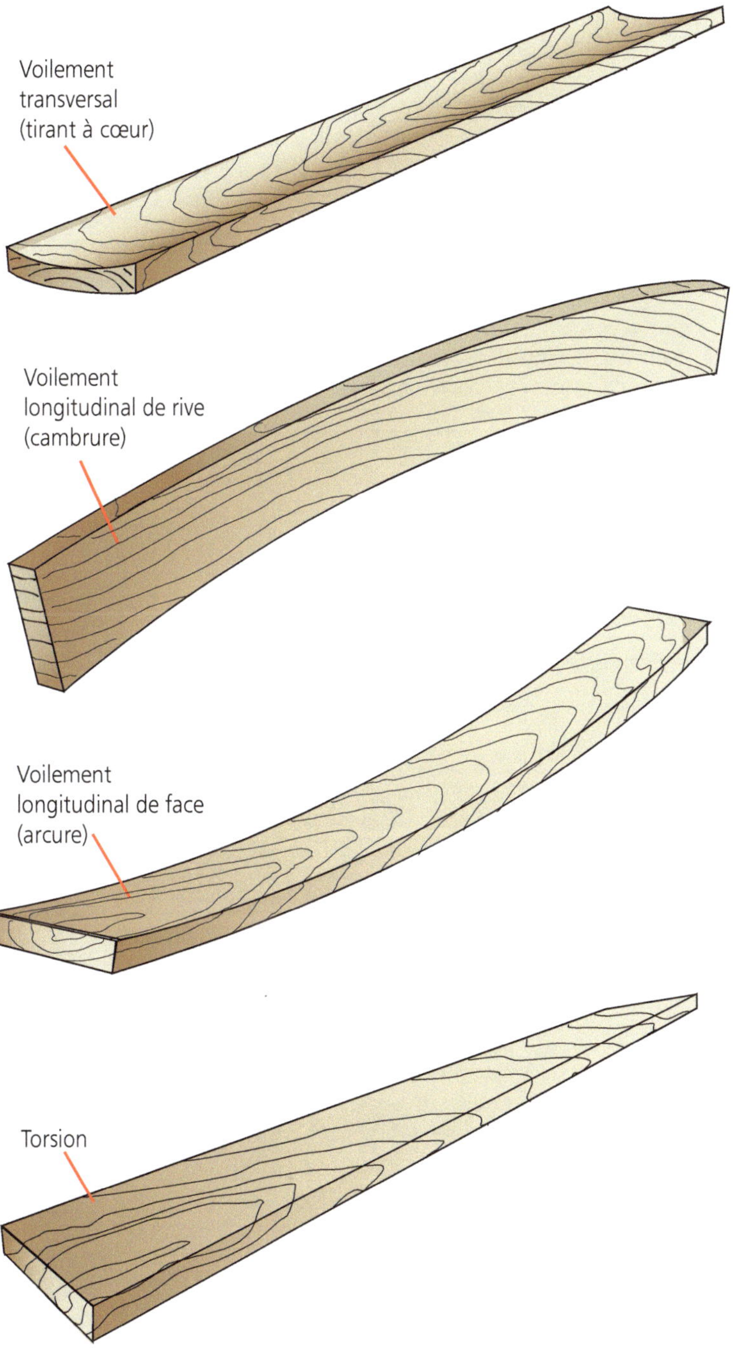

17.6.2 VOILEMENT LONGITUDINAL DE FACE (ARCURE)

Le voilement de face s'entend de la courbure le long du fil d'une pièce entraînant la formation d'une face concave et d'une face convexe dans le sens longitudinal. Cette déformation est fréquemment causée par la présence de bois de réaction ou de bois juvénile sur une des faces larges d'une pièce, ce qui entraîne un retrait longitudinal important sur une seule face de la pièce en question. L'emploi judicieux de baguettes et l'effort de contrainte qu'elles exercent contribuent à atténuer ce problème.

17.6.3 VOILEMENT LONGITUDINAL DE RIVE (CAMBRURE)

Le voilement de rive, comme c'est le cas pour le voilement de face, développe une courbure dans le sens du fil, mais cette fois, ce sont les rives de la pièce qui affichent l'une, une face concave, l'autre, une face convexe. Le voilement de rive découle souvent de la présence de bois de réaction ou de bois juvénile le long d'une rive, au point qu'un retrait longitudinal important se développe seulement le long de cette rive. Comme il s'agit d'une déformation latérale, les baguettes sont moins en mesure d'entraver le mouvement en ce sens et ainsi d'atténuer le développement de la cambrure. Un bon contrôle des dimensions des sciages favorise le maintien d'une certaine contrainte sur toutes les pièces. Et comme tous les défauts liés au retrait, le surséchage accentue le voilement de rive.

17.6.4 TORSION

La torsion définit toute déviation en forme de spirale des faces ou des rives d'une pièce de bois, de sorte que les quatre coins d'une face ou de l'autre ne sont plus sur le même plan. La torsion peut se produire au débitage d'une bille à fil tors ou au débitage d'une bille à fil droit de manière à produire des sciages à fil oblique. Cela veut dire que les cellules ligneuses ne sont plus parallèles aux rives et aux faces d'une pièce sur leur longueur, mais qu'elles font un angle avec les rives et les faces. Par conséquent, durant le séchage, le retrait normal se développe légèrement dans la direction longitudinale et la pièce se tord.

La torsion est un problème particulier dans les sciages débités de manière à inclure la moelle, car le bois le plus proche de la moelle, le bois juvénile, comprend souvent du fil tors et affiche un fort retrait longitudinal. C'est pour cette raison que la torsion est un problème lors du séchage de sciages issus des billes provenant de la cime, de jeunes arbres ou de noyaux de déroulage de contreplaqué. Les sciages sujets à la torsion doivent être débités de manière à minimiser la variation des épaisseurs, car un bon contact avec les baguettes s'impose pour empêcher le mouvement des sciages durant le séchage. Il a été démontré que la combinaison de séchage à haute température, d'espacement resserré des baguettes et de lestage des chargements contribue pratiquement à éliminer le problème.

17.7 FRÉQUENCE DU GAUCHISSEMENT ET CONSÉQUENCES ÉCONOMIQUES

Plusieurs études de Forintek ont abordé la question de la fréquence et des causes du gauchissement dans les sciages d'EPS. Des quatre types de gauchissement décrits ci-dessus, le voilement de rive est de loin la cause la plus fréquente de déclassement des sciages dans les opérations de séchage de niveau industriel, la torsion s'inscrivant au deuxième rang. La figure 17-9 illustre le déclassement par type de gauchissement. Dans l'ensemble, le déclassement des sciages est davantage attribuable à des défauts naturels du bois qu'à des défauts de séchage; le niveau de déclassement des sciages pour gauchissement n'est pas élevé. Toutefois, on considère qu'il est possible d'éviter le déclassement causé par les défauts de séchage; par conséquent, il y a lieu de prendre les mesures nécessaires pour en minimiser les incidences économiques. Les deux facteurs les plus importants à cette fin sont le contrôle de la TH finale (pour prévenir le surséchage) et l'adoption de bonnes pratiques d'empilage et de manutention des sciages.

Figure 17-9

Une étude de Forintek sur des opérations industrielles de séchage de bois d'EPS a révélé que le voilement de rive et la torsion sont les raisons les plus courantes de déclassement des sciages après le séchage.

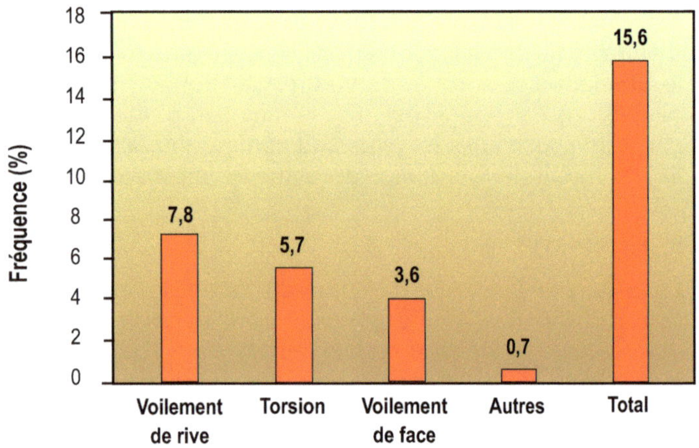

Une étude de Forintek menée dans sept installations industrielles de séchage de bois d'EPS de l'Est du pays a révélé que la perte de valeur moyenne attribuable au séchage représente environ 6 % de la valeur potentielle des sciages secs. Pratiquement toute la perte de valeur était attribuable au gauchissement. La perte de valeur pour chacune des scieries variait de 2 à 9 %. Comme les scieries en question transformaient essentiellement le même mélange d'essences, le large éventail des résultats témoigne des bénéfices pouvant découler de l'implantation de bonnes pratiques. La figure 17-10 illustre l'effet de la TH finale sur le déclassement causé par le séchage, démontrant l'importance du contrôle de cette variable. Les sciages à la limite inférieure de la plage de TH affichent une perte de valeur deux fois plus grande par rapport aux sciages dont la TH finale s'approche de la cible finale de 19 %.

Figure 17-10

Perte de valeur attribuable au déclassement causé par le séchage en fonction de la TH finale.

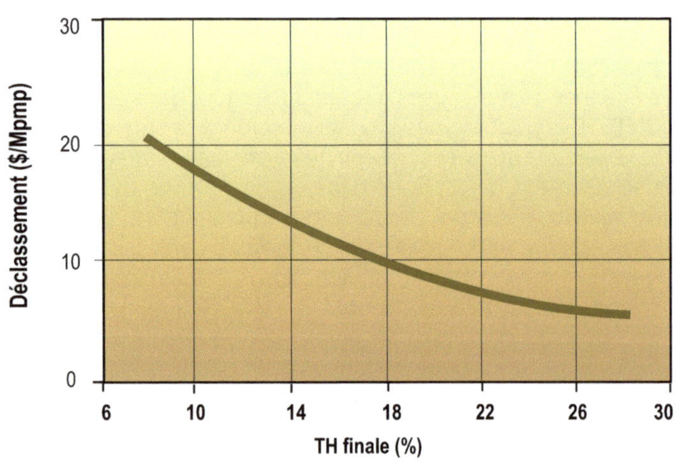

La même étude montre que le déclassement causé par le séchage dans les 10 à 15 rangées supérieures des chargements est approximativement deux fois plus important que le déclassement de sciages dans les rangs inférieurs, tel qu'il est démontré à la figure 17-11. On comprendra alors que le lestage en séchoir entraîne des avantages économiques. Le chapitre 12 traite du lestage. Les pertes de valeur dans les rangées supérieures peuvent être ramenées à des niveaux plus représentatifs du reste d'un chargement grâce à un lestage d'environ 100 livres par pied carré (500 kg/m^2).

Figure 17-11

Déclassement causé par le séchage selon la position des sciages dans un chargement. Résultats d'un séchage sans lestage illustrant les bénéfices potentiels du séchage avec lestage.

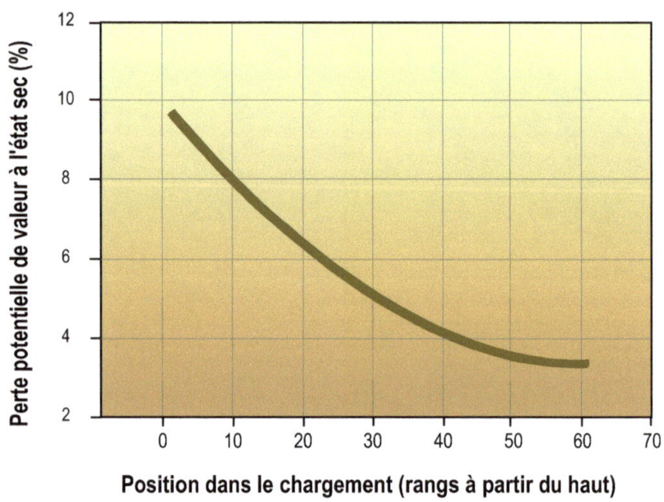

17.8 DÉFAUTS DE SÉCHAGE DIVERS

17.8.1 COLLAPSE

Le collapse est une forme anormale de retrait qui déforme, aplatit ou écrase les cellules ligneuses. L'explication théorique généralement acceptée de ce phénomène est la suivante : dans le cas de bois très humide, les cavités d'un certain nombre de cellules sont complètement remplies d'eau libre à l'état liquide, laquelle ne laisse aucune place à l'air. À mesure que ces cellules sèchent, l'eau libérée devrait être remplacée par l'air. Cependant, la migration d'air dans le bois humide est très lente et l'élimination de l'eau libre dans les cellules peut s'effectuer beaucoup plus rapidement que l'arrivée d'air. Le cas échéant, les parois cellulaires sont attirées les unes vers les autres sous l'effet de la tension capillaire. Les forces exercées déformeront les parois cellulaires au point où les cavités cellulaires se refermeront complètement. Signalons que l'effondrement n'est pas causé par la pression de l'air sur les surfaces extérieures du bois, mais par la force de cohésion de l'eau qui entraîne le rapprochement des parois cellulaires. L'affaissement de groupes de nombreuses cellules confère une apparence de planche à laver à la surface du bois d'œuvre. Des gerces internes peuvent aussi se développer dans les pièces épaisses.

Figure 17-12
Collapse sévère et roulures dans un échantillon de sapin baumier séché rapidement.

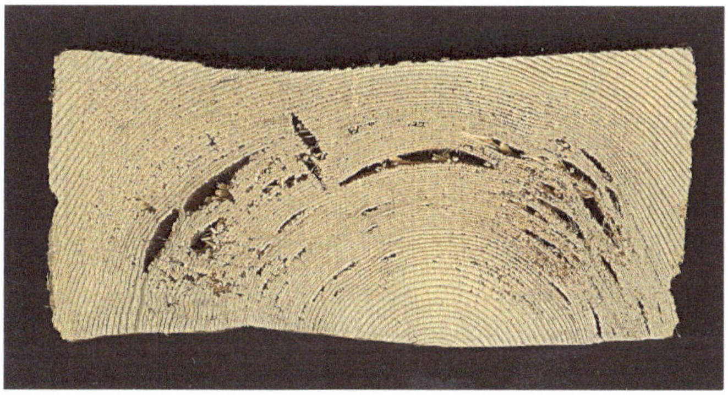

Les essences les plus sujettes au collapse sont celles dont la TH initiale est très élevée – dans certaines sections des pièces, tout au moins – et qui affichent une faible densité. La faible densité est associée à la présence de parois cellulaires minces et faibles, donc moins capables de résister aux contraintes décrites précédemment. Des essences du groupe EPS, le sapin baumier et le sapin subalpin sont les plus susceptibles de poser des problèmes d'affaissement. Les pièces à TH élevée d'épinette blanche et d'épinette rouge sont aussi sujettes à ce défaut de séchage.

On peut éviter le collapse en adoptant des conditions de séchage plus conservatrices au début du cycle de séchage. Cela ralentit le séchage et favorise l'arrivée d'air dans les cellules, ce qui réduit les niveaux de contrainte.

17.8.2 GRAIN SOULEVÉ

On appelle grain soulevé l'apparence ondulée de la surface de certains sciages de résineux qui se développe habituellement lorsque les sciages ne sont pas séchés à une faible TH uniforme avant le rabotage. Dans les sciages sciés sur dosse, l'ondulation de surface est surtout attribuable aux couteaux de la raboteuse qui enfoncent le bois final dur dans le bois initial plus mou. Par la suite, en raison d'un retour élastique d'origine mécanique ou de reprise d'humidité, le bois final s'élève au-dessus des cellules de bois initial, ce qui donne à la surface du bois son aspect onduleux. Dans les sciages sciés sur quartier et rabotés à l'état sec, mais qui absorbent de l'humidité par la suite, la surface ondulée est causée par le gonflement des cernes de bois final qui se soulèvent au-dessus des cernes de bois initial.

17.8.3 ROULURE ET GRAIN RELÂCHÉ

La roulure est un défaut naturel du bois que certains associent ou attribuent parfois au processus de séchage. La roulure représente la séparation ou la faiblesse des cellules entre deux cernes annuels. La séparation n'est pas toujours apparente dans le bois à l'état vert, mais elle se manifeste fréquemment durant le séchage avec le développement des contraintes de séchage normales. La roulure peut se développer sous l'effet de contraintes mécaniques exercées sur l'arbre debout (p. ex. le vent) ou sous l'effet de poches de bois humide (se reporter au chapitre 4).

Le grain relâché, pour sa part, se manifeste fréquemment sur les sciages de résineux comprenant du bois final très dense dans lequel le retrait du bois final d'un cerne annuel est beaucoup plus important que le retrait du bois initial du cerne adjacent. Cette différence de retrait peut entraîner un plan de cisaillement entre les deux cernes annuels adjacents. La séparation des cernes annuels qui en résulte entraîne la formation d'éclats à proximité de la surface des sciages. Si l'on retire ces éclats, le déchirement se manifestera fréquemment dans le sens de la longueur de la pièce en question.

La fréquence de manifestation du grain relâché augmente avec une HR trop faible durant le séchage au séchoir. On ne prétend pas qu'une faible HR entraîne nécessairement le développement du grain relâché, mais il faut savoir que certains types de sciages sont sujets au développement de ce défaut dans des conditions de séchage mal choisies. Lors du rabotage d'essences sujettes à ce défaut ou qui contiennent des roulures d'origine naturelle, le choc de couteaux de la raboteuse mal réglés peut aussi entraîner la séparation du fil aux cernes annuels, plus particulièrement dans les pièces qui présentent une importante différence de densité entre le bois initial et le bois final. Une pression excessive des rouleaux d'entraînement peut aussi favoriser le développement de ce défaut dans ces essences.

17.8.4 COLORATION FONGIQUE

Les moisissures de surface et les champignons responsables de la coloration de l'aubier (bleuissement) se développeront dans certaines essences résineuses, notamment les pins, si les paramètres de séchage prévoient une température trop basse (inférieure à 110 °F ou 43 °C) et un fort taux d'humidité. La coloration de l'aubier découle de la formation de champignons sur la surface des sciages. On peut toutefois l'empêcher en séchant rapidement les sciages afin d'en diminuer l'humidité superficielle ou en les séchant à des températures supérieures à 140 à 150 °F (60 à 65,5 °C). En règle générale, le séchage de sciages d'EPS s'effectue à des températures bien supérieures à celles-ci. En conséquence, la coloration de l'aubier dans le séchoir ne pose pas problème. Il en va toutefois autrement pour ce qui est de sciages séchés à l'air. De mauvaises pratiques de séchage à l'air peuvent ralentir le séchage et ainsi entraîner la coloration de l'aubier. De longues périodes d'entreposage des billes durant les mois d'été peuvent aussi favoriser des niveaux excessifs de coloration de l'aubier.

La présence de coloration de l'aubier et de moisissures ne contribue aucunement au déclassement de la plupart des qualités régulières de bois de dimension ou de colombage. De nouvelles tendances en matière de commercialisation du bois d'œuvre présentent toutefois de nouvelles classes de qualité spéciale qui n'admettent aucune coloration de l'aubier. Comme la plupart de ces classes de qualité spéciale sont aussi associées à du bois de valeur supérieure, l'adoption de mesures pour empêcher ou minimiser le développement de la coloration de l'aubier présente un intérêt économique.

17.8.5 COLORATION D'ORIGINE CHIMIQUE

L'interaction des constituants chimiques du bois avec l'humidité et l'air peut provoquer plusieurs types de coloration du bois. Dans la plupart des cas, il s'agit de réactions par voie d'oxydation. Les essences du groupe EPS ne sont pas sujettes aux fortes colorations d'origine chimique et la faible coloration susceptible de se manifester n'influencerait pas négativement le classement ou la qualité marchande des sciages.

MESURES DE CONTRÔLE DE LA QUALITÉ

18.1 APERÇU

En général, les résultats des opérations de séchage sont mesurés en termes de

a) productivité,

b) coûts du séchage,

c) qualité du produit final (rendement en qualités et TH finale).

Dans la plupart des cas, le séchage au séchoir ajoute une certaine valeur au produit final. Outre cet incitatif financier, les scieries font sécher le bois d'œuvre pour en améliorer les attributs et pour conférer au bois la stabilité dimensionnelle voulue. Concrètement, l'opération de séchage au séchoir représente probablement la meilleure possibilité d'ajouter de la valeur au produit final, à condition que les défauts de séchage n'entraînent pas le déclassement des sciages ou une baisse du rendement en qualité. Certaines scieries considèrent l'opération de séchage au séchoir comme un centre de profit. Afin de maximiser les profits de l'opération en ajoutant de la valeur au produit final et en réduisant les coûts d'exploitation de l'entreprise, les opérateurs de séchoir et leurs superviseurs doivent se conformer à des pratiques bien établies de contrôle de la qualité (CQ), comme celles qui sont décrites ci-après.

Les trois critères mentionnés en début de chapitre (productivité, coûts du séchage et qualité) sont intimement liés. Dans la plupart des cas, l'augmentation de la productivité signifie « faire plus avec moins », c'est-à-dire que les scieries s'emploient à maximiser la capacité actuelle de leurs séchoirs afin d'éviter ou, tout au moins, de reporter d'importantes dépenses en immobilisations. Cela étant dit, signalons que la sélection des programmes de séchage, le triage des sciages avant le séchage et l'exploitation quotidienne des séchoirs (temps de fonctionnement, entretien planifié et non planifié) sont les principales variables qui influencent la productivité. Il faut toutefois savoir que les scieries ne calculent pas leurs coûts de séchage de la même façon. Dans le cas de séchoirs chauffés aux combustibles fossiles, le coût de l'énergie peut constituer un élément majeur. Dans la plupart des cas, cependant, l'énergie et la main-d'œuvre constituent les principaux facteurs des coûts du séchage. Mais la qualité du produit final est peut-être le plus important critère d'évaluation d'une opération de séchage. L'évaluation de la qualité comprend non seulement un aspect tangible (en termes de déclassement et de TH), mais aussi un aspect intangible lié à la perception de la qualité du produit final par le client. Par exemple, deux pièces de 2 x 4 x 16 pi séchées au séchoir peuvent se voir attribuer la même qualité selon les règles de classement du bois d'œuvre, mais en raison de leur gauchissement respectif, elles peuvent se vendre à des prix sensiblement différents ou être destinées à des applications différentes. Par conséquent, outre les règles de classement en vigueur, les scieries les plus progressistes élaborent aussi leurs propres critères pour répondre aux attentes particulières de leurs clients. Cette approche leur permet de maximiser la valeur de leur gamme de produits. Pour ce qui est du séchage, le rôle du CQ prend davantage d'importance au fur et à mesure que les scieries optimisent leur rendement en qualité (y compris l'ajout de qualités spéciales) et affrontent la concurrence provenant de produits de remplacement du bois comme le plastique, l'acier ou le béton.

18.2 ÉVALUATION DE LA TENEUR EN HUMIDITÉ FINALE

18.2.1 FIXER DES CIBLES

L'établissement d'une TH cible est une décision stratégique à laquelle devraient participer les opérateurs de séchoirs, les superviseurs, le personnel de CQ, la direction et le personnel relié aux ventes, à la commercialisation ou aux relations avec les clients. La TH cible devrait être fixée à la lumière de l'utilisation ou de l'application du produit final et du milieu dans lequel il sera utilisé. En conséquence, il faudra définir différentes TH cibles pour obtenir une performance optimale, et ce, en fonction du produit, de l'endroit de son utilisation et du temps de l'année. Une des considérations importantes dont il faut tenir compte lors de l'établissement de la TH cible tient à la variation maximale admise. La variation de la TH peut être mesurée de différentes façons, mais l'information qui s'avère probablement la plus utile provient d'une connaissance des éléments suivants :

- l'écart moyen et l'écart type;
- la plage ou la fourchette de variation, c.-à-d. la différence entre les valeurs maximale et minimale de la TH;
- le pourcentage de sciages dont la TH se situe au-dessous ou au-dessus d'une plage d'humidité acceptable.

Ces trois variables permettent à l'opérateur de séchoir de formuler des décisions concernant le programme de séchage et les séchoirs à utiliser pour obtenir les résultats escomptés. Par exemple, les opérateurs de séchoirs qui sèchent du bois de dimension de résineux ciblent une TH finale de sorte que tous les sciages d'un chargement s'inscriront dans une plage de 10 à 19 %. La valeur maximale de 19 % est déterminée par les règles de classement du bois d'œuvre, tandis que la valeur minimale de 10 % est le reflet d'une pratique courante à l'échelle de l'industrie, bien qu'elle puisse varier d'une scierie à l'autre. En général, les sciages dont la TH est inférieure à 10 % ont tendance à développer un gauchissement excessif au point où leur déclassement peut entraîner une perte financière pour la scierie. Dans d'autres secteurs de la transformation du bois, par exemple la fabrication de meubles de qualité supérieure et d'instruments de musique, des cibles de TH plus rigoureuses s'imposent afin d'assurer la qualité du produit. Les plages de TH cibles pour de tels produits peuvent être très étroites, variant, par exemple, de 1 à 2 % ou moins.

18.2.2 MÉTHODES D'ÉVALUATION DE LA TH FINALE

18.2.2.1 VÉRIFICATIONS À CHAUD

La technique de la vérification à chaud sert à évaluer la TH vers la fin du processus de séchage. Elle permet à l'opérateur de séchoir de déterminer s'il y a lieu de prolonger le séchage (la TH cible n'a pas été atteinte) ou d'y mettre fin. La procédure pour effectuer une vérification à chaud est décrite à la section 14.3.4 du chapitre 14. Bien que cette technique ne détermine la TH que d'un échantillon de sciages relativement petit (habituellement moins de 1 % d'un chargement), les résultats permettent à l'opérateur de séchoir de détecter des variations de la TH dans le séchoir. Cette information facilite la prise de décision d'arrêter le séchoir, s'il y a lieu.

L'accumulation systématique de données provenant des vérifications à chaud peut s'avérer très utile si elles sont mises en relation avec les valeurs de TH obtenues à l'usine de rabotage, où la TH de chaque pièce peut être déterminée. Dans certains cas, les valeurs de TH estimatives obtenues lors des vérifications à chaud seront supérieures, et dans d'autres cas, inférieures, aux valeurs obtenues à l'usine de rabotage. En général, elles diffèrent de 2 à 4 % et cette différence de TH est habituellement constante pour un produit donné. L'opérateur de séchoir doit donc comprendre le rapport entre les valeurs obtenues dans le cadre des vérifications à chaud et à l'usine de rabotage afin de décider quand il doit mettre fin au processus de séchage et éviter le surséchage des sciages.

18.2.2.2 VÉRIFICATIONS À FROID

Comme pour la technique de vérification à chaud, la vérification à froid peut s'effectuer alors que les sciages sont toujours empilés sur baguettes, une fois le chargement retiré du séchoir et refroidi à la température ambiante. Cette technique permet aux usines qui ne sont pas en mesure de déterminer la TH des sciages à l'usine de rabotage de recueillir davantage de données sur la TH finale d'un chargement issu d'un séchoir. Comme le bois n'est plus dans le séchoir et, donc, que le milieu est plus accueillant, les opérateurs de séchoirs peuvent prendre plus de temps pour mesurer la TH à un plus grand nombre d'endroits dans un chargement. Les mêmes procédures et précautions qui sont suggérées pour les vérifications à chaud à l'aide d'humidimètres portatifs s'imposent aussi dans ce cas.

18.2.2.3 MÉTHODE AU FOUR

La méthode au four est considérée comme la plus précise pour déterminer la TH du bois, qu'il soit vert ou sec. Cependant, comme elle prend beaucoup de temps, cette méthode n'est pas couramment utilisée au quotidien dans les opérations de séchage de bois de dimension d'essences résineuses. La procédure pour l'application de la méthode au four est décrite au chapitre 5. Un bon programme de contrôle de la qualité a recours à cette méthode pour valider l'étalonnage d'humidimètres portatifs ou en continu, de préférence sur une base régulière. Chaque opération de séchage de bois d'œuvre devrait donc disposer de l'équipement et du personnel permettant l'application de la méthode au four (se reporter au chapitre 5).

18.2.2.4 MESURE DE LA TH DANS LE SÉCHOIR

Les systèmes de mesure de la TH dans le séchoir ont été mis au point il y a plus de 20 ans, mais ce n'est que depuis peu qu'ils sont utilisés par les scieries pour le séchage de bois de dimension d'essences résineuses. Plusieurs fournisseurs offrent de tels systèmes au Canada. Le principal avantage des humidimètres en continu intégrés aux séchoirs tient à la possibilité de mettre fin au processus de séchage au moment le plus approprié sans qu'un chargement compte trop de sciages surséchés ou encore humides. Normalement, jusqu'à huit mesures de TH seront prises en continu par les humidimètres dans différentes zones du séchoir, le nombre de pièces dont la TH est mesurée représentant de 3 à 5 % du nombre total de pièces à l'intérieur du séchoir. Il s'agit donc d'une amélioration en termes de proportion de sciages dont la TH est mesurée comparativement à la technique des vérifications à chaud. Les humidimètres en continu peuvent aussi servir à détecter toute différence importante de la TH entre les huit zones mentionnées. Les opérateurs de séchoirs peuvent alors régler leurs programmes de séchage ou la durée du séchage en fonction des différences de TH. Comme ces humidimètres mesurent la TH d'un groupe de sciages dans une zone donnée (de 200 à 250 sciages par zone, selon les dimensions des sciages), les lectures de TH ne mettent pas en lumière la variation de la TH à l'intérieur même des paquets. En conséquence, ce type d'équipement ne permet pas aux opérateurs de séchoirs de déterminer la variation de TH pièce par pièce ou d'estimer l'écart type.

18.2.2.5 VÉRIFICATION DE LA TH LORS DE LA VÉRIFICATION DU CLASSEMENT DES SCIAGES

Le personnel de CQ effectue couramment des vérifications de la TH finale. Les scieries établissent leurs propres critères et leurs propres échantillons aux fins du contrôle de la TH dans le cadre du CQ. Un grand nombre de scieries constituent un échantillon de 100 à 200 pièces provenant d'une même production pour évaluer la précision du classement des sciages. Cet échantillon permet la collecte de données sur les types de défauts et les causes du déclassement. D'autres scieries privilégient des vérifications au hasard d'un paquet ou de plusieurs paquets de sciages par qualité donnée par semaine. Un paquet de sciages de 2 x 4 peut contenir jusqu'à 480 pièces. Dans un cas comme dans l'autre, on peut aussi vérifier la TH à l'aide d'humidimètres portatifs (à résistance électrique ou diélectriques). Les scieries qui fabriquent du bois d'œuvre classé par contrainte mécanique (MSR) mesurent aussi la TH au moyen d'humidimètres électriques dans le cadre de leurs procédures normalisées de contrôle du procédé. Pour l'opérateur de séchoir, les situations décrites ci-dessus sont autant de possibilités de recueillir des données sur les caractéristiques de TH finale du bois sec.

18.2.2.6 MESURE DE LA TH EN CONTINU À L'USINE DE RABOTAGE

Les valeurs de teneur en humidité obtenues à l'usine de rabotage sont considérées comme étant les valeurs de TH finale au terme du processus de fabrication. C'est à l'usine de rabotage que se présente la dernière occasion de déterminer la TH finale de chaque pièce fabriquée. Il s'agit d'une mesure importante puisqu'elle permet de déclasser ou de retirer les pièces dont la TH dépasse la limite supérieure prescrite par les normes ou le client. C'est pourquoi il y lieu de vérifier régulièrement la précision des humidimètres en continu. En outre, le personnel d'usine devrait appliquer les procédures d'exploitation et d'entretien stipulées dans les instructions fournies par les fabricants. Certaines usines sont en mesure d'effectuer un suivi des paquets dès leur sortie des séchoirs, et ce, jusqu'à leur sortie de l'usine de rabotage. Il s'agit du scénario idéal puisqu'il permet de déterminer la TH d'un chargement en particulier, et d'obtenir non seulement la TH moyenne et l'écart type de la TH mais aussi le profil de la distribution de la TH par paquet dans le séchoir. Les opérateurs de séchoirs peuvent alors procéder à l'évaluation systématique des séchoirs et des programmes de séchage à l'aide de l'information obtenue à l'usine de rabotage.

18.2.2.7 MESURE DE LA TH CHEZ LE CLIENT

Comme son nom l'indique, ce type de contrôle de la TH vise habituellement le bois d'œuvre destiné à un client en particulier. Dans certains cas, ces inspections s'effectuent avant que le bois quitte la scierie, mais elles sont couramment effectuées chez le client. En général, elles se déroulent une fois le bois livré et à la suite d'un différend concernant la valeur de TH finale. Dans la plupart des cas, le personnel de CQ de la scierie et le client s'entendent sur les critères d'acceptation et de refus du produit livré. Les opérateurs de séchoirs participent rarement aux mesures de TH chez les clients, mais le personnel de CQ doit les mettre au courant des résultats des inspections effectuées.

18.2.3 ÉVALUATION DE LA VARIATION DE LA TH FINALE

L'évaluation de la variation de la TH finale est un volet important des procédures de contrôle de la qualité d'une opération de séchage. Cet exercice peut procurer aux opérateurs de séchoirs de l'information utile aux fins de la modification de leurs programmes de séchage. Il permet aux directeurs de scierie d'évaluer les avantages éventuels du prétriage et aux responsables de l'entretien de régler les problèmes à l'origine de variations du taux de séchage dans le séchoir, lesquelles entraînent d'importantes variations de la TH finale. Les sections qui suivent décrivent les méthodes les plus pratiques pour contrôler la variation de la TH.

18.2.3.1 ÉCART MOYEN ET ÉCART TYPE

La TH finale moyenne (TH_{moy}) est probablement le paramètre le plus couramment utilisé pour mesurer la TH à la fin du processus de séchage. Les humidimètres modernes permettent aux opérateurs de séchoirs d'obtenir une valeur de TH moyenne simplement en appuyant sur un bouton après avoir mesuré la TH d'un nombre de sciages. On peut donc obtenir cette valeur facilement et rapidement, mais force est de constater son utilité limitée lorsqu'il faut mesurer la TH d'un chargement de bois d'œuvre. Pour obtenir une image plus complète de la situation, il faut obtenir un autre paramètre, à savoir l'écart type. Ces deux paramètres permettent aux opérateurs de séchoirs d'obtenir une appréciation beaucoup plus fidèle de la plage des TH finales dans une situation particulière. Une des contraintes de l'écart type tient au fait qu'il est fondé sur une distribution « normale » des résultats. La figure 18-1 montre une distribution des TH finales que l'on pourrait qualifier de « statistiquement normale ». Cette distribution comprend un nombre égal et similaire de lectures au-dessous et au-dessus de la valeur moyenne. Malheureusement, la distribution des TH finales ne reflète pas toujours la courbe normale de distribution illustrée. L'écart type reste néanmoins un outil fort utile pour comparer les résultats de séchage d'un chargement à l'autre, et il vaut la peine d'établir une valeur cible en conséquence.

Figure 18-1

Teneur en humidité finale (en supposant une distribution normale).

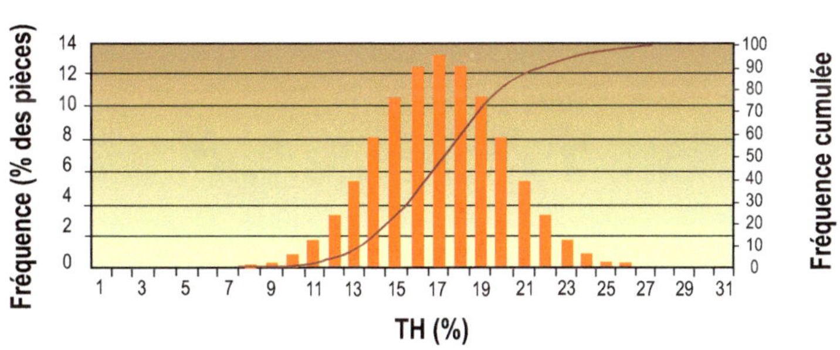

Dans bien des cas, la distribution des TH finales de chargements individuels ressemble au graphique de la figure 18-2. En comparant la distribution des lectures à celles de la figure 18-1, on constate facilement l'asymétrie de leur distribution vers les valeurs de TH inférieure. Cette situation s'explique par le taux de séchage du bois qui ralentit sensiblement à basse TH, ce qui augmente le nombre de pièces affichant des TH inférieures, surtout à la suite du prolongement des temps de séchage.

Figure 18-2
Distribution type de TH finales (asymétrique).

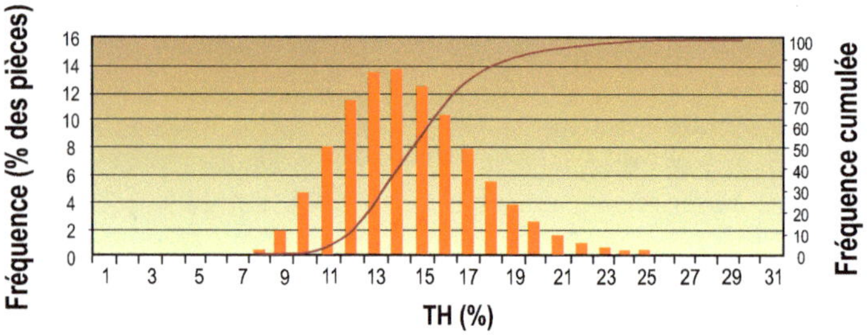

On peut toujours calculer l'écart type et l'utiliser pour décrire une population asymétrique, mais les comparaisons avec d'autres populations peuvent prêter à confusion. Cependant, la « loi des grands nombres » (ce que les statisticiens appellent le théorème de la limite centrale) permet de tirer profit des règles régissant la distribution normale. Selon ce théorème, même si des groupes d'échantillons individuels ne respectent pas nécessairement une courbe de distribution normale, la distribution des valeurs moyennes d'un nombre de chargements affichera une distribution normale. En conséquence, si on fait le graphique des valeurs moyennes de TH d'un grand nombre de chargements, la distribution de ces valeurs, soit de la TH pour une scierie, un séchoir, un produit, etc., ressemblera à la distribution illustrée à la figure 18-1. Des opérations statistiques de base sur les valeurs de TH moyenne de chargements mettront en lumière les variations de cette propriété d'un chargement à l'autre. Dans cet exemple, un écart type de 3 % nous dit que la TH moyenne de chargements individuels s'inscrira dans une plage de 12 à 18 %, et ce, dans 68 % des cas (selon la définition de l'écart type). Cette même définition nous dit aussi que 96 % des résultats s'inscriront dans une plage de plus ou moins deux écarts types (TH de 9 à 21 % dans cet exemple). Le personnel de contrôle de la qualité peut donc établir non seulement des TH moyennes cibles, mais aussi un écart type cible. Si une scierie établit une TH moyenne cible de 15 % et un écart type de 2 % pour un chargement, elle pourrait s'attendre à ce que la TH moyenne finale s'inscrive dans la plage allant de 11 à 19 %, et ce, dans la plupart (96 %) des cas.

Au terme du processus de séchage, les opérateurs de séchoirs peuvent mesurer la TH_{moy} et, avec le temps, calculer l'écart type correspondant. Ils pourront alors élaborer des distributions semblables à celles dont nous venons de parler. Les résultats de cette analyse seront encore plus révélateurs lorsqu'ils seront associés à un séchoir, produit, essence, groupe de triage ou temps de l'année (saison) particulier. Lorsque les opérateurs de séchoirs disposent de ce type d'information, ils peuvent effectuer des analyses comparatives et, par exemple, modifier les programmes de séchage de manière à respecter les écarts admissibles.

18.2.3.2 EMPLACEMENT DANS LE SÉCHOIR

Comme nous l'avons mentionné précédemment, l'évaluation de la TH selon les zones d'un séchoir permet à l'opérateur du séchoir et au personnel d'entretien de résoudre systématiquement les problèmes qui surviennent. Par exemple, des problèmes de séchoir qui influencent les taux de séchage sont habituellement liés à une circulation d'air non uniforme ou à des conditions non uniformes de température et d'HR. La figure 18-3 illustre l'évaluation de la TH dans différentes zones du séchoir.

Comme le montre la figure 18-3, le bois de la zone 1 (zone nord-est du séchoir) est manifestement surséché. Plusieurs facteurs peuvent avoir contribué à cet état de fait. Une fois la tendance identifiée, les opérateurs de séchoirs peuvent se mettre à la recherche des causes possibles. Dans certains cas, il sera utile d'évaluer le « déclassement » probable du bois surséché (zone nord-est du séchoir). La détermination des pertes financières permettra certes de justifier l'investissement requis afin de régler le problème à l'origine du surséchage. Il se peut fort bien, cependant, que le surséchage du bois constaté dans la zone 1 soit

Figure 18-3
Évaluation de la TH dans différentes zones du séchoir.

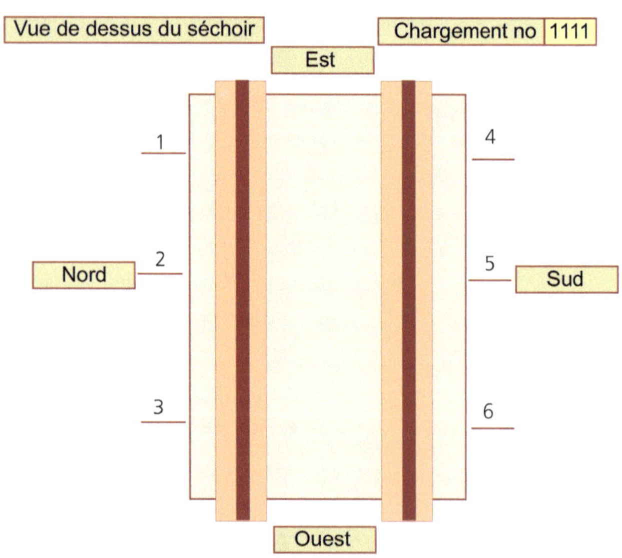

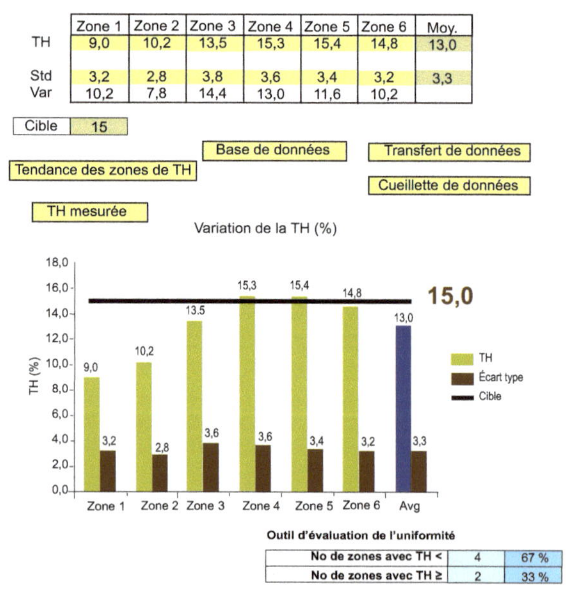

attribuable au séchage à l'air dans la cour à bois pendant un certain temps. Bien que cette pratique ne soit pas recommandée, les scieries sont parfois obligées de charger les séchoirs de bois dont les antécédents d'entreposage diffèrent, donc présentant des TH initiales différentes. Si tel est le cas, l'affichage des données de TH finale, comme dans la figure 18-3, peut suffire à justifier la modification des procédures existantes. Dans cet exemple, il suffira peut-être d'établir des lignes directrices pour faire en sorte que les sciages empilés pour constituer un chargement de séchoir affichent des antécédents d'entreposage similaires. Si c'est impossible, l'opérateur de séchoir devrait être autorisé à utiliser un programme de séchage davantage conservateur pour éviter le surséchage de la partie du chargement qui affiche une TH initiale plus faible.

18.2.3.3 INTERPRÉTATION DES PARAMÈTRES STATISTIQUES

Comme nous l'avons mentionné précédemment, la TH finale moyenne et l'écart type sont les paramètres les plus couramment utilisés pour évaluer les résultats du processus de séchage. Individuellement, la TH_{moy} et l'écart type ne reflètent pas fidèlement les résultats du séchage d'un chargement de séchoir en particulier. Ces paramètres doivent être considérés ensemble pour donner une image plus fidèle des résultats. La figure 18-4 illustre la distribution de la TH finale pour un chargement hypothétique dont la TH_{moy} et l'écart type sont respectivement de 11,0 % et 3,5 %.

La figure 18-5 illustre une autre distribution en fonction d'une TH_{moy} différente, mais du même écart type. Les distributions de la TH illustrées aux figures 18-4 et 18-5 montrent une « fourchette » similaire (même écart type), mais de TH moyennes sensiblement différentes. La distribution illustrée à la figure 18-4 témoigne clairement du surséchage d'un volume considérable de bois d'œuvre, tandis que la distribution de la figure 18-5 reflète des résultats raisonnables. Ainsi, même si les deux distributions affichent la même fourchette, elles se distinguent l'une de l'autre sur le plan de la TH_{moy} finale. De même, les scénarios illustrés aux figures 18-6 et 18-7 montrent des distributions affichant la même TH_{moy}, soit 14,3 %, mais des écarts types sensiblement différents.

Bien que la TH_{moy} des deux distributions soit la même, soit 14,3 %, la fourchette illustrée à la figure 18-6 affiche manifestement de meilleurs résultats comparativement aux résultats illustrés à la figure 18-7.

Outre les paramètres de TH_{moy} et d'écart type, les opérateurs de séchoir peuvent obtenir des renseignements utiles à partir de l'analyse des histogrammes, des plages de TH et des distributions cumulées. Par exemple, la distribution de TH finale dans un chargement type est illustrée à la figure 18-8. La TH_{moy} et l'écart type sont respectivement de 14,4 % et de 4,5 %. En plus de constater la distribution asymétrique de la TH finale, l'opérateur de séchoir peut se faire une idée de la plage de TH, c'est-à-dire de la différence entre les TH maximale et minimale. Dans l'exemple illustré à la figure 18-8, la plage est de 25 % (de 30 à 5 %). Ce graphique comprend aussi une courbe indiquant la distribution cumulée des TH finales. Cette courbe permet de déterminer le volume de sciages dont la TH s'inscrit

Figure 18-4
Distribution de la TH finale (TH_{moy} = 11,0 % , écart type = 3,5 %).

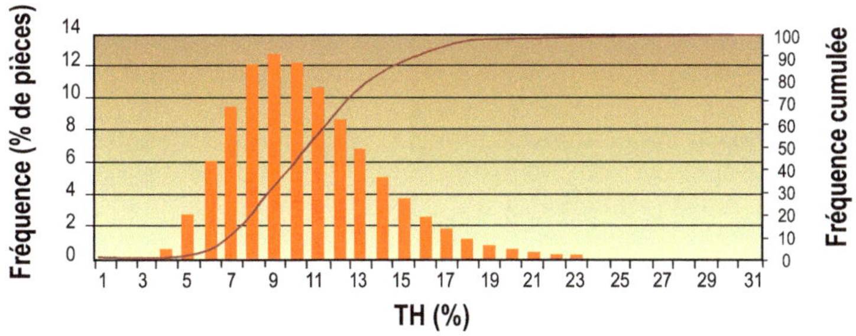

Figure 18-5
Distribution de la TH finale (TH_{moy} = 14, 0 %, écart type = 3,5 %).

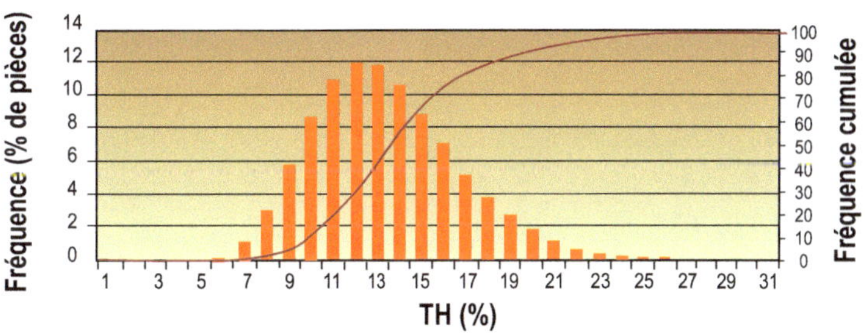

Figure 18-6
Distribution de la TH finale (TH_{moy} = 14,3 %, écart type = 2,2 %).

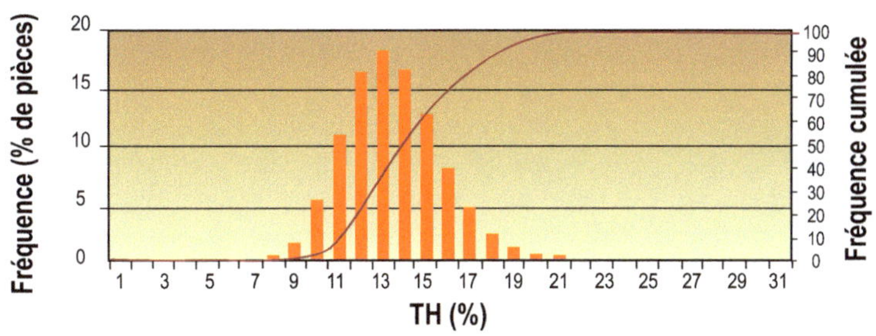

Figure 18-7
Distribution de la TH finale (TH_{moy} = 14,3 %, écart type = 4,3 %).

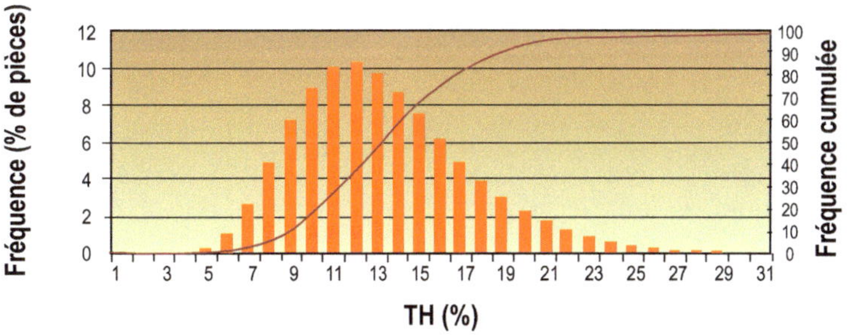

en dessous ou au-dessus d'une valeur particulière de TH finale. Par exemple, ce graphique indique qu'environ 15 % des sciages affichent une TH de moins de 10 %. Ainsi, l'opérateur de séchoir peut rapidement obtenir une bonne estimation du surséchage (sciages dont la TH est de moins de 10 %), évaluer l'efficacité de l'opération de séchage et déterminer s'il y a lieu de modifier le programme de séchage. Le graphique de la figure 18-8 peut aussi aider l'opérateur de séchoir à déterminer le volume de bois trop humide ou de sciages dont la TH est supérieure à une valeur acceptable préalablement établie. Dans cet exemple, le graphique montre qu'environ 90 % des sciages affichent une TH finale de 20 % ou moins. Conséquemment, 10 % des sciages afficheraient une TH finale de plus de 20 %. L'addition du pourcentage de sciages surséchés et sous-séchés permet d'obtenir rapidement une idée du volume total de bois dont la TH s'inscrit à l'extérieur d'une fourchette cible préétablie.

Figure 18-8
Distribution de la TH finale (TH_{moy} = 14,4 %, écart type = 4,5 %).

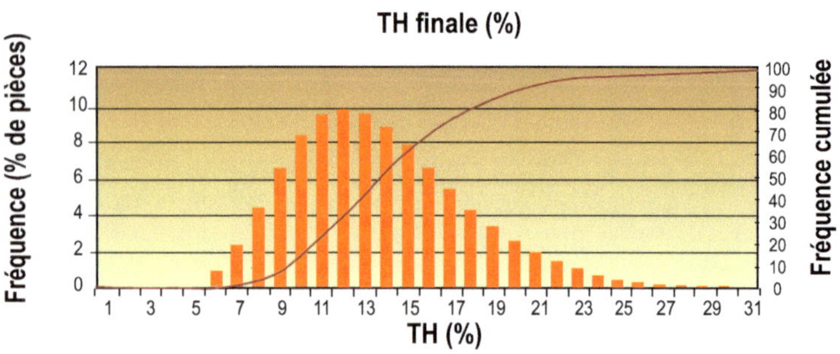

Tous les résultats illustrés aux figures précédentes représentent des scénarios types d'opérations de séchage industrielles. Les principaux indicateurs de performance indiqués au début du présent chapitre, soit la productivité, les coûts du séchage et la qualité du produit, doivent être pris en compte lors de l'analyse de ces graphiques. Par exemple, pour les entreprises qui produisent des sciages destinés à la fabrication de bois lamellé-collé, les résultats présentés à la figure 18-4 semblent être conformes aux exigences (TH inférieure à 14 %). Une analyse plus serrée révélerait toutefois que 15 à 20 % des sciages affichaient une TH finale de plus de 14 %. Les opérateurs de séchoirs et l'équipe de direction doivent décider si le volume de sciages trop humides en pareille situation est trop élevé ou s'il y a lieu de procéder à un triage et de les acheminer à la fabrication d'autres produits finaux. En revanche, si l'opérateur de séchoir sèche le chargement à une TH_{moy} inférieure, la TH de la plupart des sciages baisserait à moins de 14 %. Cependant, le prolongement du séchage entraînerait probablement d'autres problèmes liés au retrait excessif et au gauchissement étant donné la proportion plus importante de sciages surséchés. Ainsi, le personnel de CQ et d'opération des séchoirs doit s'entendre sur des valeurs cibles de TH_{moy}, d'écart type et d'étendue de la TH finale. Il est probable que d'autres cibles devront être fixées selon le produit, le temps de l'année, les essences ou les exigences des clients. Cette approche dynamique en matière d'interprétation des résultats est nécessaire pour optimiser les trois principaux éléments qui influent sur le succès d'une opération de séchage (productivité, coûts du séchage et qualité du produit final).

18.3 INCIDENCE DU SÉCHAGE SUR LA QUALITÉ DU PRODUIT

18.3.1 ÉVALUATION DE LA QUALITÉ DES SCIAGES

Les scieries expriment la qualité de leurs produits de diverses façons. Tout dépend des produits qui sont fabriqués et des marchés auxquels ils sont destinés. Dans bien des cas, les scieries de bois de dimension expriment leurs résultats en termes de pourcentage des sciages s'inscrivant dans une certaine classe. Les scieries qui fabriquent du bois de dimension de longueurs irrégulières expriment habituellement leurs résultats en termes de pourcentage de sciages de qualité « N° 2 et meilleur ». D'autres classes de qualités, par exemple les qualités-maison dites « Premium » et « J-grade » ainsi que les qualités classiques « Économie » et « Utilité » peuvent aussi être utilisées pour fournir une répartition exhaustive des sciages en fonction des qualités auxquelles ils correspondent. Les directeurs de scierie et les superviseurs peuvent alors continuellement évaluer les résultats du séchage et les comparer à ceux de scieries similaires.

En général, lorsqu'une scierie déclare que son pourcentage de sciages de qualité « N° 2 et meilleur » est de 85 %, cela signifie que 15 % des sciages n'ont pu répondre aux plus hautes classes de qualité. Le déclassement peut découler de défauts naturels du bois ou d'un problème de transformation, y compris le séchage au séchoir. Le processus qui consiste à établir la proportion des sciages déclassés en raison de problèmes de séchage peut s'avérer difficile et exiger beaucoup de temps, il engendre toutefois des données très utiles. Les scieries négligent souvent d'évaluer le coût réel relié au déclassement des sciages en raison de problèmes de séchage, et de déterminer du même coup l'augmentation potentielle des recettes annuelles qu'une opération de séchage efficace pourrait engendrer. Bien que cette augmentation des revenus annuels dépende des prix de vente du bois d'œuvre et des conditions du marché, toute amélioration des opérations de séchage entraînera inévitablement des avantages intéressants et des retombées tangibles (amélioration du rendement en qualités) et intangibles (perception de qualité accrue par le client).

18.3.2 ÉVALUATION DE LA COURBURE COMME INDICATEUR DE QUALITÉ DES DÉFAUTS DE SÉCHAGE ET DU DÉCLASSEMENT

Parmi les divers défauts de séchage, le gauchissement est celui qui influence le plus la qualité du bois de dimension d'EPS. En conséquence, si on peut l'évaluer avec précision, le gauchissement peut permettre, par exemple, d'estimer l'effet d'un programme de séchage particulier sur la qualité finale du produit. Le schéma qui suit (élaboré à partir des règles de classement de la NLGA) présente les limites critiques concernant diverses formes de gauchissement en termes de leur effet sur le déclassement attribuable au séchage de sciages d'EPS de 2 x 4.

Le déclassement de bois de dimension d'EPS attribuable au séchage peut être déterminé de plusieurs façons. La méthode retenue sera déterminée par le niveau de détail nécessaire. Les scieries devraient envisager d'utiliser plusieurs des options suivantes dans le cadre d'un suivi du niveau de déclassement attribuable au séchage:

Figure 18-9
Tolérances de gauchissement (voilement de rive et torsion) de 2 x 4 selon les règles de la NLGA pour le classement des sciages de bois de dimension.

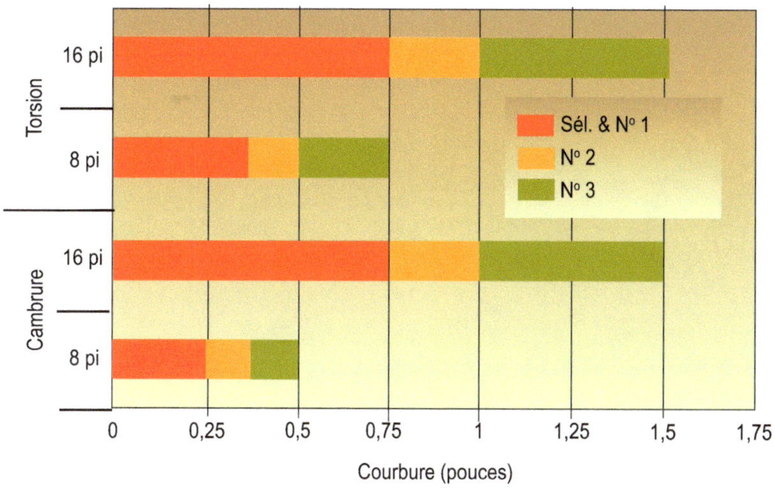

Figure 18-10
La prise de mesures détaillées du gauchissement exige de retirer des sciages de la chaîne de transformation et les déposer sur une surface plane. De nouveaux systèmes automatisés de classement peuvent générer de l'information similaire.

1. SUIVI DES CAUSES DU DÉCLASSEMENT

Le système de vérification du classement des sciages mis en place dans un grand nombre de scieries peut être élargi pour faciliter la collecte de données sur le déclassement de sciages causé par le gauchissement. Le suivi du pourcentage des sciages déclassés par le gauchissement permet à une scierie de prendre connaissance des augmentations inhabituelles qui peuvent être causées par des problèmes d'équipement ou de procédé au séchoir. Certains systèmes de classement automatique offrent désormais la possibilité de mesurer ce critère de performance sur une base régulière.

2. MESURE DU GAUCHISSEMENT DES SCIAGES SECS

La prise des mesures réelles du gauchissement des sciages secs peut fournir de l'information utile sur le moment où les opérations de séchage deviennent hors contrôle. La figure 18-9 montre divers niveaux de gauchissement qui influencent le classement d'une pièce. Lorsqu'on se limite à la collecte de données sur le rendement en qualités, le résultat se résume à une simple évaluation de type *conforme/non conforme*. La collecte et l'analyse des mesures réelles de gauchissement permettent de cerner l'ampleur du gauchissement avant que le nombre de pièces touchées n'ait des conséquences importantes sur le rendement en qualité. La meilleure façon de mesurer le gauchissement manuellement consiste à retirer une pièce de la chaîne de fabrication et à la déposer sur une surface plane, comme à la figure 18-10. Les systèmes automatisés de classement évoluent et, de nos jours, certains offrent la possibilité de générer des données sur l'ampleur réelle du gauchissement. Peu importe la méthode de collecte de données sur le gauchissement de sciages secs, il faut savoir que toute manifestation du gauchissement ne découle pas nécessairement du séchage. Il peut se développer durant le processus de débitage soit à cause de contraintes naturelles de croissance ou du sciage en courbe. Si le gauchissement attribuable à ces deux causes est considéré comme négligeable ou constant (la chose reste à démontrer), le gauchissement des sciages secs sera en grande partie attribuable à l'opération de séchage.

3. MESURE DU GAUCHISSEMENT AVANT ET APRÈS LE SÉCHAGE

Une méthode beaucoup plus précise, mais plus longue, de procéder à la collecte de données sur le gauchissement consiste à mesurer le produit avant et après le séchage. Cette méthode permet d'éliminer le problème lié au gauchissement présent dans les sciages à l'état vert, et qui pourrait fausser les résultats. Le test peut être exécuté manuellement ou au moyen d'un système automatisé. Lors de l'utilisation d'un tel système, les lots de sciages verts à évaluer doivent être introduits dans le système de classement avant le séchage. La pertinence d'appliquer cette méthode varie d'une scierie à l'autre, en fonction de leur capacité à introduire et retirer les sciages verts du système de classement, et du temps d'accès sur le système en question.

4. PERTES À L'ÉBOUTAGE COMME COMPOSANT DU DÉCLASSEMENT DÉCOULANT DU SÉCHAGE

Chaque opération de transformation du bois d'œuvre comprend un certain volume de perte liée à l'éboutage des sciages à l'usine de rabotage. Selon le produit en présence, une certaine proportion des pertes à l'éboutage découlera d'un défaut de séchage, par exemple les gerces de bout ou une forme de gauchissement. Afin d'obtenir une image complète du déclassement attribuable au séchage, l'analyse de déclassement doit comprendre au moins une évaluation rapide des pertes à l'éboutage pour en déterminer l'ampleur. On peut évaluer les pertes à l'éboutage dans le cadre d'une évaluation *avant et après* du classement mentionné au point précédent ou d'un contrôle des sciages secs produits à l'usine de rabotage. Si l'évaluation s'effectue lors du classement manuel, les classificateurs peuvent désigner les sciages éboutés et dans quelle mesure l'éboutage découle d'un défaut de séchage. Signalons encore une fois que des systèmes automatisés de classement peuvent offrir la possibilité d'une collecte de données beaucoup plus efficace.

NOTES

TRAITEMENT À LA CHALEUR POUR RÉPONDRE AUX EXIGENCES PHYTOSANITAIRES

19.1 APERÇU

L'Organisation des Nations Unies pour l'alimentation et l'agriculture (FAO) a publié les Normes internationales pour les mesures phytosanitaires (NIMP) dans le but d'aider à limiter la transmission d'organismes nuisibles, d'origine forestière ou autre, d'un pays à l'autre ou d'un continent à l'autre. La NIMP n° 15, intitulée Directives pour la réglementation de matériaux d'emballage à base de bois dans le commerce international, reconnaît le traitement à la chaleur (HT) comme méthode approuvée pour les matériaux d'emballage à base de bois.

La NIMP n° 5 définit le terme « traitement thermique » ou « traitement à la chaleur » comme suit :
Procédé selon lequel une marchandise est chauffée jusqu'à ce qu'elle atteigne une température minimale pendant une période de temps minimale, selon une spécification technique officielle.

La NIMP n° 15 stipule que :
Les matériaux d'emballage en bois doivent être chauffés selon un barème de durée et de température qui leur permet d'atteindre une température interne minimale de 56 °C pendant au moins 30 minutes.

La note de bas de page correspondant à cette disposition précise que cette combinaison de température et de temps a été déterminée *en considération du large éventail d'organismes nuisibles pour qui cette combinaison a été prouvée pour être létale et du fait que c'est un traitement commercialement faisable.* Bien que ces documents traitent des matériaux d'emballage à base de bois, le traitement à la chaleur (HT) est désormais reconnu par un grand nombre de pays comme étant une mesure phytosanitaire efficace pour le traitement de tous les produits en bois massif. Par exemple, le bois d'œuvre de résineux du Canada destiné aux marchés européens doit répondre aux exigences précitées pour porter la marque « HT » ou à tout le moins faire la preuve qu'il a subi un traitement à la chaleur.

En Amérique du Nord, une désignation « HT » a été ajoutée à l'estampille des classes du bois de colombage et de dimension de résineux. La plupart des opérations de séchage au séchoir répondent aux exigences de température énumérées ci-dessus. Elles peuvent donc inclure cette désignation en complément à la désignation « KD » (séché au séchoir). Le bois peut aussi être estampillé « HT » sans porter la désignation « KD », pourvu qu'il ait subi un traitement approuvé.

19.2 HISTORIQUE DE L'EXIGENCE PHYTOSANITAIRE

À la fin des années 1980, l'Union européenne a jugé que le nématode du pin *(Bursaphelenchus xylophilus)*, présent dans certaines essences résineuses nord-américaines, représentait une menace potentielle pour les forêts de ses États membres. Dès lors, l'industrie canadienne du bois d'œuvre se devait de rendre ses produits conformes aux exigences phytosanitaires en vigueur. En grande partie, le séchage au séchoir a été reconnu comme une méthode efficace d'élimination des organismes nuisibles, étant donné que la température d'opération de la majorité des séchoirs s'inscrit dans une plage de 160 à 180 °F (de 70 à 80 °C environ) ou plus. Cependant, le séchage au séchoir entraîne des coûts que le fabricant ne récupère que lorsque le client a exigé du bois ainsi séché.

Dans le but de développer une solution de rechange moins coûteuse, Forintek et plusieurs autres instituts de recherche au Canada ont uni leurs efforts pour identifier la combinaison qui, avec la plus brève exposition et la plus basse température, était susceptible de détruire le nématode du pin et son vecteur, le coléoptère *Monochamus*. Les résultats de ce projet ont révélé que l'exposition du bois à une température de 133 °F (56 °C) pendant 30 minutes constituait un traitement efficace. On a donc proposé cette combinaison de température et de temps après avoir pris en compte l'isolat le plus résistant du nématode du pin et la combinaison d'essences et de TH la plus défavorable.

19.3 EFFET DES PROPRIÉTÉS DU BOIS SUR LE TRAITEMENT À LA CHALEUR

On sait depuis longtemps que certaines propriétés physiques du bois, par exemple la densité basale et la TH, influencent le temps de réchauffement du bois. Force est de constater, cependant, qu'il existe peu de documentation décrivant les effets de ces propriétés, aux plages de température identifiées, sur les essences canadiennes. Le bois à forte TH ne contient pas beaucoup d'air. Les cellules de bois saturées d'eau sont un meilleur conducteur de chaleur que les cellules remplies exclusivement d'air. En revanche, plus la présence d'eau dans une pièce de bois est importante, plus il faut d'énergie pour la réchauffer. Aussi faut-il savoir que l'aire de la surface de bois en contact avec le courant d'air chauffé influencera la vitesse de réchauffement du bois.

Or, Forintek a mis au point une méthode analytique permettant d'établir des prévisions de la vitesse de réchauffement du bois. Les résultats confirment que, toutes choses étant égales par ailleurs, une augmentation de la masse volumique du bois ou de la TH entraînera une augmentation de la durée du traitement. Cependant, c'est l'épaisseur des pièces qui influence le plus la durée totale du traitement. En effet, la durée du traitement augmente en fonction de l'épaisseur du bois, et ce, à un taux beaucoup plus élevé. Si l'épaisseur du bois double, la durée du traitement augmentera de plus du double.

Lors du traitement à la chaleur de bois à l'état vert, la température humide est le facteur qui influence le plus le temps de traitement. Il n'y a pas lieu de s'en étonner si l'on considère qu'une pièce de bois bien saturée agira sensiblement comme une sonde de thermomètre humide. L'évaporation de l'humidité de surface entraînera un effet de refroidissement. Dans le cas de bois très vert, la température de surface n'augmentera pas au-delà de la température humide avant que le bois n'ait séché un tant soit peu. En conséquence, pour obtenir une courte durée de traitement, il est essentiel que la température humide soit légèrement supérieure à la température cible au centre des pièces de bois. Forintek a déterminé que les temps de traitement les plus courts étaient obtenus dans les chambres de traitement affichant une température humide de 140 °F (60 °C) ou plus [en ciblant une température au centre des pièces de bois de 133 °F (56 °C)].

Il est possible de réussir un traitement à la chaleur à une température humide inférieure à la température cible au centre des pièces de bois, mais à condition que la température sèche soit supérieure à la température cible. Dans ces conditions, cependant, il faut s'attendre au prolongement sensible de la durée du traitement. Pour assurer l'efficacité de ces conditions, il faut soit que le bois soit partiellement sec lors du traitement, soit prévoir une certaine période de temps dans le cadre du traitement pour sécher la surface du bois. Cette démarche permettra à la température de surface d'excéder la température humide.

La figure 19-1 montre le rapport entre la température du bois, la température sèche et la température humide durant une phase de chauffage type. Comme nous l'avons mentionné précédemment, la température du bois à l'état vert approche et suit la température humide de plus près que la température sèche. En raison du lien étroit entre la température humide et la température de surface, un grand nombre des programmes de traitement à la chaleur élaborés pour le traitement de pièces de bois massif sont établis surtout selon la température humide.

Figure 19-1

Taux de réchauffement type au centre de sciages de résineux de 2 pouces par rapport aux températures sèche et humide.

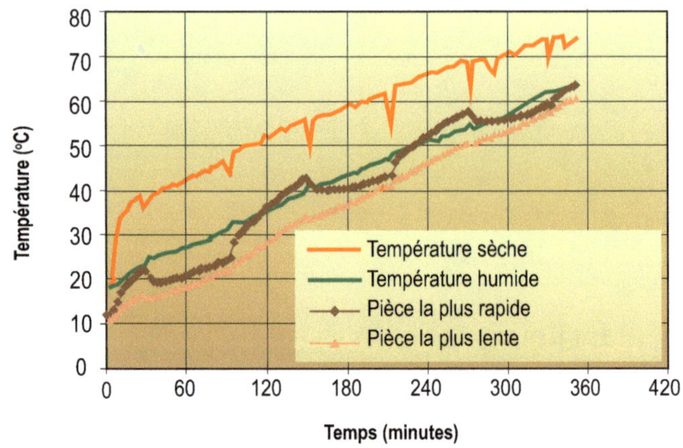

19.4 PROGRAMMES DE TRAITEMENT À LA CHALEUR

L'exportation du bois d'œuvre traité à la chaleur est régie par l'Agence canadienne d'inspection des aliments (ACIA). Celle-ci a mis au point divers programmes auxquels l'industrie et les associations industrielles peuvent adhérer. Le document intitulé Manuel des conditions d'opération et des lignes directrices sur le traitement à la chaleur (PI-07) de l'ACIA décrit les options dont l'industrie peut se prévaloir pour le traitement à la chaleur du bois massif. Les scieries peuvent choisir de faire élaborer un programme spécifique de traitement par une tierce partie ou d'utiliser un certain nombre de programmes génériques de traitement à la chaleur. Il existe deux groupes de programmes génériques : les uns sont essentiellement fondés sur la température humide, tandis que les autres sont fondés exclusivement sur la température sèche.

Les programmes génériques fondés sur la température humide et approuvés pour le traitement de bois d'œuvre résineux du Canada mesurant jusqu'à 110 mm d'épaisseur sont énumérés au tableau 19-1. D'autres programmes sont également présentés dans le manuel de l'ACIA (PI-07). Ces programmes stipulent la durée minimale de traitement total, la période pendant laquelle la température humide doit être maintenue à 140 °F (60 °C) ou plus, et la température humide finale qui doit être atteinte.

Ces programmes reflètent les conditions réelles atteintes durant les procédés industriels de traitement à la chaleur. Leur application permet une certaine souplesse en ce sens qu'il faut prolonger le temps de traitement total si la température humide n'atteint pas 140 °F (60 °C) dans les délais prescrits. Dans le cas du traitement de pièces mesurant jusqu'à 2 ¼ po (60 mm), par exemple, si la température humide de la chambre de traitement met 7 heures 30 minutes pour atteindre 140 °F (60 °C), le temps de traitement total devient 9 heures 33 minutes (soit 7 heures 30 minutes pour atteindre une température de 60 °C plus 2 heures 3 minutes à une température supérieure à 60 °C).

Tableau 19-1

Programmes génériques de traitement à la chaleur pour toutes les essences résineuses de bois d'œuvre du Canada, selon le manuel PI-07 de l'ACIA.

Épaisseur maximale pouces (mm)	Durée minimale du traitement total	Durée du traitement à température humide > 140 °F (60 °C)	Température humide finale minimale °F (°C)
2 ¼ (60)	6 heures, 26 minutes	2 heures, 3 minutes	145 (63)
3 ¼ (85)	7 heures, 20 minutes	3 heures, 20 minutes	151 (66)
4 ¼ (110)	10 heures, 57 minutes	6 heures, 34 minutes	153 (67)

Tableau 19-2

Programme de traitement à basse température sèche pour les essences résineuses de bois d'œuvre du Canada, selon le manuel PI-07 de l'ACIA.

Épaisseur maximale pouces (mm)	Durée minimale du traitment à la chaleur où la température sèche > 126 °F (52 °C)	Durée minimale à la fin du traitement où la température sèche > 140 °F (60 °C)
1 ⅛ (28)	8 heures	4 heures
2 ¼ (60)	18 heures	6 heures
3 ¼ (85)	45 heures	15 heures
4 ¼ (110)	72 heures	24 heures

Tableau 19-3

Programme de traitement à température sèche élevée pour les essences résineuses de bois d'œuvre du Canada, selon le manuel PI-07 de l'ACIA.

Épaisseur maximale pouces (mm)	Durée minimale du traitement à la chaleur	Durée minimale à la fin du traitement où la température sèche > 160 °F (71 °C)
2 ¼ (60)	12 heures	6 heures

D'autres programmes génériques fondés exclusivement sur la température sèche sont aussi disponibles. Le tableau 19-2 fournit les détails du traitement à basse température sèche désigné comme « Option C » dans le manuel PI-07 de l'ACIA, tandis que le tableau 19-3 présente les détails d'un traitement à température sèche plus élevée.

Le manuel PI-07 et le site Web de l'ACIA font état d'autres options génériques de traitement pour le bois d'essences résineuses et feuillues dont l'épaisseur peut atteindre jusqu'à 12 pouces (205 mm). Tous les industriels du sciage peuvent se prévaloir de ces programmes génériques de traitement pourvu qu'ils puissent démontrer qu'ils répondent à certaines exigences d'opération et qu'ils s'inscrivent au programme de l'ACIA. Un certain nombre d'associations industrielles (p. ex. les agences de classement du bois d'œuvre) procurent un soutien technique et administratif pour faciliter l'adhésion de leurs membres au programme.

Le processus de certification spécifique de séchoirs est toujours disponible, mais le recours aux programmes génériques de traitement est plus économique et facilite à la plupart des industriels la tâche de se conformer aux exigences. Les entreprises gérant d'importants volumes de bois peuvent aussi bénéficier de l'approche spécifique à l'usine plutôt qu'aux programmes génériques, obtenant ainsi la durée de traitement la plus courte.

L'information qui précède fournit un aperçu de l'état actuel du traitement à la chaleur au Canada. Quiconque envisage d'inscrire une installation au programme de certification de bois traité à la chaleur devrait consulter l'ACIA et leur association de classement du bois d'œuvre pour obtenir l'information la plus récente et pertinente à la lumière de leur situation particulière.

19.5 ASPECTS PRATIQUES DU TRAITEMENT À LA CHALEUR

Les aspects physiques liés au réchauffement d'un chargement industriel de bois d'œuvre sont très complexes. Dans une chambre de traitement de relativement faibles dimensions, on peut supposer que les conditions de chauffage sont uniformes avec le temps, et ce, dans toutes les zones de la chambre. Dans un séchoir industriel, toutefois, l'important volume de bois absorbera rapidement de la chaleur au début du processus. En conséquence, l'augmentation de la température de l'air ambiant dans le séchoir sera moins rapide que dans un séchoir de dimensions plus modestes. Le ratio de la puissance calorifique au volume du séchoir sera beaucoup plus grand dans un séchoir de petites dimensions que dans un séchoir industriel. La variation des conditions à travers le chargement représente un autre facteur dont il faut tenir compte avec un séchoir de grande capacité. Au fur et à mesure de la circulation de l'air à travers le chargement, l'air transfère de la chaleur au bois et sa température baisse. Cela entraîne ce qu'on appelle un différentiel de température à travers le chargement de bois, phénomène dont il faut tenir compte pour déterminer la pire éventualité en matière de conditions de chauffage dans l'enceinte du séchoir. Ce sont effectivement ces pires conditions de chauffage qui détermineront la durée du traitement.

La majorité des chambres utilisées pour le traitement à la chaleur des produits du bois ont été construites, initialement, pour le séchage de bois d'œuvre; dans la plupart des cas, elles servent toujours à cette fin. Les séchoirs à bois se présentent sous différentes formes et tailles. Ils diffèrent également sur les plans de l'équipement, de la capacité et de la configuration. Cependant, tous ne constituent pas une bonne installation pour le traitement à la chaleur. La liste suivante présente certaines des caractéristiques requises dans un séchoir à bois (ou toute autre chambre de traitement) pour son utilisation efficace dans le processus de traitement à la chaleur :

- Circulation élevée et uniforme de l'air – pour réduire le différentiel de température à travers le chargement de bois et améliorer le transfert de la chaleur au bois;
- Distribution uniforme de la température – pour assurer le chauffage uniforme sur la longueur et la hauteur du séchoir;
- Étanchéité – pour conserver l'humidité qui se dégage du bois et ainsi maintenir une température humide élevée;
- Forte puissance calorifique – pour assurer un taux de chauffage plus rapide que le taux nominal de la plupart des séchoirs;
- Système d'humidification – pour fournir l'humidité à l'air dans le séchoir et accélérer l'atteinte de la température humide visée.

Il n'est pas indispensable qu'une chambre de traitement à la chaleur affiche toutes les caractéristiques et capacités mentionnées. Mais il est fort probable que les séchoirs qui offrent la plupart de ces caractéristiques soient les plus susceptibles de bénéficier des avantages liés à l'approche spécifique à l'usine mentionnés précédemment. Tout séchoir capable d'atteindre, dans les délais minimaux stipulés, les conditions prescrites dans les programmes génériques pourra probablement raccourcir davantage la durée du traitement s'il est certifié selon la procédure spécifique à l'usine.

CONSOMMATION D'ÉNERGIE ET EFFICACITÉ ÉNERGÉTIQUE

Le présent chapitre décrit où et comment l'énergie est utilisée en cours de séchage, et ce, dans le but d'aider à identifier les possibilités d'accroître l'efficacité énergétique d'une opération de séchage. On y aborde aussi les gains sur le plan de l'efficacité énergétique découlant de l'adoption de pratiques d'opération et d'entretien améliorées ainsi que les technologies susceptibles de réduire la consommation d'énergie. D'autres documents abordent en détail la répartition de la consommation d'énergie pour les besoins du séchage du bois d'œuvre et les méthodes de calcul de la consommation d'énergie. L'annexe VI, Suggestions de lecture, dresse une liste de ces publications.

Les types de systèmes énergétiques et les sources d'énergie ont été traités aux chapitres 7 et 8. Cependant, aborder les systèmes produisant de l'énergie thermique ou de l'énergie électrique pour les séchoirs à bois dépasserait la portée du présent chapitre, voire du présent manuel. Nombre de nouvelles technologies permettent aux entreprises de tirer profit des biocombustibles pour réduire les coûts énergétiques des scieries, diminuer leur dépendance à l'égard des fournisseurs et accéder au statut d'entreprise carboneutre.

20.1 APERÇU DE L'UTILISATION DE L'ÉNERGIE

Le séchage du bois peut représenter 70 % ou plus de la consommation d'énergie nécessaire à la transformation des billes en sciages. Ce pourcentage varie en fonction de facteurs comme la TH initiale, les exigences de TH finale et les dimensions des sciages. Peu importe le pourcentage exact, le séchage est le plus important facteur de demande d'énergie pour les besoins de la fabrication de bois d'œuvre. Par conséquent, toute préoccupation concernant l'utilisation de l'énergie est pertinente dans le cadre des opérations de séchage du bois d'œuvre. À ce chapitre, les deux principales préoccupations sont le coût de l'énergie et les questions environnementales. Une bonne connaissance de la forme d'énergie utilisée pour le séchage du bois et de la quantité consommée permettra aux opérateurs de séchoir de mieux cerner les possibilités d'accroître l'efficacité de l'opération et de réaliser des économies.

Le séchage du bois d'œuvre fait appel à deux formes d'énergie. L'énergie électrique alimente des moteurs qui assurent le fonctionnement des systèmes de circulation d'air et, dans une moindre mesure, les moteurs du système énergétique. Une quantité d'énergie encore plus importante sert à produire la chaleur qui régit le processus de séchage. La consommation relative d'énergie électrique et d'énergie thermique varie considérablement d'un système de séchage à l'autre. Dans certaines situations, par exemple le séchage par déshumidification, une quantité importante de l'énergie thermique nécessaire est produite par des appareils électriques.

L'énergie compte aussi parmi les plus importants éléments du coût du séchage. Heureusement, plusieurs stratégies peuvent être établies pour réduire les besoins énergétiques. Signalons, entre autres, l'entretien adéquat de l'équipement, le respect des pratiques de séchage recommandées et la recherche de sources de combustibles moins chères. Le présent chapitre fait état de façons pratiques de réduire la consommation d'énergie.

L'industrie des produits du bois dispose d'un avantage considérable, à savoir l'accès facile à divers types de sous-produits du processus de transformation, et ce, à aucuns ou très peu de frais. La plupart des systèmes de séchage classiques et un grand nombre d'autres systèmes offrent la possibilité d'utiliser la chaleur provenant de la combustion de bois ou d'écorce. Dans les séchoirs à air chaud climatisé, cette chaleur peut représenter la principale source d'énergie. Cependant, même pour les systèmes de séchage par déshumidification et de séchage sous vide, il est possible de produire une partie de l'énergie thermique requise au moyen d'un système de combustion alimenté aussi aisément par des sous-produits de la scierie ou de l'usine de rabotage que par des combustibles fossiles. Un grand nombre de systèmes de combustion au bois à petite échelle peuvent être facilement adaptés pour les besoins du séchage du bois. En outre, la combustion de sous-produits du bois comporte un avantage de nature environnementale par rapport aux combustibles fossiles puisqu'elle est carboneutre. L'autosuffisance énergétique et la réduction de l'empreinte carbone de l'industrie sont autant d'incitatifs clés à développer davantage de telles technologies, et le séchage du bois constitue le point de départ logique à cette fin.

De façon générale, ce chapitre s'applique aux séchoirs à air chaud climatisé, mais un grand nombre des recommandations qui y sont présentées pour améliorer l'efficacité du processus global de séchage du bois s'appliquent aussi à d'autres systèmes de séchage.

Quelle que soit la forme d'énergie utilisée, les efforts visant à accroître l'efficacité énergétique d'un système de séchage entraîneront des avantages économiques et environnementaux.

20.2 RÉPARTITION DE LA CONSOMMATION D'ÉNERGIE THERMIQUE

Le séchage du bois, quel que soit le système de séchage employé, entraîne inévitablement l'évaporation de l'eau présente dans les cellules du bois. Peu importe le type de séchoir, le séchage de bois à l'état vert exige, dans un premier temps, une quantité de chaleur pour faire monter la température du bois et de son humidité et, dans un deuxième temps, une quantité de chaleur additionnelle pour assurer l'évaporation de l'humidité présente dans le bois. À titre d'exemple, supposons un chargement de sciages à l'état vert affichant une TH de 60 % et une densité basale de 24,9 lb/pi^3 (400 kg/m^3). Supposons aussi que la température ambiante est de 59 °F (15 °C) et qu'il faut sécher le chargement à une TH finale de 14 %, à une température sèche constante de 185 °F (85 °C). On peut calculer que le séchage du chargement consommera 160 000 BTU/Mpmp pour le réchauffement et 950 000 BTU/Mpmp pour l'évaporation de l'humidité. Ainsi, la quantité de chaleur de 1,11 million BTU/Mpmp représente la quantité minimale d'énergie nécessaire qui doit être fournie au bois pour qu'il atteigne la TH visée. La consommation réelle d'énergie peut s'avérer supérieure ou inférieure à cette valeur, en fonction de l'efficacité du système et des pertes thermiques qui se produisent, ou de l'utilisation d'un système qui permet la récupération d'une partie de l'énergie consommée pour évaporer l'humidité. Toute quantité de chaleur qui excède cette valeur ne contribue pas au séchage du bois, mais se perd entre le système énergétique et le séchoir. Cette quantité minimale de chaleur peut varier d'une essence à l'autre et selon les dimensions des sciages en raison de différences sur les plans de la densité basale du bois et de la TH, tant initiale que finale.

Dans les séchoirs à air chaud climatisé, l'énergie thermique est de loin l'apport énergétique le plus important au processus de séchage. L'énergie thermique (chaleur) peut être fournie directement au séchoir au moyen de gaz de combustion chauds ou indirectement par un système de chauffage par rayonnement utilisant de la vapeur, de l'eau chaude ou de l'huile thermique. Une compréhension de l'utilisation de l'énergie thermique jettera un peu de lumière sur les économies d'énergie potentielles. Divers auteurs ont établi la répartition de l'apport d'énergie thermique selon plusieurs catégories. Dans leurs travaux réalisés à l'Université du Maine dans les années 1970, Schottafer et Schuller proposaient non seulement une répartition de l'énergie thermique utilisée, mais aussi un moyen d'en estimer la demande. Leurs travaux ont permis d'effectuer la répartition de la consommation d'énergie thermique dans un séchoir à air chaud climatisé présentée au tableau 20-1.

La plupart des éléments énumérés au tableau 20-1 sont sujets à une grande variation en raison de la diversité des hypothèses de séchage qui peuvent se présenter. Par exemple, les pertes thermiques (élément n° 5) diminueront si les temps de séchage sont courts, mais elles augmenteront s'ils sont longs. Le temps de séchage n'aura pas d'influence significative sur l'énergie requise pour chauffer et évaporer l'eau (élément n° 4). En revanche, cette dernière sera fortement influencée par la TH initiale du bois. Cette liste indique aussi les éléments où on peut exercer un effet considérable sur la consommation d'énergie. Par exemple, l'amélioration de l'isolation des murs du séchoir pourrait s'avérer une stratégie logique pour réduire la consommation d'énergie mais, à la lumière de la répartition précédente, même en doublant la quantité d'isolant des murs et du toit, la réduction sera de l'ordre de 7 à 15 % seulement.

La possibilité la plus prometteuse de réduction de la consommation d'énergie se trouve à l'élément n° 4 de la répartition, « chauffer et évaporer l'eau éliminée du bois ». Certaines stratégies pour réduire la TH initiale, par exemple le séchage à l'air, auront un effet majeur sur la consommation totale d'énergie. Malheureusement, dans un séchoir à air chaud climatisé, toute cette énergie se perd par les évents au moment de l'élimination de l'air humide chaud depuis le séchoir. On se retrouve donc en présence d'une possibilité de récupérer une certaine quantité d'énergie. Certains équipementiers offrent des échangeurs de chaleur comme éléments intégrés aux séchoirs ou ajoutés par la suite dans le cadre de rénovations. Dans cette optique, les séchoirs par déshumidification l'emportent sur les séchoirs à air chaud climatisé sur le plan de la consommation d'énergie. Au lieu de laisser toute l'énergie s'échapper ou d'en récupérer une faible portion, un séchoir par déshumidification fonctionne en boucle fermée et conserve la majeure partie de l'énergie dans le système. Cependant, comme ces séchoirs sont alimentés surtout à l'électricité, la diminution de la consommation d'énergie qu'ils permettent de réaliser ne se traduit pas toujours par une économie monétaire.

20.3 BESOINS EN ÉNERGIE THERMIQUE

Comme nous l'avons mentionné précédemment, la consommation totale d'énergie thermique dans un séchoir à air chaud climatisé variera énormément selon les particularités de chaque installation. Forintek a mis au point une méthode pour évaluer la consommation énergétique

Tableau 20-1
Répartition de la consommation d'énergie thermique durant le séchage du bois.

Utilisation de l'énergie thermique	% de l'énergie totale
1. Faire monter la température du bois	3 à 5 %
2. Vaincre les forces hygroscopiques (rupture des liaisons chimiques entre l'eau et le bois)	environ 1 %
3. Réchauffer l'eau qui reste à la fin du séchage	environ 1 %
4. Chauffer et évaporer l'eau éliminée du bois	50 à 70 %
5. Compenser les pertes thermiques (murs, toit et plancher)	15 à 30 %
6. Augmenter la température et l'HR de l'air de remplacement	10 à 20 %

dans le cadre du séchage du bois. Le tableau 20-2 reflète l'application de cette méthode et fournit la liste des besoins d'énergie thermique correspondant à diverses hypothèses de séchage de sciages d'EPS dans un séchoir industriel type. Un des résultats clés de cette comparaison est l'importante quantité d'énergie requise pour sécher les sciages de sapin baumier comparativement aux sciages d'épinette ou de pin, différence qui découle directement de la TH initiale du bois de cette essence et du long temps de séchage nécessaire.

Tableau 20-2

Estimations de la consommation d'énergie pour sécher, à une TH finale d'environ 17 %, des sciages d'EPS dans un séchoir à air chaud climatisé à feu direct d'une capacité de 250 Mpmp. Les prévisions sont fondées sur des conditions climatiques annuelles moyennes.

Essence	TH initiale (approx.)	Temps de séchage approximatif	Énergie thermique nécessaire**	
		Heures	BTU × 10⁶/Mpmp	GJ/m³
EPS (combinaison)*	53	42	1,15	0,67
Épinette noire	77	45	1,75	1,02
Épinette blanche	59	38	1,19	0,69
Pin gris	51	31	1,17	0,68
Pin de Murray	50	38	1,12	0,65
Sapin baumier	118	82	2,36	1,38
Sapin subalpin	65	58	1,26	0,73

* 70 % de pin de Murray, 20 % d'épinette blanche, 10 % de sapin subalpin

** Mpmp = volume de bois nominal; m³ = volume de bois réel

Ces besoins d'énergie sont fondés sur l'apport énergétique net au séchoir et ne tiennent pas compte des facteurs influençant l'efficacité du système de production d'énergie. Ils sont aussi fondés sur de bonnes pratiques de séchage dans un séchoir en bon état et à la TH finale appropriée. Les sections qui suivent abordent différents aspects de l'opération d'un séchoir et comment chacun peut influencer la consommation d'énergie.

20.4 POSSIBILITÉS DE RÉDUIRE LA DEMANDE D'ÉNERGIE THERMIQUE

Certaines des éléments suggérés précédemment sont utiles pour analyser les considérations entourant l'installation d'un nouveau séchoir, mais qu'en est-il des séchoirs existants? Comment peut-on réduire le coût de l'énergie consommée par un séchoir énergivore dont l'efficacité, par surcroît, laisse à désirer? L'investissement le plus judicieux ne peut être déterminé qu'au cas par cas, mais les lignes directrices énumérées ci-après peuvent s'avérer utiles.

1. Réparer un séchoir qui fuit s'il est difficile de maintenir l'uniformité des conditions de séchage ou s'il faut injecter de fortes quantités de vapeur ou d'eau atomisée pour maintenir la température humide au niveau visé.
2. Envisager d'améliorer l'isolation du séchoir si les temps de séchage sont très longs.
3. Réduire les pertes thermiques par les évents au moyen d'échangeurs de chaleur pour préchauffer l'air d'admission.
4. Éviter de sursécher le bois d'œuvre. L'augmentation, même minime, de la TH finale influencera sensiblement le temps de séchage et la consommation d'énergie.
5. Effectuer le prétriage des sciages pour constituer des chargements de séchoir davantage uniformes et réduire la variabilité de la TH finale.
6. Prendre des mesures pour améliorer l'uniformité de la température et la circulation de l'air dans le séchoir. Améliorer l'uniformité des conditions de séchage entraînera l'uniformité accrue de la TH finale, ce qui peut réduire le temps de séchage ou éliminer le recours à un traitement d'équilibrage.
7. Envisager le séchage à l'air pour abaisser la TH initiale des sciages destinés au séchoir. Un grand nombre d'essences tolèrent le séchage à l'air et dégagent leur eau libre facilement – même dans un climat froid!

Les sections qui suivent traitent plus en détail de chacune de ces lignes directrices.

20.4.1 PERTES DE CHALEUR PAR LES ÉVENTS

Le processus d'évacuation et d'admission d'air est un élément incontournable du séchage du bois dans un séchoir à air chaud climatisé. La récupération d'une partie de l'énergie ainsi perdue est traitée plus loin dans une autre section. La présente section aborde la situation d'un grand nombre d'installations dont l'échange d'air est non contrôlée ou excessive. Dans un contexte normal d'échange contrôlé, des volets, normalement installés dans le toit d'un séchoir, sont ouverts pour évacuer l'air chaud et humide du séchoir et admettre de l'air sec relativement frais de l'extérieur.

L'échange d'air non contrôlé fait référence à l'admission d'air frais dans le séchoir par d'autres voies que les évents du séchoir, et sa contribution aux pertes thermiques varie selon le besoin d'évacuation d'air pour éliminer l'humidité évaporée. Lorsqu'une telle évacuation d'air est prévue par le programme de séchage, le volume total d'air évacué (contrôlé et non contrôlé) devrait être plus ou moins indépendant du mode d'échange d'air. Cependant, lorsqu'un programme prévoit un échange limité, tout échange non contrôlé entraîne une perte de chaleur et une perte d'humidité inutiles.

Les échanges d'air non contrôlés sont habituellement le résultat de fuites autour des panneaux du séchoir, plus particulièrement autour des portes. Le chapitre 9 traite de façons d'améliorer l'étanchéité d'un séchoir et des avantages qui en découlent.

Les pertes de chaleur par les évents varient selon les différences entre la température sèche et la température humide à l'intérieur et à l'extérieur du séchoir. Ces pertes augmentent proportionnellement avec la quantité d'eau évaporée. En règle générale, plus les températures sèche et humide du séchoir sont basses, plus il faudra augmenter la quantité d'air frais nécessaire pour éliminer la même quantité de vapeur d'eau. Par exemple, si le bois d'œuvre de l'exemple précédent est séché à une température constante de 185 °F (85 °C) avec une différence psychrométrique de 25 °F (14 °C), les pertes de chaleur par les évents s'élèveront à quelque 100 000 BTU/Mpmp. Si la température sèche est abaissée de 185 °F (85 °C) à 158 °F (70 °C) tout en maintenant la même différence psychrométrique, les pertes de chaleur par les évents augmentent à environ 200 000 BTU/Mpmp.

20.4.2 PERTES DE CHALEUR À TRAVERS LES PAROIS DU SÉCHOIR

Les pertes de chaleur attribuables à l'isolation découlent de la conduction de chaleur par les murs, les portes, le toit et le plancher du séchoir. L'examen du tableau 20-1 révèle que les pertes thermiques totales durant le séchage peuvent représenter de 15 à 30 % de l'énergie totale consommée. Ces pertes thermiques comprennent les pertes par le plancher de béton, lequel n'est habituellement pas isolé. Par conséquent, l'isolation du sol sous le plancher de béton d'un nouveau séchoir est une façon d'en réduire les frais d'exploitation. Il n'y a aucune façon pratique d'isoler le plancher d'un séchoir une fois sa construction achevée, mais le coût supplémentaire lié à l'isolation en cours de construction devrait être minime.

Les pertes de chaleur attribuables à l'isolation découlent de la différence entre la température à l'intérieur et à l'extérieur du séchoir. Elles augmentent proportionnellement avec l'augmentation du temps de séchage. L'aire extérieure d'un séchoir industriel typique représente environ 86 pi^2 (8 m^2) par Mpmp de capacité nominale. Le coefficient d'isolation moyen d'un séchoir typique comprenant des panneaux de type fibre de verre recouverts d'aluminium et un plancher de béton est d'environ 4 $BTU/h \cdot m^2 \cdot {}^{o}C$. Par conséquent, si le bois, dans l'exemple précédent, est séché sur une période de trois jours, la perte thermique totale par les murs, le toit et le plancher du séchoir sera d'environ 160 000 BTU/Mpmp. Si le séchage se prolonge sur une période de 11 jours, les pertes d'énergie attribuables à l'isolation augmenteront à 600 000 BTU/Mpmp. Par conséquent, raccourcir le temps de séchage influence manifestement la consommation totale d'énergie.

Les murs, les portes et le toit de la plupart des séchoirs installés au Canada se composent de panneaux sandwichs dont l'âme en mousse isolante semi-rigide est revêtue de minces panneaux d'aluminium. La valeur d'isolation de ces panneaux varie selon l'épaisseur de l'isolant utilisé. Les isolants les plus courants sont classifiés selon leur valeur de résistance thermique (valeur « R »). La valeur R est directement liée au taux de transfert de chaleur par aire unitaire, une valeur R de 1 correspondant à 1 $pi^2 \cdot {}^{\circ}F \cdot h/BTU$. La plupart des murs et des toits de séchoirs ont une épaisseur de 3 à 4 pouces (7,5 à 10 cm) et affichent une valeur R totale allant jusqu'à 20. Les valeurs R varient selon le type et la densité de l'isolant entrant dans la construction du séchoir. Les isolants en fibre de verre semi-rigide affichent une valeur R de 3 à 5 par pouce d'épaisseur. Les portes de certains séchoirs mesurent aussi peu que 2 pouces (5 cm) d'épaisseur. Les portes de séchoir minces, en plus de contribuer à des pertes thermiques plus élevées en raison de leur plus faible valeur d'isolation, sont aussi plus sujettes aux dommages durant l'ouverture et la fermeture, ce qui augmente les possibilités de fuites d'air. La combinaison de ces facteurs contribue fréquemment à la présence de zones « froides » à proximité des bouts des longs séchoirs à chargement sur rails.

L'augmentation de la quantité d'isolant contribue à réduire les pertes thermiques et les besoins énergétiques dans leur ensemble. Il reste à déterminer si cette augmentation offrira un bon retour sur l'investissement. La réponse à cette question dépendra d'un grand nombre de paramètres particuliers au site, y compris la source et le coût de l'énergie. L'exemple suivant devrait faciliter le calcul de la diminution de la consommation d'énergie attribuable à l'ajout d'isolant. L'information obtenue peut être combinée aux données sur le coût de l'énergie pour calculer le rendement sur l'investissement.

EXEMPLE

- Séchoir à chargement sur rails
  - Longueur : 120 pi (36 m)
  - Hauteur : 18 pi (5,5 m)
  - Largeur : 30 pi (9 m)
- Température de séchage : jusqu'à 200 °F (93 °C)
- Valeur R moyenne des murs, des portes et du toit (avant l'amélioration) : 15
- Valeur R moyenne après l'amélioration de l'isolation : 30
- Économie d'énergie annuelle prévue : 363 millions de BTU
- Équivalent approximatif en combustible : 10 000 m^3 de gaz naturel ou 9 800 litres de mazout lourd n° 2

Cet exemple permettrait à une scierie de déterminer le rendement direct découlant de l'ajout d'isolant à un séchoir. Le rendement directement attribuable à l'ajout d'isolant se calcule à partir de la réduction de la quantité de combustible utilisée. Le coût du combustible en question déterminera l'attrait de l'investissement. Cependant, l'ajout d'isolant entraînera en outre certains avantages indirects. Comme nous l'avons mentionné précédemment, un séchoir étanche favorise l'uniformité des conditions de séchage et ainsi l'uniformité de la TH finale des sciages d'un chargement donné. Même une faible réduction des besoins énergétiques pourrait éliminer les engorgements du système de production d'énergie, ce qui pourrait, en retour, permettre de satisfaire plus facilement aux demandes de pointe ou de fournir de la chaleur à d'autres fins. Dans certains cas, pareille marge de latitude pourrait même éviter d'accroître la capacité du système énergétique ou de le remplacer.

Une autre considération liée à l'isolation du séchoir tient à la performance de l'isolant en place par rapport à sa valeur R d'origine. La corrosion et la détérioration des matériaux d'étanchéité, d'une part, et les dommages physiques aux panneaux muraux d'un séchoir, d'autre part, sont autant de raisons pouvant expliquer l'infiltration d'humidité dans les vides des panneaux, ce qui diminue l'efficacité de l'isolant en place. On peut vérifier l'état des choses de plusieurs façons. Lorsque le séchoir est en marche, on peut repérer des « points chauds » sur la surface extérieure des panneaux au moyen d'un capteur de la température de surface, d'un thermomètre à infrarouge ou en palpant les surfaces avec la main. La présence de points chauds à la surface des panneaux d'un séchoir est un signe que l'isolant est peut-être saturé d'eau. Une fois ces points chauds localisés, la prochaine étape consiste à découper ou à perforer un trou d'inspection afin de pouvoir toucher l'isolant. Si l'on constate que l'isolant s'est détérioré, il faut envisager de le remplacer afin de résoudre le problème à l'origine de sa détérioration.

Figure 20-1
On peut pratiquer un trou d'inspection dans un panneau mural de séchoir ou utiliser un trou existant (a) pour vérifier l'état de l'isolant en place. Dans un cas comme dans l'autre, il faut bien obturer le trou (b) afin d'éviter toute infiltration ultérieure d'humidité.

20.4.3 ÉCHANGEURS DE CHALEUR POUR RÉCUPÉRER LES PERTES PAR LES ÉVENTS

Dans un séchoir à air chaud climatisé classique, la chaleur utilisée pour l'évaporation de l'eau du bois est perdue. Si le séchoir est en bon état, la majeure partie de l'énergie perdue sera évacuée sous forme d'air chaud et humide par les évents. Par conséquent, il est possible de récupérer cette chaleur, de la réutiliser et d'améliorer l'efficacité énergétique du processus de séchage dans son ensemble.

En effet, il est possible de réduire les pertes de chaleur aux évents grâce à l'installation d'échangeurs de chaleur air-air de façon à ce que la chaleur de l'air d'évacuation du séchoir chauffe l'air d'admission frais. La figure 20-2 illustre le principe d'un échangeur de chaleur air-air. L'air d'admission frais de l'extérieur est chauffé par l'air d'évacuation chaud du séchoir par contact indirect via une surface d'échange de chaleur.

Figure 20-2
Un échangeur de chaleur air-air permet de récupérer la chaleur de l'air d'évacuation pour chauffer l'air d'admission.

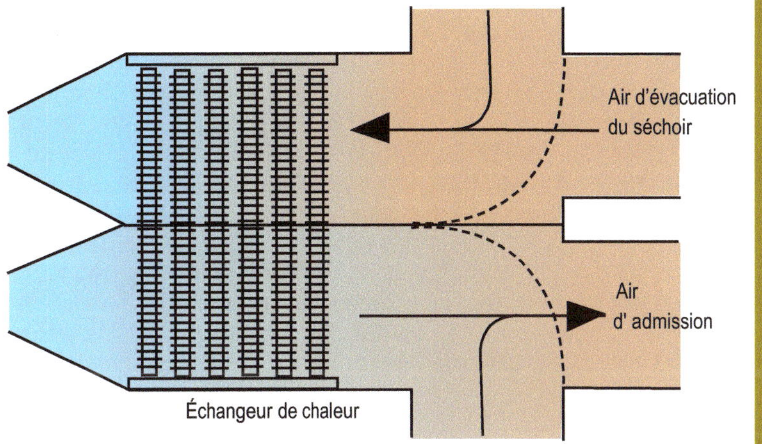

La quantité d'énergie maximale qu'un échangeur de chaleur air-air peut récupérer correspond à la chaleur nécessaire pour réchauffer l'air frais et le faire passer de la température à l'extérieur du séchoir à la température de service du séchoir. Cette valeur correspond aux pertes aux évents (élément n° 6 du tableau 20-1); elle peut représenter de 10 à 20 % des besoins énergétiques totaux. L'énergie de l'air d'évacuation représente l'énergie utilisée pour chauffer et évaporer l'humidité présente dans le bois (élément n° 4 au tableau 20-1). Cette valeur peut représenter de 50 à 70 % des besoins énergétiques totaux. Par conséquent, même avec un échangeur de chaleur efficace, il y a une limite à l'énergie qui peut être réutilisée à cette fin. Dans le cadre d'essais effectués dans un séchoir expérimental chez Forintek, un échangeur de chaleur de type caloduc a permis de faire monter de façon constante la température de l'air d'admission jusqu'à 10 °F (5,5 °C) sous la température de service du séchoir.

Après avoir chauffé l'air d'admission, il restera encore une quantité considérable d'énergie dans l'air d'évacuation. Cet air chaud et humide pourrait être acheminé dans un autre système d'échange de chaleur pour être utilisé à d'autres fins, par exemple le préchauffage de l'eau d'appoint d'une chaudière ou le chauffage de bâtiments. Parmi les autres facteurs qui réduisent l'efficacité potentielle d'un système d'échange de chaleur, signalons les fuites d'air et l'air requis pour le fonctionnement des brûleurs des séchoirs à feu direct.

L'utilisation d'échangeurs de chaleur air-air est depuis longtemps envisagée dans l'industrie, mais les retombées économiques n'ont jusqu'à maintenant pas été suffisamment attrayantes pour susciter son acceptation généralisée. Tout comme pour l'ajout d'isolant au séchoir, la viabilité économique du recours à des échangeurs de chaleur air-air dépendra du type et du coût du combustible utilisé. D'autres facteurs peuvent amener une scierie à envisager l'utilisation de cette technologie. Signalons, entre autres, la possibilité de récupérer assez d'énergie pour alimenter un autre séchoir ou d'atténuer les problèmes liés à la réponse de la demande de pointe. Ces situations sont plus susceptibles de se présenter dans des grandes entreprises qui exploitent plusieurs séchoirs.

Un grand nombre d'industries ont recours à diverses technologies d'échange de chaleur. Pour le séchage du bois, cependant, les échangeurs de chaleur air-air obtiennent la préférence. Deux principaux types d'échangeurs de chaleur air-air ont été utilisés dans des séchoirs à bois. Il s'agit des échangeurs à plaques et des échangeurs de type caloduc. Les deux permettent de réduire la température de l'air d'évacuation à une température au-dessous du point de rosée, ce qui entraîne la condensation. Par conséquent, la conception de ces systèmes doit permettre l'évacuation du condensat qui se forme. Par ailleurs, il faut inspecter et nettoyer périodiquement les surfaces d'échange de chaleur.

20.4.4 RÉDUCTION DU SURSÉCHAGE

Dans un séchoir industriel contenant 200 Mpmp de sciages, un surséchage correspondant à une réduction de la TH de seulement 1 % nécessitera l'élimination d'environ 4 300 gallons (19 500 litres) additionnels d'eau par chargement. En tenant compte des divers facteurs qui influencent l'efficacité du séchage industriel, ce faible niveau de surséchage entraînerait, dans notre exemple, la consommation annuelle supplémentaire d'environ 30 400 m^3 de gaz naturel ou 29 800 litres de mazout lourd n° 2. À raison de 8,00 $/$m^3$ pour le gaz naturel, le coût additionnel en combustible s'établirait à environ 240 000 $ par année pour ce seul séchoir. Même pour les scieries qui utilisent des sous-produits de bois comme combustible, cette économie d'énergie représente une efficacité accrue du système énergétique et une réduction de l'impact sur l'environnement.

Tout ce qui précède suppose un surséchage de seulement 1 % de la TH. Compte tenu que certaines opérations de séchage affichent un taux de surséchage de 3 à 4 %, voire plus, la possibilité de réduire les frais d'exploitation et d'accroître l'efficacité énergétique a une bien plus grande portée. La raison principale du surséchage est la nécessité d'atteindre un niveau approprié de TH finale. En présence d'une plage importante de TH finales, il faut abaisser davantage la moyenne afin qu'une proportion adéquate de sciages respecte une limite acceptable (habituellement, pas plus de 5 % des sciages de dimension d'EPS d'un chargement ne peut afficher une TH de plus de 19 %). Par conséquent, la meilleure façon de ne pas avoir à abaisser la TH moyenne finale consiste à s'attaquer aux facteurs qui influencent la variabilité de la TH. Un grand nombre des sujets abordés dans le présent manuel visent cet objectif. Signalons, par exemple, la modification des programmes de séchage, un meilleur entretien de l'équipement et la préparation minutieuse des chargements de séchoir. Mentionnons aussi la possibilité d'utiliser des programmes de séchage plus lents ou de procéder à des traitements d'équilibrage. Des mesures encore plus draconiennes peuvent aussi être utilisées, notamment le prétriage ou la mise en place d'un programme de reséchage. Les chapitres précédents traitent de ces deux dernières questions.

20.4.5 SÉCHAGE À L'AIR

Le séchage à l'air peut être considéré comme une option gratuite en termes de coûts énergétiques et de temps d'utilisation du séchoir. Toute diminution de la TH initiale des sciages entraînera des économies d'énergie. Comme nous l'avons signalé dans l'exemple de surséchage précédent, même une légère modification de la quantité d'humidité qu'il faut sécher dans le séchoir aura une incidence considérable sur la consommation d'énergie. Par exemple, si la TH initiale du sapin baumier est réduite d'une moyenne de 100 % à 50 % grâce au séchage à l'air, l'économie d'énergie au séchoir sera d'environ 50 fois supérieure à celle qui a été calculée dans l'exemple sur le surséchage. Le même séchoir affichant une capacité de 200 Mpmp programmé pour le séchage de sciages de sapin baumier obtiendra une économie d'énergie correspondant à environ à 1,5 million de m^3 de gaz par année. Les techniques et avantages liés au séchage à l'air sont abordés au chapitre 13.

20.5 EFFET DE LA CONCEPTION DU SÉCHOIR

Le type de séchoir à bois influence énormément la consommation d'énergie requise pour sécher le bois d'œuvre.

20.5.1 SÉCHOIRS À FEU DIRECT

Dans un grand nombre de systèmes de séchage, les produits de la combustion sont acheminés directement dans le séchoir. On qualifie ces systèmes de séchoirs à feu direct. Signalons en passant que leur rendement énergétique est très élevé. Dans ce type de séchoir, les gaz de combustion chauds sont acheminés directement dans un conduit d'air où l'air provenant de l'enceinte du séchoir est mélangé avec les gaz chauds, puis redistribué dans le séchoir. La température de combustion s'élèvera à quelque 2 000 °F (environ 1 100 °C), mais les gaz chauds sont dilués dans le conduit d'air et leur température baisse au point où elle ne pose pas de danger pour le séchoir ou le bois. L'air ainsi refroidi est ensuite mélangé avec l'air dans le séchoir pour atteindre la température visée. La principale perte d'énergie dans un séchoir à feu direct provient du rayonnement thermique depuis le brûleur et la surface des conduits. Cette perte correspond toutefois à moins de 5 % de la consommation totale d'énergie.

Un des inconvénients des séchoirs à feu direct est qu'ils ne peuvent atteindre des températures humides élevées. Bien que la combustion de sous-produits du bois ou de combustibles fossiles produise de l'eau, elle ne permet pas à elle seule d'atteindre des températures humides de plus de 122 à 131 °F (50 à 55 °C). Le reste de la vapeur d'eau nécessaire pour atteindre la température humide visée doit provenir d'autres sources. Il peut s'agir d'humidité découlant de l'évaporation de l'eau présente dans le bois ou de l'injection d'humidité dans le séchoir sous forme de vapeur ou d'eau atomisée. L'injection d'eau dans le débit d'air chaud peut faire monter la température humide, mais l'évaporation de cette même eau contribuera à augmenter la consommation d'énergie.

Les séchoirs à feu direct présentent un autre inconvénient. En effet, la pression de l'air à l'intérieur de ce type de séchoir est supérieure à celle qui est engendrée par d'autres systèmes de chauffage. Cette pression supérieure favorise les fuites d'air depuis le séchoir, notamment autour des portes. Ces fuites peuvent donc augmenter les pertes thermiques du système de chauffage. En outre, la vapeur d'eau qui s'échappe des portes du séchoir se condense sur les portes et le cadre des portes, ce qui favorise la corrosion à ces endroits (figure 20-3).

Figure 20-3
Les portes et les joints d'étanchéité des séchoirs en bon état réduisent les pertes de chaleur et d'humidité et favorisent l'atteinte des conditions de séchage prescrites.

20.5.2 SÉCHOIRS À CHAUFFAGE INDIRECT

Les séchoirs à chauffage indirect utilisent les produits de combustion du système énergétique pour chauffer un fluide caloporteur, par exemple de la vapeur, de l'eau ou de l'huile, en circulation dans un échangeur de chaleur. Le fluide caloporteur chaud est ensuite acheminé, grâce à l'action de pompes, à d'autres endroits de la scierie pour satisfaire les besoins en chaleur. Comme le transfert de chaleur s'effectue seulement des zones chaudes vers des zones froides, les gaz du brûleur seront plus chauds que le fluide caloporteur à leur sortie de la cheminée. Par exemple, l'huile thermique provenant du séchoir devra peut-être être chauffée à une température d'environ 480 °F (250 °C). Le cas échéant, la température des gaz à la sortie de la cheminée sera tout de même de 570 °F (300 °C) environ. Les systèmes de chauffage indirect à l'eau chaude et les chaudières à vapeur exigent des températures sensiblement plus basses. Ainsi, la température des gaz à la sortie de la cheminée peut atteindre 360 °F (180 °C). Une température plus basse à la sortie de la cheminée résultera en une plus grande efficacité globale du système.

Une chaudière moderne en bon état qui produit de la vapeur à partir de gaz naturel ou d'huile a un taux d'efficacité de 85 à 90 %. Cela signifie que, pour tout combustible brûlé, seulement 85 à 90 % de la chaleur totale en BTU est captée par la vapeur. La transmission de la chaleur le long des tuyaux qui mènent aux séchoirs constitue une autre source de perte thermique. Par conséquent, si on utilise une chaudière, il faut veiller à son entretien de manière à en favoriser l'efficacité énergétique maximale. Les tuyaux de vapeur entre la chaudière et le séchoir doivent être le plus court possible et bien isolés afin de minimiser les pertes thermiques. Les purgeurs de vapeur et autres éléments du système d'échange de chaleur doivent aussi être en bon état de fonctionnement afin de récupérer le maximum de chaleur de la vapeur acheminée au séchoir. Des systèmes de chauffage à la vapeur mal conçus ou mal entretenus sont une cause courante de problèmes de chauffage et de l'inefficacité des séchoirs.

20.5.3 SÉCHOIRS PAR DÉSHUMIDIFICATION

Les séchoirs par déshumidification (DH) permettent de réduire la consommation d'énergie théorique minimale pour le séchage du bois. Ils y parviennent en récupérant et en réutilisant une partie de l'énergie qui sert à évaporer l'humidité présente dans le bois. Les séchoirs DH utilisent un compresseur et un système frigorigène dont le fonctionnement est analogue à celui d'une pompe à chaleur. L'humidité présente dans le bois est évaporée, puis condensée sur un serpentin froid contenant un gaz réfrigérant, lequel est ensuite comprimé et condensé à l'intérieur d'un serpentin chaud pour le retour de la chaleur latente de vaporisation sous forme de « chaleur sèche » dans le séchoir. Lorsqu'il est bien conçu, ce système peut fonctionner en boucle fermée sans évacuation (ou très peu). Les séchoirs de ce type affichent une étanchéité supérieure. En outre, ils sont habituellement mieux isolés que les séchoirs à air chaud climatisé.

Le séchage par déshumidification n'exige que 50 % ou moins de l'énergie nécessaire pour le séchage du bois dans un séchoir à air chaud climatisé. Ce procédé est particulièrement efficace durant les premiers stades du séchage, alors que la TH du bois est encore au-dessus du point de saturation des fibres (PSF = TH de 25 à 30 %). Conséquemment, certains fabricants ont conçu un séchoir « hybride » qui fait appel au procédé de déshumidification pour la phase initiale du séchage et fonctionne comme un séchoir à air chaud climatisé classique lorsque la TH du bois tombe en dessous du PSF. À savoir si les économies d'énergie inhérentes à l'exploitation d'un séchoir DH se transforment en économies monétaires, cela dépend cependant d'un grand nombre de facteurs propres à chaque installation. Il faut donc tenir compte, d'une part, des sources d'énergie locales et des coûts connexes et, d'autre part, des exigences en matière de TH finale.

20.6 BESOINS EN ÉNERGIE ÉLECTRIQUE

La principale utilisation d'électricité dans les séchoirs à air chaud climatisé sert à l'alimentation des moteurs du système de circulation de l'air. Ainsi, la demande d'énergie électrique au séchoir représente environ 5 % des besoins énergétiques totaux du séchage du bois. Et comme l'électricité est habituellement la forme d'énergie la plus chère pour le séchage du bois, ce pourcentage peut représenter une proportion beaucoup plus importante du coût total de l'énergie.

On a longtemps sous-estimé l'importance de la vitesse de circulation de l'air pour le séchage de sciages d'EPS. Ce n'est que récemment que son incidence sur le taux de séchage global et l'uniformité de la TH a été reconnue à sa juste valeur. Le chapitre 15 présente des recommandations particulières concernant la vitesse de circulation de l'air. Les fabricants et les opérateurs de séchoirs faisant maintenant appel à des vitesses de circulation de l'air de plus en plus élevées, l'importance d'étudier les moyens d'augmenter l'efficacité énergétique se fait de plus en plus pressante.

20.6.1 ÉCONOMIES D'ÉNERGIE À L'AIDE D'ENTRAÎNEMENTS À VITESSE VARIABLE

Il a été démontré par de nombreux auteurs, ainsi que dans des travaux réalisés chez Forintek, qu'un fort débit d'air peut augmenter le taux de séchage au-dessus du PSF. La figure 6-5 (chapitre 6) illustre l'effet de la vitesse de circulation de l'air sur le taux de séchage de sciages d'EPS. Comme il n'y a aucun avantage à accélérer la vitesse de circulation de l'air lorsque la TH de sciages se situe en dessous de 25 à 30 %, il est logique d'envisager l'installation de dispositifs pour la réduire à ce stade du processus de séchage. Cette stratégie est encore plus intéressante lorsqu'on sait que la demande énergétique d'un moteur électrique couplé à un ou des ventilateurs correspond au cube de la vitesse des ventilateurs. Ainsi, si la vitesse des ventilateurs est réduite de moitié, on peut s'attendre à ce que la consommation d'énergie soit réduite à environ 1/8 de la consommation antérieure. En outre, une réduction, même modeste, de la vitesse des ventilateurs peut avoir une incidence significative sur les besoins d'énergie électrique. Même une réduction d'environ 20 % de la vitesse de circulation de l'air réduira la consommation d'énergie électrique de moitié. La figure 20-4 montre comment la consommation électrique augmente en fonction de la vitesse de l'air et confirme les bénéfices associés à la réduction de la vitesse de l'air.

Une étude de Forintek a mis en lumière les économies d'énergie découlant d'une réduction de la vitesse des ventilateurs durant le séchage à haute température des sciages de pin gris et d'épinette. La stratégie utilisée dans le cadre de l'étude consistait à réduire la vitesse des ventilateurs à mesure de la diminution du différentiel de température à travers le chargement de bois (DTAB). Comme la TH du bois influence énormément le DTAB, on atteint donc le but précité, à savoir une réduction de la vitesse des ventilateurs à mesure de la diminution de la TH. Dans l'étude en question, un entraînement à vitesse variable a permis de modifier la vitesse des ventilateurs selon les besoins aux différents stades de séchage. Le réglage progressif de la vitesse des ventilateurs a entraîné une réduction de 50 % de la consommation d'énergie électrique, et ce, sans influencer le temps de séchage, la qualité du produit ou la distribution de la TH finale.

Les entraînements à vitesse variable sont un moyen de réduire la vitesse des ventilateurs durant le séchage. Le retour sur investissement dépendra du coût local de l'électricité et de l'ampleur selon laquelle la vitesse de l'air peut être réduite.

Pour réaliser des économies en réduisant la vitesse de circulation de l'air, le séchoir doit déjà excéder quelque peu les exigences minimales de vitesse de l'air. La vitesse de circulation de l'air minimale absolue recommandée pour tout séchoir est d'environ 300 pi/min (1,5 m/s). Un séchoir dont la vitesse de circulation de l'air est en dessous ou près de cette vitesse ne devrait même pas figurer comme candidat à l'installation d'un entraînement à vitesse variable. Pour ce qui est des sciages d'EPS, nous recommandons que les séchoirs dont la vitesse de l'air excède 500 pi/min soient considérés pour l'installation d'un entraînement à vitesse variable.

Figure 20-4

Exemple de la puissance mesurée en fonction de la vitesse de l'air dans un séchoir industriel typique tenant compte des rendements du moteur et de l'entraînement à vitesse variable.

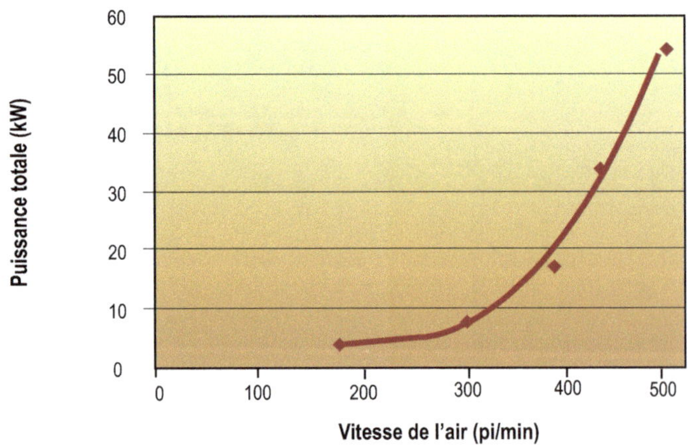

Outre les économies d'énergie, la plupart des scieries qui dotent leurs séchoirs d'un entraînement à vitesse variable bénéficient d'autres avantages. La possibilité d'augmenter progressivement la vitesse de l'air au début du cycle de séchage réduit la demande de pointe et prolonge la vie utile des moteurs des ventilateurs. Le système de ventilation peut aussi être conçu de manière à en favoriser le rendement optimal seulement lorsque le séchoir est réchauffé. On peut ainsi obtenir plus des moteurs en place ou commander des moteurs de plus faible capacité nominale lors de la conception d'un nouveau séchoir.

EXEMPLE

Essence à sécher :	Mélange de sciages (épinette noire, épinette blanche, pin gris)
Capacité du séchoir :	288 Mpmp
Température de séchage maximale :	210 °F (98 °C) environ
Puissance nominale totale aux ventilateurs :	260 HP
Vitesse de l'air maximale :	1 000 pi/min (5,1 m/s)
Vitesse de l'air réduite (sous le PSF) :	500 pi/min (2,5 m/s)
Temps de séchage :	30 heures environ
Portion du cycle de séchage sous le PSF :	60 % du temps de séchage total
Période de recouvrement de l'investissement (entraînement à vitesse variable) :	**12,6 mois**

20.6.2 EFFICACITÉ DU SYSTÈME DE CIRCULATION DE L'AIR

La plupart des exploitants de scieries n'ont porté que peu d'attention aux détails particuliers du système de circulation de l'air des séchoirs dont ils envisageaient l'achat. Dans la plupart des cas, on se limite à spécifier une vitesse de circulation de l'air et le coût du système. Des études récentes ont toutefois révélé une énorme variation de l'efficacité énergétique des systèmes de circulation de l'air d'un séchoir à l'autre. La figure 20-5 montre les résultats d'une comparaison de la puissance installée par rapport à la vitesse de circulation de l'air moyenne dans un certain nombre de séchoirs à bois industriels. Les diverses combinaisons de types de ventilateur, d'arrangement des ventilateurs (longitudinal vs transversal) de même que la configuration des séchoirs (chargement sur rails, chargement latéral) et d'autres facteurs influencent énormément l'efficacité des installations. Des travaux de Forintek ont révélé que la combinaison optimale de technologies peut entraîner une réduction de la demande d'énergie électrique allant jusqu'à 35 %.

Figure 20-5
Efficacité de la circulation de l'air en fonction de la puissance installée et de la vitesse de circulation de l'air obtenue. Résultats de mesures dans des opérations industrielles.

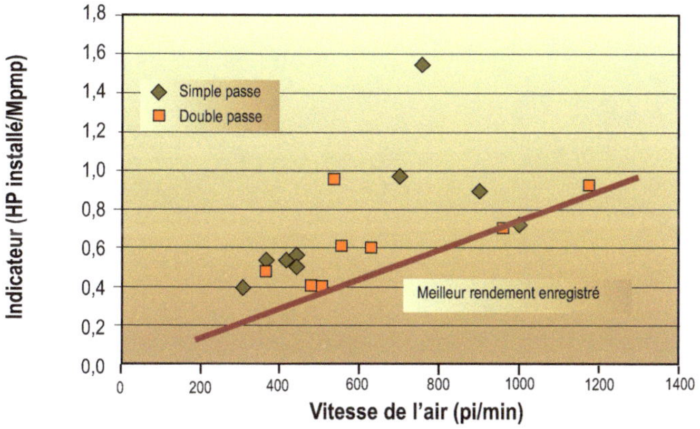

Parmi les caractéristiques qui améliorent l'efficacité d'un système de circulation de l'air, signalons :

- une largeur adéquate du plénum dans le séchoir et l'absence de restrictions du débit d'air depuis les ventilateurs jusqu'aux sciages;
- l'empilage correct des sciages sur des baguettes correctement dimensionnées (habituellement d'une épaisseur de ¾ de pouce);
- le maintien d'un espace adéquat entre les paquets adjacents dans le séchoir;
- l'utilisation judicieuse de déflecteurs pour minimiser la déviation d'air autour des chargements;
- l'appariement des moteurs de ventilateurs, des ventilateurs eux-mêmes, de la vitesse des ventilateurs et du pas des pales des ventilateurs pour obtenir le rendement maximal;
- l'utilisation d'un entraînement à vitesse variable pour réduire la vitesse des ventilateurs, au besoin.

Figure 20-6
On peut accroître la vitesse de circulation de l'air générée par l'équipement en place de diverses façons, notamment en optimisant l'angle des pales des ventilateurs et en installant des déflecteurs d'air aux endroits appropriés.

NOTES

CONSIDÉRATIONS ÉCONOMIQUES LIÉES AU SÉCHAGE

21.1 APERÇU

En affaires, tout est une question de coûts par rapport aux bénéfices. Le séchage a pour objectif d'amener le bois à un état qui en assurera la meilleure performance possible en service. Pour la plupart des applications, l'utilisation de bois ne sera même pas envisagée s'il n'a pas été convenablement séché. En dépit de ces considérations, la majorité des industriels du sciage, lorsqu'ils examinent une opération de séchage existante ou future, veulent connaître le rendement direct que leur investissement leur procurera. Sécher le bois en augmente la valeur, mais celle-ci doit plus que compenser les coûts liés au séchage. Afin de prendre les bonnes décisions concernant l'équipement ou les stratégies d'exploitation, il est important de disposer d'une information pertinente sur les coûts réels du séchage. Compte tenu de la variabilité de la plupart des coûts, notamment des coûts énergétiques, la quantification des coûts réels du séchage dépasse largement la portée d'un manuel de ce type. Par conséquent, ce chapitre visera à déterminer les divers éléments qui constituent l'ensemble des coûts du séchage. Les exploitants de scieries ou les opérateurs de séchoirs pourront ainsi mener plus facilement leur propre examen du rendement économique, réel ou anticipé, d'une opération de séchage.

De façon générale, toute activité reliée au séchage et qui n'aurait pas été effectuée si le bois était vendu à l'état vert devrait être considérée dans les coûts du séchage. Toutefois, en plus de ce qui précède, il existe un autre élément qui n'est souvent pas pris en compte dans les coûts de séchage : le déclassement résultant du séchage, qui diminue la valeur potentielle du bois d'œuvre. Bien qu'un certain pourcentage de déclassement soit inévitable à la suite du séchage, il y a lieu de considérer les différences de déclassement découlant de l'exploitation de systèmes de séchage différents ou même de l'utilisation de programmes de séchage différents dans le processus décisionnel concernant le type ou la capacité des séchoirs.

21.2 REVENUS PROVENANT DU SÉCHAGE

Le premier élément à prendre en compte lors de l'évaluation de la rentabilité d'une installation de séchage correspond aux revenus qu'elle engendre. Les revenus découlant du séchage peuvent varier sensiblement, et ce, encore plus que les prix du bois d'œuvre. Le graphique de la figure 21-1 illustre la variation importante du différentiel de prix entre le bois à l'état vert et le bois sec. Dans cet exemple, l'écart de prix est passé, dans un intervalle de seulement trois ans, de moins de 10 \$/Mpmp à plus de 70 \$/Mpmp. Étant donné que ces différences de prix servent souvent à justifier les investissements en séchoirs ou en ajout d'équipement aux séchoirs existants, il est important d'observer la moyenne à plus long terme des prix du bois d'œuvre plutôt que les prix du moment. Il n'y a sans doute pas lieu de croire que l'installation de séchoirs serait justifiable, du point de vue de la stricte rentabilité, si le différentiel de prix se maintenait en dessous de 10 \$/Mpmp. De même, il serait imprudent de fonder une décision d'investissement sur le différentiel de prix le plus important.

Plusieurs facteurs, autres que le différentiel de prix, motivent les industriels du sciage à sécher le bois. Le bois sec est un produit beaucoup plus stable en transit et en entreposage que le bois à l'état vert. Par ailleurs, puisqu'il est destiné à un marché plus vaste, le bois sec offre de plus grandes possibilités de vente, ce qui procure davantage de souplesse aux industriels. Le bois sec constitue le produit de base sur le marché. Pour la plupart des scieries, l'état vert du bois ne constitue qu'une étape du processus de transformation. Ainsi, au moment de prendre d'importantes décisions d'investissement, au lieu d'envisager les seules opérations de séchage, il serait peut-être plus judicieux de considérer les coûts totaux de production de la scierie plutôt que le coût lié à chaque étape de la chaîne de transformation. Cela ne signifie pas qu'il n'y a pas lieu d'examiner les coûts détaillés du séchage. Les renseignements sur la rentabilité des séchoirs permettront de déterminer la période de récupération liée à l'ajout d'équipement ou à des modifications du processus de fabrication.

Figure 21-1
Différentiel de prix entre du bois de dimension 2 x 4 à l'état vert et du bois sec sur une période de trois ans.

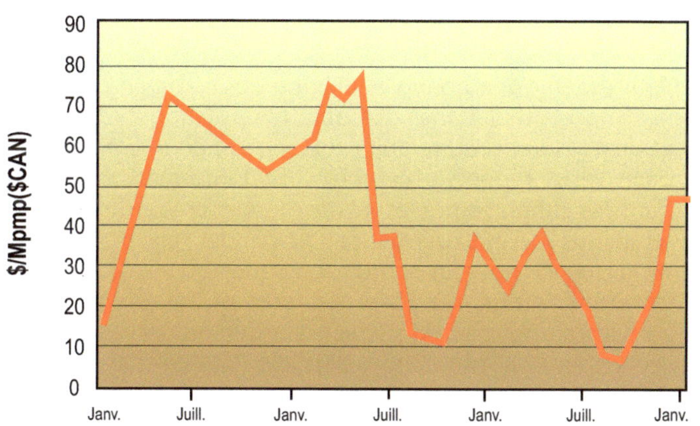

21.3 COÛTS LIÉS AU SÉCHAGE DU BOIS

Sommairement, on peut dire que le calcul des coûts du séchage du bois consiste à tenir compte de tout ce qu'il faut faire (ou faire différemment) et qu'il n'y aurait pas lieu de faire si le bois était vendu à l'état vert. Essentiellement, il s'agit d'interventions réalisées entre la sortie du bois de la scierie et son arrivée à l'usine de rabotage. Dans certains cas, des interventions supplémentaires doivent être prises en compte pour les besoins du calcul des coûts du séchage. Par exemple, si on procède au prétriage des sciages pour améliorer la qualité du produit final ou la productivité des séchoirs, cette activité doit être incluse dans l'ensemble des coûts du séchage. Toutefois, comme nous l'avons indiqué dans la section précédente, il n'est pas toujours sage d'examiner tous les coûts du séchage et de s'attendre à ce qu'ils soient tous compensés par la seule différence de prix entre le bois sec et le bois à l'état vert.

Les coûts du séchage peuvent être répartis en trois catégories :

- coûts en capital ou coûts initiaux;
- coûts fixes;
- coûts variables.

Les sections qui suivent donnent un aperçu des principaux éléments composant chacune de ces catégories. Elles ne visent toutefois pas à en dresser une liste exhaustive. Quiconque voudrait mener une analyse économique approfondie d'une opération de séchage réelle (ou future) devrait consulter les références fournies à l'annexe VI, Suggestions de lecture.

21.3.1 COÛTS EN CAPITAL

Les coûts en capital représentent souvent l'élément de coût qui retient davantage l'attention des acheteurs éventuels de séchoirs. Leur préoccupation est justifiée étant donné qu'un séchoir constitue un achat important pour toute entreprise. Toutefois, il est essentiel de s'assurer que l'équipement choisi conviendra aux attentes. Chercher à faire de minces économies de coûts au stade de la sélection de l'équipement pourrait nuire à la productivité et au rendement en qualité des sciages. Même si cette option peut sembler attrayante, le coût de l'exploitation d'un système moins performant ou ne pouvant produire la qualité exigée se fera sentir longtemps après la première vente de bois.

Pour obtenir une bonne estimation des coûts en capital, il est important d'établir des objectifs opérationnels précis, et de s'assurer ensuite que l'équipement énuméré dans les devis reçus répond à ces objectifs. L'information fournie dans les chapitres précédents sur le rendement du séchoir (chapitres 7, 8 et 9) permettra d'établir des spécifications de performance pour les séchoirs ou ses composants. La taille du séchoir est un autre aspect important. En conséquence, certains conseils sur la manière de déterminer la taille de séchoir requise sont donnés plus loin dans ce chapitre.

Les coûts en capital incluent généralement tous les achats ou aménagements nécessaires au départ pour assurer l'exploitation de l'installation. Dans le cas d'une entreprise ne disposant d'aucun séchoir, il pourrait s'agir de l'achat ou de l'aménagement des éléments suivants :

- un ou plusieurs séchoirs;
- l'achat ou la préparation du terrain;
- une salle de contrôle;
- un système énergétique;
- des chariots de séchoir (pour les séchoirs à chargement sur rails);
- une zone d'entreposage ou un toit au-dessus de la sortie des séchoirs;
- l'équipement pour le lattage du bois;
- des chariots élévateurs supplémentaires pour le chargement et le déchargement des séchoirs;
- une désempileuse et un équipement de récupération des baguettes;
- une réserve initiale de baguettes;
- l'établissement de zones d'entreposage pour le bois à l'état vert et le bois sec dans la cour de l'entreprise;
- du matériel de vérification du séchoir (p. ex. lecteur de température, humidimètres, etc.).

21.3.2 COÛTS D'EXPLOITATION

Toute dépense engagée pour le fonctionnement d'une installation de séchage est considérée comme un coût d'exploitation. Certains de ces coûts, les « coûts fixes », seront constants, et ce, quel que soit le niveau de production, tandis que d'autres, les « coûts variables », sont directement liés à la production des séchoirs. Des exemples de ces deux catégories de coûts sont présentés dans les sections qui suivent.

21.3.2.1 COÛTS FIXES

Les coûts fixes sont ceux qui demeurent constants, ou à peu près constants, quel que soit le niveau de production des séchoirs. Certains de ces coûts peuvent être considérés comme des frais généraux (dépenses à l'appui de l'opération de séchage), alors que d'autres peuvent être liés de façon plus directe aux activités quotidiennes. Ces coûts sont généralement calculés comme un montant forfaitaire annuel. Parmi les coûts d'exploitation fixes figurent, entre autres :

- les coûts de gestion;
- les taxes;
- les assurances;
- les frais d'entretien de l'équipement;
- la dépréciation;
- les frais de supervision du séchoir (peuvent être en partie variables).

21.3.2.2 COÛTS VARIABLES

Les coûts variables représentent les coûts qui fluctuent avec le niveau de production. Certains frais, liés par exemple à la supervision, peuvent être en partie variables et en partie fixes. À titre d'exemple, un des opérateurs de séchoir se verra souvent affecté exclusivement aux séchoirs et ne changera pas de poste selon le niveau de production. D'autres opérateurs, superviseurs ou membres du personnel de chargement des séchoirs seront souvent affectés aux opérations de séchage, selon les besoins. En conséquence, les frais qu'ils occasionnent seront considérés comme coûts variables. Ces coûts sont généralement calculés sur la base du coût par unité de volume de production ($/Mpmp). Les éléments de coût suivants peuvent tous être considérés comme des coûts variables :

- Énergie
  - énergie thermique (combustible fossile, sous-produits du bois, etc.)
  - électricité (pour les ventilateurs du séchoir et le système énergétique)
- Main-d'œuvre
  - exploitation et supervision du séchoir
  - chargement du séchoir
  - empilage du bois
- Coûts d'opération des chargeuses
- Réapprovisionnement en baguettes (remplacer les baguettes perdues ou cassées)
- Frais de cerclage des paquets

Le déclassement consécutif au séchage est un autre exemple de coût variable. Cet élément est souvent négligé, mais il est important pour déterminer la réussite ou l'échec d'une opération de séchage.

21.3.2.3 COÛT DU DÉCLASSEMENT RÉSULTANT DU SÉCHAGE

Beaucoup considèrent le déclassement résultant du séchage comme une conséquence naturelle du séchage du bois. Le déclassement et les facteurs qui y contribuent ont fait l'objet d'une analyse détaillée dans certains des chapitres précédents. Il faudrait préciser ici qu'une partie de ce déclassement est inévitable. Une autre partie, toutefois, peut être évitée, mais les mesures nécessaires pour le minimiser ou l'éviter ont un certain coût. Afin de décider si ces coûts sont justifiés, il est important de posséder une bonne estimation du pourcentage de déclassement résultant du séchage, et de l'effet que peut avoir la mise en œuvre d'une action particulière. Par exemple, l'application d'un programme de séchage plus long peut réduire la variabilité de la teneur en humidité finale ainsi que le surséchage, mais le gain en qualité des sciages doit être considéré en rapport avec la capacité de production réduite des séchoirs. Dans un autre exemple, la décision de ne pas installer un système d'humidification réduira les coûts en capital, mais pourrait faire augmenter les coûts d'exploitation en raison du surséchage et du déclassement d'un plus grand nombre de sciages. Par conséquent, le calcul du rendement et de la faisabilité d'un investissement exige souvent une bonne compréhension de la différence relative entre une situation et une autre.

Figure 21-2

Le déclassement résultant du séchage devrait être inclus dans les coûts du séchage. Les efforts pour réduire le pourcentage de gauchissement « évitable » seront récompensés par un meilleur rendement en qualité.

Le déclassement résultant du séchage constitue l'un des éléments des coûts d'exploitation les plus difficiles à évaluer. Il variera non seulement selon le type d'équipement choisi et la façon dont celui-ci est utilisé, mais aussi, dans une large mesure, selon les caractéristiques du bois à sécher. En effet, les différences affichées par une seule essence dans son aire de distribution peuvent rendre inutile la comparaison de l'expérience ou les prévisions de déclassement d'une scierie à l'autre. L'unique solution consiste à mettre en place des systèmes pour évaluer le déclassement résultant du séchage. Certains de ces procédés et moyens sont présentés au chapitre 18, Mesures de contrôle de la qualité.

Une fois qu'un niveau acceptable de déclassement consécutif au séchage a été établi, mesuré et atteint, il devient ensuite possible d'apporter des changements au processus et d'en mesurer les effets. Modifier un programme de séchage ou des critères de prétriage peut entraîner une meilleure productivité des séchoirs, mais ces bénéfices peuvent être contrebalancés, en tout ou en partie, par une augmentation du déclassement résultant du séchage.

Étant donné que les caractéristiques du bois à une scierie donnée peuvent changer d'une saison, voire d'une semaine, à l'autre, il est important d'établir et de mesurer l'effet de ces changements lorsque le mélange d'essences entrant à la scierie est relativement stable. Par exemple, si la proportion de sapin baumier entrant dans le mélange de bois augmente en même temps qu'une modification est apportée au programme de séchage, il sera impossible d'obtenir une mesure exacte de l'effet des changements.

21.4 ÉTABLISSEMENT DE LA CAPACITÉ DU SÉCHOIR

Les chapitres 7 et 8 fournissent des renseignements sur la façon de déterminer la capacité de l'équipement (extraction de l'humidité, circulation de l'air, etc.). Au moment d'effectuer une analyse économique, il est essentiel que les séchoirs étudiés aient tous la capacité technique de sécher le bois convenablement. Il est aussi important que les séchoirs puissent réalistement traiter le volume de sciages à sécher à chaque année. Le temps de séchage prévu pour chaque séchoir concerné est la variable la plus importante à quantifier. Tous les coûts définis précédemment ont une incidence sur la viabilité économique d'une installation de séchage. Toutefois, c'est la variabilité du niveau de production des séchoirs qui aura la plus grande incidence sur l'issue de toute étude de faisabilité.

Le temps de séchage net pour une essence et une épaisseur de sciages données correspond au temps de séchage par charge, sans tenir compte des pannes d'équipement ni du temps de chargement et de déchargement du séchoir. Les meilleures estimations du temps de séchage net sont celles qui proviennent d'autres secteurs de votre propre entreprise ou d'entreprises proches séchant un produit très similaire. Les temps de séchage variant inévitablement de l'été à l'hiver, la meilleure estimation du temps de séchage net sera donc une valeur moyenne pondérée pour l'année. Le temps de séchage net doit être ajusté par rapport au temps de changement des charges dans le séchoir. En contrepartie, ce délai sera influencé par la configuration du séchoir (séchoir à chargement sur rails, séchoir à chargement latéral). Enfin, certaines provisions doivent être établies pour l'entretien régulier et (parfois) une fermeture annuelle pour congés ou maintenance majeure. Le tableau suivant représente un exemple de la façon de déterminer la capacité du séchoir en fonction d'une production annuelle donnée.

EXEMPLE DE DÉTERMINATION DE LA CAPACITÉ DU SÉCHOIR

• Production exigée :	50 000 Mpmp/an
• Essence :	Épinette noire
• Dimensions :	2 x 4 et 2 x 6
• Temps de séchage net moyen pondéré :	46 heures
• Temps de chargement/déchargement du séchoir :	2 heures/chargement
• Temps total du cycle :	48 heures
• Maximum d'heures d'exploitation/an :	365 x 24 = 8 760 heures
• Déduction d'une (1) semaine pour fermeture annuelle :	(168 heures)
• Temps d'arrêt pour réparations et entretien : (2 % des heures d'exploitation)	(172 heures)
• Total d'heures disponibles pour le séchage :	8 420 heures/an
• Cycles de séchage par an et par séchoir :	8 420/48 = 175 cycles/séchoir
• Capacité totale du séchoir requise par charge :	50 000 Mpmp/175 cycles = 285 Mpmp

Par conséquent, il faudra un seul séchoir (ou une combinaison de plusieurs séchoirs) d'une capacité totale de 285 Mpmp pour sécher la production visée selon les conditions énumérées ci-dessus.

La façon de répartir la capacité de séchage requise est un autre facteur influençant les coûts en capital. Pour l'exemple ci-dessus, certaines entreprises pourraient choisir d'acquérir un seul séchoir d'une capacité de 285 Mpmp, tandis que d'autres trouveront avantageux de répartir cette capacité sur deux ou trois séchoirs de capacité plus modeste. Cette décision doit être prise dès le départ, étant donné ses implications évidentes sur l'estimation des coûts en capital. Un séchoir unique pourrait répondre aux besoins d'une scierie de bois de colombage, tandis qu'une scierie fabriquant divers produits de différentes dimensions trouvera plus facilement son compte dans l'exploitation de plusieurs petits séchoirs.

21.5 RENDEMENT ÉCONOMIQUE

Le rendement économique d'un investissement peut être exprimé en termes de période de récupération, de rentabilité, de valeur actualisée nette ou d'autres paramètres pertinents. Pour des investissements relativement modestes, une période de récupération simple peut être calculée en déterminant le temps qu'il faudra pour récupérer l'investissement initial. Par exemple, si un investissement de 10 000 $ dans une technologie réduisant la consommation d'énergie entraîne des économies annuelles de 20 000 $ en combustible, la période de récupération simple s'élèvera à 6 mois. Il est fort probable, dans ce cas, qu'aucune autre étude ne sera nécessaire pour prendre une décision concernant cet investissement.

Lorsque l'investissement est plus important, plus complexe ou moins évident que dans l'exemple précédent, des renseignements plus détaillés sont requis. En effet, pour la plupart des investissements majeurs, une décision réfléchie exige une période de considération beaucoup plus longue, excédant parfois la durée de vie prévue de l'équipement. À cet effet, il est possible de recourir à de nombreux programmes d'analyse du flux de trésorerie ou à des économistes professionnels. En revanche, ces programmes et ces spécialistes ne peuvent fournir l'information détaillée sur les coûts réels ou prévus. C'est à ce stade que l'opérateur de séchoir et d'autres membres de l'entreprise doivent être consultés afin de garantir que les renseignements fournis sont aussi précis que possible.

LISTE DES ANNEXES

CONVERSION DE TEMPÉRATURE

Pour utiliser les tables qui suivent, repérer dans la colonne de gauche la valeur de dizaine de la température qu'il faut convertir, puis trouver le point d'intersection de cette ligne avec la valeur d'unité sur la ligne de 0 à 9.

La valeur indiquée au point d'intersection représente la valeur de conversion de la température arrondie au degré le plus près.

CONVERSION DE DEGRÉS CELSIUS (°C) EN DEGRÉS FAHRENHEIT (°F) ARRONDIS AU DEGRÉ LE PLUS PRÈS

(Exemple : de 65 °C à 149 °F)

	0	1	2	3	4	5	6	7	8	9
-20	-4	-6	-8	-9	-11	-13	-15	-17	-18	-20
-10	14	12	10	9	7	5	3	1	0	-2
0	32	34	36	37	39	41	43	45	46	48
10	50	52	54	55	57	59	61	63	64	66
20	68	70	72	73	75	77	79	81	82	84
30	86	88	90	91	93	95	97	99	100	102
40	104	106	108	109	111	113	115	117	118	120
50	122	124	126	127	129	131	133	135	136	138
60	140	142	144	145	147	**149**	151	153	154	156
70	158	160	162	163	165	167	169	171	172	174
80	176	178	180	181	183	185	187	189	190	192
90	194	196	198	199	201	203	205	207	208	210
100	212	214	216	217	219	221	223	225	226	228
110	230	232	234	235	237	239	241	243	244	246
120	248	250	252	253	255	257	259	261	262	264

CONVERSION DE DEGRÉS FAHRENHEIT (°F) EN DEGRÉS CELSIUS (°C) ARRONDIS AU DEGRÉ LE PLUS PRÈS

(Exemple : de 154 °F à 68 °C)

	0	1	2	3	4	5	6	7	8	9
0	-18	-17	-17	-16	-16	-15	-14	-14	-13	-13
10	-12	-12	-11	-11	-10	-9	-9	-8	-8	-7
20	-7	-6	-6	-5	-4	-4	-3	-3	-2	-2
30	-1	-1	0	1	1	2	2	3	3	4
40	4	5	6	6	7	7	8	8	9	9
50	10	11	11	12	12	13	13	14	14	15
60	16	16	17	17	18	18	19	19	20	21
70	21	22	22	23	23	24	24	25	26	26
80	27	27	28	28	29	29	30	31	31	32
90	32	33	33	34	34	35	36	36	37	37
100	38	38	39	39	40	41	41	42	42	43
110	43	44	44	45	46	46	47	47	48	48
120	49	49	50	51	51	52	52	53	53	54
130	54	55	56	56	57	57	58	58	59	59
140	60	61	61	62	62	63	63	64	64	65
150	66	66	67	67	**68**	68	69	69	70	71
160	71	72	72	73	73	74	74	75	76	76
170	77	77	78	78	79	79	80	81	81	82
180	82	83	83	84	84	85	86	86	87	87
190	88	88	89	89	90	91	91	92	92	93
200	93	94	94	95	96	96	97	97	98	98
210	99	99	100	101	101	102	102	103	103	104
220	104	105	106	106	107	107	108	108	109	109
230	110	111	111	112	112	113	113	114	114	115
240	116	116	117	117	118	118	119	119	120	121
250	121	122	122	123	123	124	124	125	126	126

CONVERSION DE LA DÉPRESSION DU THERMOMÈTRE HUMIDE

Utiliser ces tables pour convertir une valeur de dépression du thermomètre humide d'une unité donnée en valeur équivalente dans l'autre unité.

(Exemple : dépression du thermomètre humide de 5 °F = 2,8 °C

°F → °C	
1	0,6
2	1,1
3	1,7
4	2,2
5	2,8
6	3,3
7	3,9
8	4,4
9	5,0
10	5,6
12	6,7
14	7,8
16	8,9
18	10,0
20	11,1
25	13,9
30	16,7
35	19,4
40	22,2
45	25,0
50	27,8
60	33,3

°C → °F	
1	1,8
2	3,6
3	5,4
4	7,2
5	9,0
6	10,8
7	12,6
8	14,4
9	16,2
10	18,0
12	21,6
14	25,2
16	28,8
18	32,4
20	36,0
25	45,0
30	54,0
35	63,0
40	72,0

TENEUR EN HUMIDITÉ D'ÉQUILIBRE (THE) APPROXIMATIVE DU BOIS ET HUMIDITÉ RELATIVE (HR)

Température sèche (°C)		Dépression du thermomètre humide (°C)																			
		1	2	3	4	5	6	7	8	9	10	12	14	16	18	20	25	30	35	40	45
5	THE	18,9	14,0	11,1	8,9	6,8															
	HR	86	72	59	46	33															
10	THE	19,8	15,4	12,5	10,3	8,7	6,9	5,5	3,6	1,6											
	HR	88	77	66	55	45	34	25	15	6											
15	THE	20,7	16,2	13,5	11,5	9,9	8,4	7,2	5,9	4,6	3,2										
	HR	90	80	71	62	53	44	36	28	20	13										
20	THE	21,1	17,2	14,5	12,4	10,8	9,6	8,5	7,4	6,3	5,4	3,1									
	HR	91	83	75	67	59	52	45	38	31	25	13									
25	THE	21,5	17,8	14,8	12,9	11,6	10,3	9,3	8,4	7,5	6,6	5,0	3,1	0,8							
	HR	92	85	77	70	64	57	51	45	39	33	23	13	3							
30	THE	21,9	17,9	15,2	13,5	12,0	10,8	9,8	9,0	8,2	7,5	6,0	4,5	3,0	1,2						
	HR	93	86	79	73	67	61	55	50	45	40	30	21	13	5						
35	THE	21,6	18,1	15,6	13,7	12,5	11,2	10,2	9,4	8,6	8,0	6,7	5,6	4,4	3,1	1,6					
	HR	93	87	81	75	70	64	59	54	49	45	36	28	21	14	7					
40	THE	21,9	18,2	16,0	14,0	12,7	11,5	10,6	9,7	9,0	8,4	7,3	6,2	5,1	4,1	3,0					
	HR	94	88	83	77	72	67	62	57	53	49	41	33	26	20	14					
45	THE	21,5	18,4	16,1	14,3	12,9	11,7	10,9	9,9	9,3	8,7	7,5	6,5	5,7	4,8	3,8	1,5				
	HR	94	89	84	79	74	69	65	60	56	52	44	37	31	25	19	7				
50	THE	21,9	18,0	16,1	14,3	12,8	11,8	11,0	10,0	9,4	8,9	7,7	6,9	6,1	5,2	4,5	2,6	0,6			
	HR	95	89	85	80	75	71	67	62	58	55	47	41	35	29	24	13	3			
55	THE	21,5	18,1	15,7	14,3	12,8	11,8	10,9	10,1	9,6	8,9	7,9	7,1	6,3	5,6	4,9	3,2	1,6			
	HR	95	90	85	81	76	72	68	64	61	57	50	44	38	33	28	17	8			
60	THE	21,0	18,3	15,8	14,2	12,7	11,7	11,0	10,2	9,5	9,0	7,9	7,1	6,5	5,7	5,2	3,6	2,2	0,9		
	HR	95	91	86	82	77	73	70	66	62	59	52	46	41	35	31	20	12	5		
65	THE	20,5	17,8	15,8	14,2	12,9	11,8	10,9	10,1	9,5	9,0	8,0	7,1	6,5	5,9	5,2	3,9	2,6	1,4		
	HR	95	91	87	83	79	75	71	67	64	61	54	48	43	38	33	23	15	8		
70	THE	20,8	17,4	15,4	13,8	12,5	11,7	10,8	10,1	9,4	8,9	8,0	7,1	6,5	5,9	5,4	4,1	2,9	1,8	0,9	
	HR	96	91	87	83	79	76	72	69	65	62	56	50	45	40	36	26	18	11	5	
75	THE	20,3	17,5	15,4	13,7	12,4	11,6	10,6	10,0	9,4	8,7	8,0	7,1	6,5	5,9	5,4	4,1	3,1	2,1	1,2	0,5
	HR	96	92	88	84	80	77	73	70	67	63	58	52	47	42	38	28	20	13	8	4
80	THE	19,8	17,0	14,9	13,7	12,3	11,2	10,5	9,8	9,3	8,7	7,8	7,1	6,5	5,9	5,4	4,2	3,2	2,3	1,5	0,8
	HR	96	92	88	85	81	77	74	71	68	65	59	54	49	44	40	30	22	16	10	6
85	THE	19,2	16,5	14,9	13,2	12,2	11,1	10,3	9,7	9,1	8,6	7,6	6,9	6,3	5,8	5,2	4,2	3,2	2,4	1,7	1,0
	HR	96	92	89	85	82	78	75	72	69	66	60	55	50	46	41	32	24	18	12	8
90	THE	18,7	16,6	14,4	13,2	11,8	10,9	10,2	9,5	8,9	8,4	7,6	6,8	6,3	5,7	5,2	4,2	3,2	2,4	1,7	1,2
	HR	96	93	89	86	82	79	76	73	70	67	62	56	52	47	43	34	26	20	14	10
95	THE	18,1	16,0	13,9	12,7	11,7	10,8	10,0	9,3	8,7	8,2	7,4	6,7	6,1	5,6	5,1	4,0	3,2	2,4	1,8	0,1
	HR	96	93	89	86	83	80	77	74	71	68	63	58	53	49	45	35	28	21	16	11
100	THE	18,3	15,5	13,9	12,6	11,2	10,3	9,6	9,1	8,5	8,0	7,2	6,5	5,8	5,4	4,9	3,9	3,1	2,4	1,8	1,3
	HR	97	93	90	87	83	80	77	75	72	69	64	59	54	50	46	37	29	23	18	13
105	THE					10,7	9,8	9,1	8,4	8,0	7,4	6,6	5,9	5,3	4,9	4,5	3,7	3,1	2,3	1,7	1,3
	HR					84	81	78	75	73	70	65	60	55	51	47	38	31	25	19	15
110	THE										7,3	6,5	5,8	5,3	4,8	4,4	3,6	3,0	2,2	1,7	1,2
	HR										71	66	61	57	53	49	40	32	26	21	16
115	THE													5,1	4,7	4,3	3,5	2,9	2,0	1,5	1,1
	HR													58	54	50	41	34	27	22	17
120	THE															4,1	3,3	2,8	1,7	1,3	1,0
	HR															51	42	35	29	23	19
125	THE																3,3	2,7	1,3	1,0	0,8
	HR																44	36	30	25	20
130	THE																	2,5	0,8	0,6	0,5
	HR																	37	31	26	21

Source : D'après plusieurs rapports du département de l'Agriculture des États-Unis publiés par W.T. Simpson et coll.

TENEUR EN HUMIDITÉ D'ÉQUILIBRE (THE) APPROXIMATIVE DU BOIS ET HUMIDITÉ RELATIVE (HR)

Température sèche (°F)		Dépression du thermomètre humide (°F)																					
		2	4	6	8	10	12	14	16	18	20	22	24	26	28	30	35	40	45	50	60	70	80
40	THE	17,6	13,0	9,9	7,4																		
	HR	83	68	52	37																		
50	THE	19,3	14,5	11,4	9,3	7,6	5,8	3,8	1,4														
	HR	87	74	61	49	38	27	16	5														
60	THE	20,2	15,5	12,8	10,8	9,1	7,7	6,3	4,7	3,2	1,3												
	HR	89	78	68	58	48	39	30	21	13	5												
70	THE	20,5	16,4	13,6	11,8	10,1	8,9	7,7	6,6	5,4	4,3	3,1	1,5										
	HR	90	81	72	64	55	48	40	33	25	19	13	6										
80	THE	20,8	16,8	14,2	12,4	11,0	9,7	8,6	7,7	6,8	5,9	4,9	4,0	3,1	2,0								
	HR	91	83	75	68	61	54	47	41	35	29	23	18	13	8								
90	THE	21,1	17,4	14,8	12,8	11,5	10,2	9,2	8,4	7,6	6,8	6,1	5,3	4,7	3,8	3,0	1,2						
	HR	92	85	78	71	65	58	52	47	41	36	31	26	22	17	13	5						
100	THE	21,4	17,4	15,1	13,0	11,9	10,7	9,6	8,8	8,1	7,4	6,8	6,2	5,6	5,0	4,4	2,9	0,9					
	HR	93	86	80	73	68	62	56	51	46	41	37	33	29	25	21	13	4					
110	THE	21,0	17,5	15,1	13,2	12,0	10,8	10,0	9,2	8,5	7,9	7,3	6,8	6,2	5,6	5,2	4,0	2,4	1,3				
	HR	93	87	81	75	70	64	60	55	50	46	42	38	34	30	27	20	11	6				
120	THE	21,2	17,6	15,1	13,4	12,1	10,8	10,1	9,3	8,6	8,1	7,5	7,1	6,5	6,1	5,6	4,7	3,2	2,5	1,1			
	HR	94	88	82	77	72	66	62	57	53	49	45	42	38	35	31	25	16	12	5			
130	THE	20,7	17,7	15,0	13,4	12,0	10,9	10,2	9,5	8,8	8,2	7,8	7,3	6,7	6,3	5,9	5,1	3,9	3,1	2,0			
	HR	94	89	83	78	73	68	64	60	56	52	49	45	41	38	35	29	21	16	10			
140	THE	20,2	17,2	15,0	13,3	12,2	11,0	10,2	9,5	8,8	8,2	7,8	7,4	6,9	6,5	6,1	5,3	4,3	3,6	2,6	1,3		
	HR	94	89	84	79	75	70	66	62	58	54	51	48	44	41	38	32	25	20	14	7		
150	THE	20,5	17,2	14,9	13,2	12,0	11,1	10,2	9,5	8,8	8,4	7,8	7,4	7,0	6,6	6,2	5,5	4,5	4,0	3,1	1,8		
	HR	95	90	85	80	76	72	68	64	60	57	53	50	47	44	41	35	28	24	18	11		
160	THE	19,9	16,7	14,8	13,0	11,9	10,9	10,1	9,3	8,8	8,2	7,8	7,4	7,0	6,6	6,2	5,5	4,7	4,0	3,4	2,2	1,0	
	HR	95	90	86	81	77	73	69	65	62	58	55	52	49	46	43	37	31	26	21	14	6	
170	THE	19,3	16,7	14,4	12,9	11,7	10,7	9,9	9,3	8,6	8,2	7,7	7,3	6,9	6,5	6,2	5,6	4,7	4,2	3,6	2,5	1,4	
	HR	95	91	86	82	78	74	70	67	63	60	57	54	51	48	45	40	33	29	24	16	9	
180	THE	19,5	16,2	14,3	12,8	11,6	10,6	9,9	9,1	8,6	8,1	7,5	7,1	6,7	6,5	6,1	5,5	4,7	4,2	3,6	2,6	1,7	
	HR	96	91	87	83	79	75	72	68	65	62	58	55	52	50	47	42	35	31	26	19	12	
190	THE	18,9	16,2	14,2	12,6	11,4	10,4	9,7	8,9	8,4	7,9	7,5	7,0	6,6	6,3	6,0	5,4	4,6	4,2	3,6	2,7	1,8	1,1
	HR	96	92	88	84	80	76	73	69	66	63	60	57	54	51	49	44	37	33	28	21	14	9
200	THE	18,3	15,6	13,7	12,2	10,9	10,2	9,5	8,7	8,2	7,7	7,2	6,8	6,4	6,2	5,9	5,2	4,5	4,1	3,5	2,7	1,9	1,3
	HR	96	92	88	84	80	77	74	70	67	64	61	58	55	53	51	45	39	35	30	23	16	11
210	THE	17,6	15,6	13,1	12,0	10,7	9,9	9,2	8,4	7,9	7,4	7,0	6,6	6,3	5,9	5,7	5,1	4,4	4,0	3,4	2,6	1,8	1,2
	HR	96	93	88	85	81	78	75	71	68	65	62	59	57	54	52	47	41	37	32	25	17	12
220	THE					10,3	9,4	8,6	8,0	7,4	7,0	6,7	6,4	6,0	5,6	5,3	4,6	4,2	3,7	3,4	2,7	1,8	1,3
	HR					82	79	76	73	70	67	63	61	58	55	54	48	43	38	34	26	19	14
230	THE										6,7	6,3	6,1	5,7	5,4	5,1	4,5	4,0	3,6	3,3	2,7	1,7	1,2
	HR										68	64	62	59	57	55	50	45	40	35	28	21	15
240	THE															4,9	4,5	3,9	3,5	3,1	2,5	1,5	1,1
	HR															57	51	46	41	37	29	22	17
250	THE																	3,7	3,3	3,0	2,5	1,3	0,9
	HR																	47	43	38	31	24	18
260	THE																			2,9	2,3	0,9	0,7
	HR																			40	32	25	20

Source : D'après plusieurs rapports du département de l'Agriculture des États-Unis publiés par W.T. Simpson et coll.

RETRAIT EXPRIMÉ EN POURCENTAGE DES DIMENSIONS À L'ÉTAT VERT ET EN FONCTION DE LA TENEUR EN HUMIDITÉ FINALE

Essence	Sens du fil	Pourcentage de retrait en fonction d'une TH de					Retrait total (à 0 % TH)
		21 %	19 %	15 %	10 %	6 %	
Épinette noire	Radial	1,1	1,4	1,9	2,5	3,0	3,8
	Tangentiel	2,1	2,7	3,7	5,0	5,9	7,5
Épinette rouge	Radial	1,1	1,5	2,0	2,7	3,1	4,0
	Tangentiel	2,3	2,9	3,9	5,3	6,2	7,9
Pin gris	Radial	1,1	1,5	2,0	2,7	3,1	4,0
	Tangentiel	1,7	2,2	2,9	3,9	4,6	5,9
Sapin baumier	Radial	0,8	1,0	1,3	1,8	2,1	2,7
	Tangentiel	2,1	2,7	3,7	5,0	5,9	7,5
Épinette blanche	Radial	0,9	1,2	1,6	2,1	2,5	3,2
	Tangentiel	2,0	2,5	3,5	4,6	5,4	6,9
Épinette d'Engelmann	Radial	1,2	1,5	2,1	2,8	3,3	4,2
	Tangentiel	2,3	3,0	4,1	5,5	6,4	8,2
Pin de Murray	Radial	1,3	1,7	2,3	3,1	3,7	4,7
	Tangentiel	1,9	2,5	3,4	4,5	5,3	6,8
Sapin subalpin	Radial	0,7	0,9	1,3	1,7	2,0	2,6
	Tangentiel	2,1	2,7	3,7	4,9	5,8	7,4

Pour calculer le retrait réel d'une pièce de bois donnée, utiliser les valeurs de la table ci-dessus et la formule suivante :

$$\text{Retrait réel} = \frac{\text{Dimension à l'état vert} \times \text{Pourcentage de retrait selon la TH finale}}{100}$$

Se reporter au chapitre 3 pour une explication plus détaillée de l'application des valeurs de la table ci-dessus et sur les rapports humidité-bois.

PROGRAMME 1

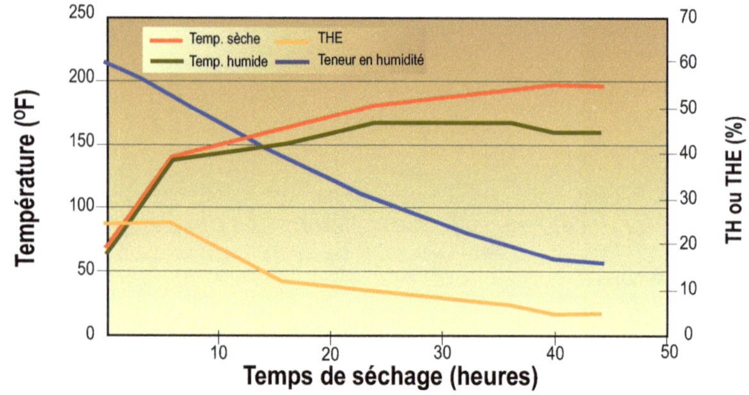

Programme 1

Temps (heures)	6	16	24	36	42-fin
Plage de TH approx. (%)	Vert-55	55-40	40-30	30-24	24-fin
Temp. sèche (°F)	140	160	180	190	195
Temp. humide (°F)	140	150	166	166	160
THE (%)	24,6	11,9	9,1	7	5,3

Programme 1-A (accéléré)

Temps (heures)	4	12	19	30	35-fin
Temp. sèche (°F)	140	160	180	190	195
Temp. humide (°F)	140	148	164	164	158

Programme 1-C (conservateur)

Temps (heures)	8	20	30	44	50-fin
Temp. sèche (°F)	140	160	180	190	195
Temp. humide (°F)	140	152	168	168	162

PROGRAMME 2

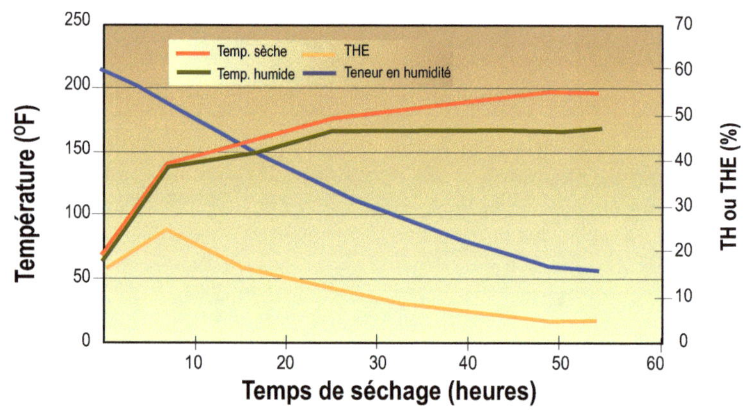

Programme 2

Temps (heures)	6	16	24	36	42-fin
Plage de TH approx. (%)	Vert-55	55-44	44-35	35-25	25-fin
Temp. sèche (°F)	140	160	180	190	195
Temp. humidè (°F)	140	155	172	174	168
THE (%)	24,6	15,7	12,8	8,9	6,4

Programme 2-A (accéléré)

Temps (heures)	4	12	18	28	38-fin
Temp. sèche (°F)	140	160	180	190	195
Temp. humide (°F)	140	153	170	172	166

Programme 2-C (conservateur)

Temps (heures)	8	20	30	44	58-fin
Temp. sèche (°F)	140	160	180	190	195
Temp. humide (°F)	140	156	174	176	170

PROGRAMME 3

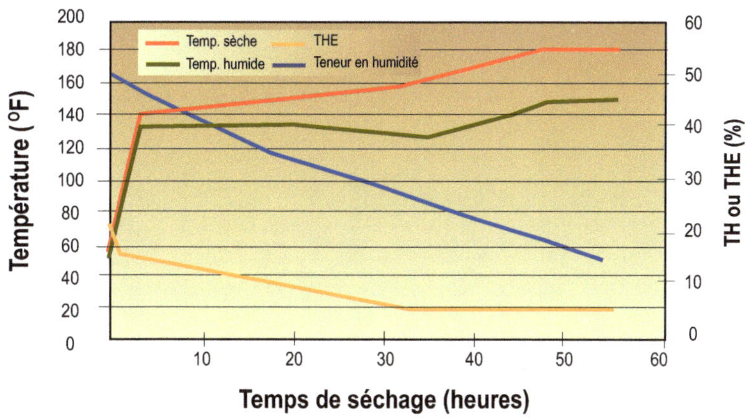

Programme 3

Temps (heures)	2	20	32	46-fin
Plage de TH approx. (%)	50-48	48-34	34-28	28-fin
Temp. sèche (°F)	140	150	160	180
Temp. humide (°F)	135	135	130	150
THE (%)	16,1	9,8	6,2	6,1

Programme 3-A (accéléré)

Temps (heures)	2	18	28	40-fin
Temp. sèche (°F)	145	150	162	185
Temp. humide (°F)	140	130	130	150

Programme 3-C (conservateur)

Temps (heures)	4	24	36	50-fin
Temp. sèche (°F)	140	150	160	180
Temp. humide (°F)	137	137	135	155

PROGRAMME 4

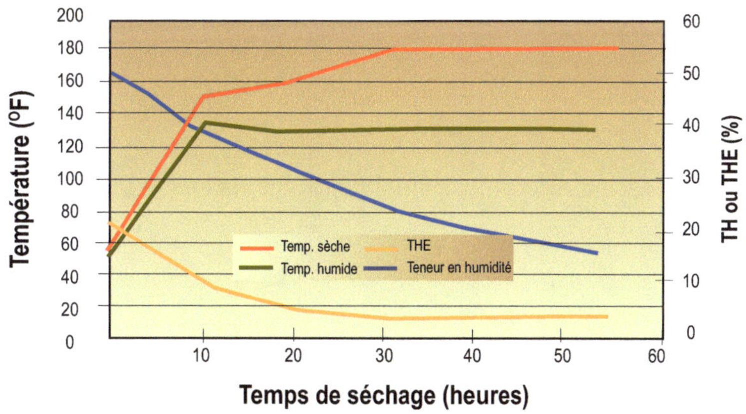

Programme 4

Temps (heures)	12	20	30-fin
Plage de TH approx (%)	Vert-40	48-34	32-fin
Temp. sèche (°F)	150	150	180
Temp. humide (°F)	135	130	130
THE (%)	9,8	6,2	3,6

Programme 4-A (accéléré)

Temps (heure)	10	16	24-fin
Temp. sèche (°F)	150	162	190
Temp. humide (°F)	133	130	140

Programme 4-C (conservateur)

Temps (heure)	12	22	34-fin
Temp. sèche (°F)	150	160	180
Temp. humide (°F)	140	140	140

PROGRAMME 5

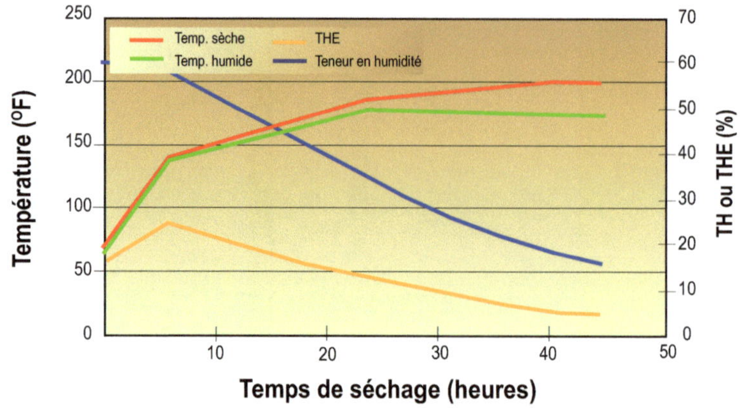

Programme 5

Temps (heures)	6	16	24	36	42-fin
Plage de TH approx.(%)	Vert-58	58-45	45-35	35-23	23-fin
Temp. sèche (°F)	140	165	185	195	200
Temp. humide (°F)	140	160	177	179	174
THE (%)	24,6	15,6	12,7	8,8	6,4

Programme 5-A (accéléré)

Temps (heures)	4	12	19	30	36-fin
Temp. sèche (°F)	140	165	185	195	200
Temp. humide (°F)	140	158	175	177	172

Programme 5-C (conservateur)

Temps (heures)	8	20	29	42	50-fin
Temp. sèche (°F)	140	165	185	195	200
Temp. humide (°F)	140	161	179	181	176

PROGRAMME 6

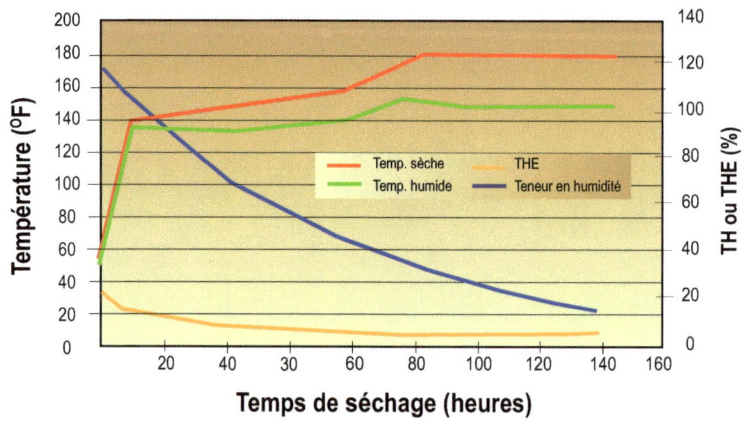

Programme 6

Temps (heures)	4	35	60	80	100-fin
Plage de TH approx.(%)	120-110	110-75	75-55	55-40	40-fin
Temp. sèche (°F)	140	150	160	180	180
Temp. humide (°F)	135	135	140	155	150
THE (%)	16,1	9,8	8,2	6,9	6,1

Programme 6-A (accéléré)

Temps (heures)	4	32	55	70	90-fin
Temp. sèche (°F)	145	150	160	180	180
Temp. humide (°F)	140	133	138	150	145

Programme 6-C (conservateur)

Temps (heures)	4	24	70	95-fin
Temp. sèche (°F)	140	150	160	180
Temp. humide (°F)	135	140	145	160

PROGRAMME H-1

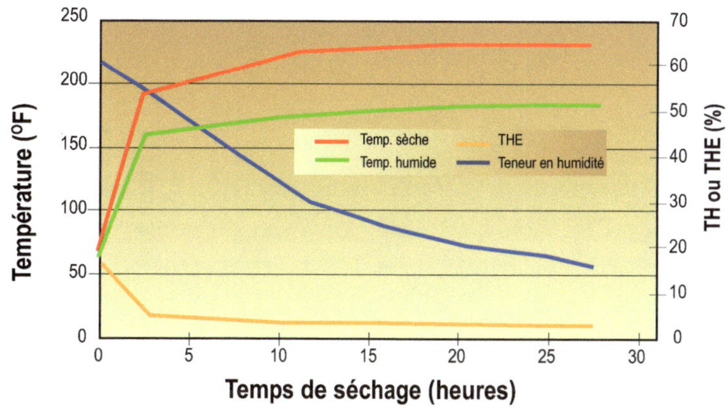

Temps (heures)	2	10	16-fin
Plage de TH approx. (%)	60-55	55-40	40-fin
Temp. sèche (°F)	190	220	230
Temp. humide (°F)	160	175	180
THE (%)	6,0	3,7	3,3

PROGRAMME H-2

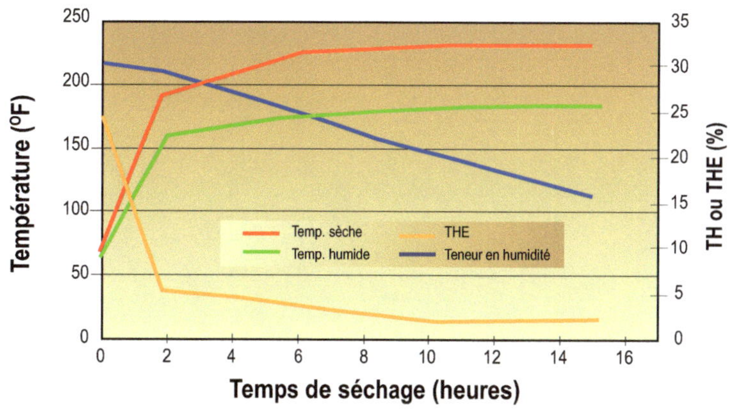

Temps (heures)	2	7	10-fin
Plage de TH approx.(%)	30-29	29-24	24-fin
Temp. sèche (°F)	190	220	230
Temp. humide (°F)	160	175	180
THE (%)	6,0	3,7	3,3

PROGRAMME H-3

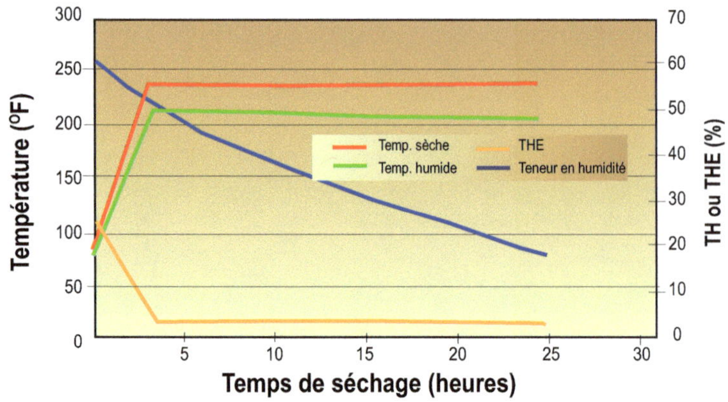

Temps (heures)	3	3-fin
Plage de TH approx.(%)	60-58	58-fin
Temp. sèche (°F)	240	240
Temp. humide (°F)	210	200
THE (%)	4,9	3,9

GLOSSAIRE DES TERMES DE SÉCHAGE

La présente annexe propose une brève définition de quelques termes couramment utilisés dans le domaine du séchage du bois. Le lecteur trouvera davantage de détails concernant un grand nombre de ces termes dans les sections pertinentes du manuel. On s'est référé librement aux éditions précédentes des manuels des opérateurs de séchoirs de Forintek et de la publication américaine Dry Kiln Operator's Manual.

À COMBUSTION INDIRECTE Séchoir chauffé par un système de chauffage central produisant de la vapeur, de l'eau ou de l'huile chaude dont la circulation dans le séchoir entraîne le transfert de chaleur grâce à une surface radiante, par exemple des tuyaux à ailettes.

ABSORPTION Imbibition ou pénétration de molécules d'eau (habituellement à l'état liquide) à la surface du bois.

ACTION CAPILLAIRE Combinaison de l'adhésion entre solide et liquide et de la tension superficielle grâce à laquelle un liquide s'élève dans un tube ou se déplace à travers une structure cellulaire.

ADSORPTION Fixation de molécules d'eau présentes dans l'air ambiant par les cellules du bois. L'eau adsorbée correspond à l'eau liée.

ANÉMOMÈTRE Appareil mécanique ou électronique servant à mesurer la vitesse de l'air. L'anémomètre à fil chaud est l'instrument de choix pour mesurer la vitesse de l'air dans un séchoir à bois.

AUBIER Couche externe de la tige d'un arbre qui, lorsque celui-ci est en vie, contient les cellules vivantes et les réserves (par exemple l'amidon). L'aubier est généralement de couleur plus claire que le bois de cœur et, dans le cas des résineux, il affiche une teneur en humidité sensiblement plus élevée à l'état vert.

BAGUETTE OU LATTE Pièce de bois utilisée pour séparer les rangs de bois dans une pile, permettant ainsi la circulation de l'air entre les rangs.

BOIS DE CŒUR (duramen) Partie du bois qui s'étend de la moelle à l'aubier; il est généralement plus sombre que l'aubier à cause de la formation de gommes, de résines et d'autres substances qui s'accumulent quand les cellules meurent.

BOIS DE COMPRESSION Bois anormal formé du côté inférieur des branches ou des troncs inclinés des résineux. La densité et le retrait longitudinal de ce bois sont plus grands que la densité et le retrait du bois normal.

BOIS DE POCHES HUMIDES OU POCHES DE BOIS HUMIDE Zones de bois possédant quelques-unes des caractéristiques suivantes : teneur en humidité élevée, présence de bactéries, acidité supérieure à celle du bois adjacent, et perméabilité moindre que celle du bois normal.

BOIS DE RÉACTION Bois aux caractéristiques anatomiques et de retrait plus ou moins marquées, formé dans les arbres penchés ou courbés. On l'appelle « bois de tension » chez les feuillus et « bois de compression » chez les résineux.

BOIS FINAL (bois d'été) Partie d'un cerne annuel formé tard durant la saison de croissance. Cette partie du cerne annuel affiche généralement une couleur plus foncée et une densité plus élevée que le bois initial.

BOIS INITIAL (bois de printemps) Partie d'un cerne annuel formé au début de la saison de croissance et dont la couleur est plus pâle que celle du bois final (bois d'été).

BOIS JUVÉNILE (bois de jeunesse) Cernes annuels de faible densité voisins de la moelle de l'arbre et qui se forment dans les premières années de croissance. Ses cernes sont généralement plus larges et le bois est moins dense que le bois normal. En outre, ce bois est sujet à un retrait plus prononcé (notamment dans le sens longitudinal) que le bois normal.

BOIS RÉFRACTAIRE Bois difficile à sécher, car il est relativement imperméable au mouvement des liquides (p. ex. poches humides du sapin baumier et du sapin subalpin).

BTU (BRITISH THERMAL UNIT) Quantité de chaleur nécessaire pour élever la température d'une livre d'eau de 1 °F. Dans le système métrique, sa contrepartie est le joule (J) qui équivaut à 0,0009486 BTU.

CAMBIUM En anatomie du bois, couche de tissu générateur n'ayant qu'une seule cellule d'épaisseur, située entre l'écorce et le bois; ce tissu se subdivise à intervalles réguliers pour former de nouvelles cellules de bois et d'écorce.

CANAL RÉSINIFÈRE Espace tubulaire intercellulaire contenant ordinairement de la résine et dont la paroi est recouverte de cellules spécialisées qui sécrètent de la résine lorsqu'elles sont dans l'aubier.

CELLULE Terme général désignant les unités de base minuscules qui forment la structure du bois; ce sont les fibres, les segments de vaisseaux et d'autres éléments dont la structure et les fonctions varient. Chaque cellule comprend une paroi multicouche entourant une cavité (lumière).

CELLULOSE Molécule fait d'une longue chaîne d'hydrates de carbone. C'est le principal composant du bois; il forme la charpente des cellules.

CERNE ANNUEL Couche qui s'ajoute chaque année à la circonférence d'une tige de bois durant la saison de croissance; chaque cerne se compose de bois initial (bois de printemps) et de bois final (bois d'été).

CHALEUR LATENTE Chaleur qui, lorsqu'elle est ajoutée ou retirée d'un corps, ne change pas sa température, mais son état; par exemple, chaleur requise pour changer l'eau à 212 °F (100 °C) en vapeur à 212 °F (100 °C).

CHALEUR SENSIBLE Chaleur qui, lorsqu'elle est ajoutée ou retirée d'un corps, change sa température (voir Chaleur latente).

COLLAPSE (affaissement) Défaut de séchage caractérisé par des ondulations ou affaissements de la surface d'une pièce de bois séchée et causé par un rapprochement irrégulier des parois des cellules au moment où l'eau libre quitte les cavités cellulaires.

COLORATION BLEUE OU DE L'AUBIER Coloration bleuâtre ou grisâtre de l'aubier causée par la croissance et la présence de certains champignons foncés à la surface ou à l'intérieur du bois.

COLORATION BRUNE Coloration brunâtre d'origine chimique qui apparaît parfois dans le bois durant le séchage naturel ou artificiel de certaines essences de résineux (en particulier le pin blanc).

CONDITIONNEMENT Procédé par lequel on libère les contraintes de séchage du bois en soumettant le bois qui est dans le séchoir à une humidité relativement élevée afin d'en augmenter la TH à la surface.

CONTRAINTES DE SÉCHAGE Contraintes qui naissent dans le bois durant le séchage par suite d'un gradient d'humidité et de la tendance du bois au retrait inégal et à la déformation durable. La refente ou l'usinage de pièces présentant des contraintes de séchage peut résulter en des pièces qui se déformeront (p. ex. tirant à cœur).

DÉBITÉ SUR DOSSE Mode de débitage fait de façon que les cernes annuels soient parallèles à la face de la planche.

DÉBITÉ SUR QUARTIER Mode de débitage fait de façon que les cernes annuels soient perpendiculaires à la face de la planche; aussi appelé sur maille.

DÉCLASSEMENT CAUSÉ PAR LE SÉCHAGE Baisse dans le classement du bois imputable au séchage.

DÉFAUT DE SÉCHAGE Tout changement dans l'état ou l'apparence des sciages qui résulte du séchage et qui affecte leur qualité; par exemple, gerces, fentes, gauchissement, taches, collapse, fendillement interne.

DÉFLECTEUR Écran rigide (habituellement un panneau métallique ou en bois) utilisé pour obstruer les ouvertures autour du chargement de séchage et diriger l'air à travers les ouvertures créées par les lattes.

DÉFORMATION PERMANENTE Dans le séchage du bois, déformation localisée et semi-permanente dans le bois due à des efforts internes. Le bois peut être en état de déformation durable par une force de tension ou par une force de compression.

DENSITÉ (basale) Rapport entre la masse d'une pièce de bois anhydre et la masse de l'eau à 39 °F (4 °C) déplacée par cette pièce de bois. Il est fondé sur le volume du bois vert.

DÉPRESSION DU THERMOMÈTRE HUMIDE Différence entre la température des thermomètres sec et humide.

DÉSURCHAUFFEUR Dispositif servant à éliminer de la vapeur l'excédent de chaleur nécessaire à la saturation à une pression donnée. Dans le séchage du bois, l'injection d'eau atomisée sert souvent à éliminer la chaleur de surchauffe de la vapeur utilisée aux fins de l'humidification.

DIFFÉRENTIEL DE TEMPÉRATURE À TRAVERS LE CHARGEMENT DE BOIS (DTAB) Diminution de la température sèche à mesure que l'air circule entre les rangs d'un chargement de bois et que la chaleur sensible est extraite de l'air pour chauffer et sécher le bois.

DIFFUSION Mouvement spontané de la chaleur, de l'humidité ou d'un gaz à travers un corps ou dans l'espace. Le mouvement s'effectue des points élevés de température ou de concentration jusqu'aux points les plus bas.

EAU LIÉE Eau contenue dans les parois cellulaires du bois et retenue à la substance du bois par association moléculaire.

ÉCHANGEUR DE CHALEUR Appareil qui assure l'apport de chaleur à un quelconque processus, par exemple un tuyau à ailettes qui transporte de la vapeur ou de l'eau chaude en provenance d'une chaudière centrale. Aussi un appareil qui transfère de la chaleur d'un stade d'un processus à un autre, par exemple un échangeur à plaques pour la récupération de chaleur de l'air d'évacuation en vue du préchauffage de l'air d'arrivée.

ENCROÛTEMENT (contraintes résiduelles) Combinaison d'efforts et de déformation durable dans le bois qui assujettit les fibres extérieures à un état de compression et les fibres intérieures à un état de tension.

ENCROÛTEMENT OU CÉMENTATION (lié à la TH) Terme utilisé dans le domaine du séchage de bois résineux de construction pour désigner un état qui se manifeste vers la fin du cycle de séchage alors que la surface d'une pièce de bois affiche une TH très basse, tandis que la TH au cœur de la pièce reste élevée.

ENREGISTREUR-RÉGULATEUR Instrument qui contrôle automatiquement les conditions ambiantes dans les séchoirs et qui les enregistre pour consultation ultérieure.

ÉPROUVETTE DE CONTRAINTE OU FOURCHETTE Section transversale d'une planche sciée en fourchette avec fourchons d'épaisseur égale pour déceler les contraintes présentes dans le bois.

EPS (ÉPINETTE-PIN-SAPIN) Groupe d'essences défini par la Commission nationale de classification des sciages (NLGA) comportant huit essences canadiennes (se reporter au chapitre 1).

ÉQUILIBRAGE Durant le séchage, procédé qui sert à réduire la variation de la teneur en humidité finale entre et à l'intérieur des sciages après son séchage normal.

FENDILLEMENT INTERNE Défaut de séchage qui se manifeste par la séparation de fibres à l'intérieur du bois, ordinairement le long des rayons (dans le sens radial). Ce défaut n'est pas toujours apparent en surface, bien qu'il puisse être une extension des gerces de surface ou de bout.

FEU DIRECT Méthode de chauffage d'un séchoir à bois qui achemine les gaz chauds provenant de la combustion de gaz, d'huile ou de sous-produits du bois directement dans l'enceinte de séchage.

FIBRE OU FIBRE TRACHÉIDE Cellule ligneuse longue, mince et cylindrique s'amincissant et se fermant aux extrémités. Terme général et pratique pour désigner tout tissu cellulaire étroit et allongé, c.-à-d. fibreux.

FIL TRANCHÉ Dans les sciages, fil dont la direction dévie fortement de celle de l'axe le plus long de la pièce de bois.

GAUCHISSEMENT OU COURBURE Terme général désignant divers types de déformations (déviations d'un état droit et plat) causées par le séchage ou des contraintes de croissance, ou qui sont le résultat de l'usinage du bois (se reporter aux défauts suivants au chapitre 17 : voilement de face, voilement de rive, tirant à cœur et torsion).

GERCE Défaut de séchage caractérisé par une séparation entre les cellules du bois, pénétrant le bois dans le sens du fil; ce défaut est causé par des efforts de tension dus au retrait du bois durant le séchage. Les gerces sont désignées selon leur emplacement, par exemple, gerces de bout, de surface, internes.

GRADIENT D'HUMIDITÉ Variation de la teneur en humidité habituellement considérée dans l'épaisseur d'une pièce. Un gradient d'humidité normal après séchage variera d'une faible teneur en humidité dans les couches externes à une forte teneur en humidité au centre de la pièce. Un gradient d'humidité inverse peut se développer dans les pièces qui ont été séchées, puis réhumidifiées.

HAUTE FRÉQUENCE (HF) Dans une application industrielle de chauffage d'un matériau, fréquence d'oscillation (cycles par seconde ou Hertz) d'un champ électrique comprise entre 6,78 et 40,68 MHz.

HUMIDIMÈTRE Appareil servant à mesurer la teneur en humidité du bois. La plupart des humidimètres commerciaux pour le bois sec quantifient une propriété électrique particulière dont la variation est étroitement liée à la teneur en humidité du bois.

HUMIDITÉ ABSOLUE Masse réelle de l'eau (vapeur) contenue dans une unité de masse d'air sec, indépendamment de la température et de la pression de l'air.

HUMIDITÉ RELATIVE Rapport entre la pression de vapeur réelle et la pression de vapeur saturée à la température ambiante du thermomètre sec. De façon pratique, c'est l'expression du niveau de pression de vapeur dans l'air en comparaison avec la pression théorique maximale aux mêmes conditions de température sèche et de pression.

HYGROMÈTRE Instrument qui sert à mesurer l'humidité relative de l'air.

HYGROSCOPICITÉ Propriété d'une substance telle que le bois qui lui permet d'absorber ou de perdre facilement de l'humidité.

JOULE (J) Mesure métrique de la chaleur ou de l'énergie. Un joule est égal à 0,0009486 BTU.

LECTEUR EN CONTINU Instrument installé le long de la chaîne de production (d'une scierie ou d'une usine de rabotage) pour mesurer la teneur en humidité de sciages individuels. Ces instruments mesurent une propriété soit électrique (ex : résistance électrique), soit physique (ex : masse) liée à la teneur en humidité du bois.

LESTAGE Masses mortes ou système mécanique de contrainte placés sur le rang supérieur d'un chargement de séchage pour appliquer une contrainte physique sur le bois durant le séchage afin d'en réduire la courbure.

LIGNINE Substance de la paroi cellulaire qui cimente ensemble les cellules et les divers éléments des parois.

MASSE VOLUMIQUE ANHYDRE Masse du bois par unité de volume; exprimée généralement en livres par pied cube, grammes par centimètre cube ou kilogrammes par mètre cube.

MASSE VOLUMIQUE COURANTE Masse du bois et de l'eau qu'il contient par unité de volume; exprimée généralement en livres par pied cube, grammes par centimètre cube ou kilogrammes par mètre cube.

MICROFIBRILLE Faisceau de chaîne de polymères cellulosiques faisant partie de la structure des parois cellulaires. L'orientation des microfibrilles influe sur les propriétés de retrait et de gonflement du bois.

PARTIE EXTERNE Zone extérieure des pièces de bois.

PLANCHE TÉMOIN Pièce ou portion de pièce que l'on place dans le chargement du séchoir dans le but précis de contrôler le taux de séchage. La planche témoin peut être retirée périodiquement aux fins de pesage. On peut aussi y fixer une sonde électronique permettant d'en déterminer la teneur en humidité.

PLÉNUM OU CHAMBRE DE DISTRIBUTION D'AIR Dans un séchoir, espace réservé à la circulation de l'air (du côté où l'air pénètre ou sort d'un chargement) entre le chargement lui-même et le mur du séchoir. Cet espace constitue une zone de pression et un réservoir du côté de l'air entrant dans le chargement et assure un débit d'air uniforme depuis le haut du séchoir vers le bas et sur toute sa longueur.

POINT DE SATURATION DES FIBRES (PSF) Stade du séchage ou de la réhumidification du bois où les parois cellulaires sont saturées d'eau tandis que les cavités des cellules sont libres d'eau sous forme liquide. On estime généralement que ce stade est atteint à une teneur en humidité d'environ 30 %. Le PSF varie (généralement à la baisse) à partir d'une teneur en humidité de 30 % selon les essences et d'autres facteurs. Il s'agit d'un stade important du séchage, car tout changement de la teneur en humidité au-dessous du PSF entraînera soit le retrait (perte d'humidité), soit le gonflement (reprise d'humidité) du bois.

PONCTUATION ARÉOLÉE Minuscule ouverture dans la paroi des cellules ligneuses qui permet le passage d'éléments de la cavité d'une cellule à une autre. Le degré d'ouverture des ponctuations influence énormément le taux de séchage.

PRÉTRIAGE Triage des sciages avant le séchage en fonction d'une propriété physique, par exemple la teneur en humidité ou la densité, qui affiche une corrélation directe avec le temps de séchage.

PRODUITS D'EXTRACTION Substances contenues dans le bois, mais qui ne font pas partie intégrante de la structure cellulaire et qui peuvent en être extraites par un solvant, par exemple l'eau ou le benzène.

PROGRAMME DE SÉCHAGE Série d'étapes prédéfinies décrivant comment régler les divers paramètres de commande d'un séchoir pour obtenir un taux de séchage particulier et une teneur en humidité finale donnée. Pour un séchoir à air chaud climatisé classique, il s'agira généralement d'une série de températures sèches et humides exprimées en fonction d'unités de temps (programme fondé sur le temps) ou de la teneur en humidité (programme fondé sur l'humidité).

PSYCHROMÈTRE Instrument qui sert à mesurer les températures sèche et humide de l'air, et qui comporte ordinairement deux thermomètres. La différence entre les deux températures (la dépression) permet de déterminer l'humidité relative de l'air et la teneur en humidité d'équilibre (THE) du bois à l'aide de tables standard.

PUISSANCE DE LA CHAUDIÈRE (BHP) Désignation de l'énergie produite par une chaudière. Un BHP est l'énergie nécessaire pour évaporer 34,5 lb (15,7 kg) d'eau par heure, à partir d'eau à 212 °F (100 °C), pour produire de la vapeur à cette même température. Cette énergie équivaut à 33 475 BTU par heure (35,29 MJ/h).

PURGEUR DE VAPEUR Mécanisme utilisé sur une conduite de vapeur pour expulser automatiquement l'eau de condensation, tout en empêchant le passage de la vapeur.

RADIATEUR DE CHAUFFAGE Dans le séchage du bois, échangeur de chaleur, fait d'un ou de plusieurs rangs de tuyaux (habituellement à ailettes), à travers lesquels circule la vapeur, l'eau chaude ou l'huile chaude pour réchauffer l'air du séchoir.

RADIATEUR DE RÉCHAUFFE Radiateur supplémentaire, placé ordinairement entre les trains d'un séchoir à double passe; on l'utilise pour réchauffer à nouveau l'air qui a été refroidi en traversant le premier train de chargement de bois.

RAYON OU RAYON MÉDULLAIRE En anatomie du bois, bande de cellules ligneuses allant radialement de la moelle vers l'écorce.

RELÂCHEMENT DES CONTRAINTES Résultat du conditionnement qui suit les dernières phases du séchage, qui redistribue l'humidité et relaxe les déformations durables et, par conséquent, relaxe aussi les contraintes.

RESÉCHAGE Processus selon lequel des pièces dont la teneur en humidité excède une valeur maximale préétablie à la suite du séchage sont identifiées, retirées des chargements et réacheminées au séchoir pour un séchage d'appoint.

RETRAIT Contraction du bois qui se produit lorsqu'il est séché au-dessous du point de saturation des fibres.

ROULURE Observée par le bout, la roulure s'entend d'une séparation des fibres ligneuses en parallèle avec les cernes annuels. La roulure peut être attribuable à des facteurs physiques auxquels l'arbre a été exposé durant sa croissance, mais dans le cas des résineux, elle est le plus souvent associée aux poches humides dans le bois d'essences sujettes à ce défaut.

SÉCHAGE À HAUTE TEMPÉRATURE Systèmes ou programmes de séchage faisant appel à des températures sèches de plus de 212 °F (100 °C).

SÉCHOIR Chambre dont les conditions ambiantes sont contrôlées pour effectuer le séchage, l'équilibrage ou le conditionnement du bois d'œuvre.

SÉCHOIR EN CONTINU Séchoir dans lequel le chargement total de bois est réparti en plusieurs unités empilées sur des chariots qui avancent progressivement dans le séchoir pour en assurer l'exposition à des conditions ambiantes aux fins de séchage, d'équilibrage ou de conditionnement.

SÉCHOIR PAR DÉSHUMIDIFICATION Séchoir à bois constituant un système fermé faisant appel à une pompe à chaleur pour déshumidifier l'air présent dans le séchoir et en extraire la chaleur latente, laquelle est redirigée dans le séchoir sous forme de chaleur sensible pour maintenir ou faire monter la température sèche.

SÉCHOIR SOUS VIDE Séchoir à bois comprenant une chambre étanche à l'air et une pompe à vide pour sécher le bois à des pressions inférieures à la pression atmosphérique.

SECTION TRANSVERSALE La face exposée lorsqu'une coupe est faite à angle droit avec le fil du bois (appelée aussi coupe transversale).

SONDE DE TEMPÉRATURE À RÉSISTANCE (« RTD ») Sonde de température électronique sensible aux variations de la résistance électrique avec la température.

TACHE DE BAGUETTE Coloration du bois dans la zone de contact avec les baguettes résultant de la réaction chimique ou fongique qui se produit à cet endroit en raison de la lenteur du séchage.

TAUX DE SÉCHAGE Quantité d'humidité qui s'échappe d'une pièce de bois par unité de temps; exprimée généralement en diminution (%) de teneur en humidité par heure ou par jour.

TEMPÉRATURE HUMIDE (Th) Température mesurée par un thermomètre dont la sonde exposée à un courant d'air est enveloppée d'une mèche humide trempant dans l'eau. L'évaporation qui en résulte rafraîchit la mèche et la sonde, laquelle enregistre alors la température humide.

TEMPÉRATURE SÈCHE (Ts) Température de l'air déterminée directement par un thermomètre ou une sonde de température.

TENEUR EN HUMIDITÉ (TH) Masse de l'eau (libre et liée) dans le bois, exprimée en pourcentage de la masse du bois anhydre.

TENEUR EN HUMIDITÉ D'ÉQUILIBRE (THE) Teneur en humidité à laquelle le bois n'absorbe ni ne perd d'humidité lorsqu'il est entouré d'air à une température et à une humidité relative données et constantes. C'est la teneur en humidité atteinte par le bois quand on le soumet à une condition constante d'humidité et de température.

THERMOCOUPLE Dispositif servant à mesurer la température, comprenant deux fils conducteurs de natures différentes soudés ensemble à leurs extrémités, et qui génère un signal de tension électrique proportionnel à la température au point de soudure des fils conducteurs.

THERMOMÈTRE HUMIDE Sonde de température enveloppée d'une mèche absorbante dont le bout trempe dans un réservoir d'eau.

THERMOMÈTRE SEC Sonde de température exposée directement à un courant d'air et qui en mesure la température sèche.

TRACHÉIDE Cellule longue, cylindrique et fibreuse qui constitue la majeure partie de la structure cellulaire des résineux.

TRAITEMENT À LA CHALEUR OU TRAITEMENT THERMIQUE (phytosanitaire) Chauffage du bois jusqu'à une température spécifique reconnue comme étant létale à des organismes nuisibles (insectes, nématodes) vivant dans le bois ou définie comme telle par les différents organismes de réglementation pour accéder aux marchés étrangers.

TRAVERSE Pièce de bois équarrie placée entre des paquets de sciages lattés pour permettre l'entrée et la sortie des fourches du chariot élévateur.

VAPEUR HUMIDE Vapeur qui contient des gouttelettes d'eau en suspension.

VAPEUR SATURÉE Vapeur à la même température que l'eau dont elle provient et qui ne contient pas de gouttelettes d'eau; à distinguer de la vapeur qui est chauffée par la suite.

VAPEUR SURCHAUFFÉE Vapeur à une température supérieure à la température de saturation à une pression donnée.

VENTILATEURS À ARRANGEMENT LONGITUDINAL Système d'entraînement sur lequel plusieurs ventilateurs sont reliés au moyen d'un ou de plusieurs arbres longs orientés perpendiculairement à la direction du débit d'air.

VENTILATEURS À ARRANGEMENT TRANSVERSAL Système d'entraînement des ventilateurs selon lequel l'arbre du ou des ventilateurs est aligné selon la direction du débit d'air.

VITESSE DE L'AIR Vitesse à laquelle l'air se déplace, généralement mesurée en pieds par minute (pi/min) ou mètres par seconde (m/s) du côté où l'air sort du chargement de bois.

SUGGESTIONS DE LECTURE

Le présent manuel est en partie le fruit de l'expérience acquise dans le cadre de recherches entreprises par Forintek sur le séchage de sciages d'EPS. Le lecteur voudra peut-être consulter les rapports de recherche et les ouvrages énumérés ci-après pour obtenir de plus amples renseignements sur des sujets particuliers.

FPINNOVATIONS – RAPPORTS DE FORINTEK

(Pour savoir comment se procurer une copie de ces rapports, communiquer avec les bibliothèques de Québec ou de Vancouver de FPInnovations – Division Forintek – voir les coordonnées à l'intérieur de la couverture arrière).

REVIEW OF INDUSTRIAL SORTING TECHNOLOGIES FOR GREEN LUMBER
Oliveira, L. 2003. Prepared for Coastal Forest and Lumber Association. Forintek, contrat n° 2003-3824.

OPPORTUNITIES TO REDUCE ENERGY CONSUMPTION IN LUMBER DRYING
Elustondo, D., L. Oliveira, and J. Wallace. 2005. Forintek, projet GR n° 4400.

IMPACT ÉCONOMIQUE DE L'ESPACEMENT DES LATTES SUR LA QUALITÉ DU SÉCHAGE DE BOIS RÉSINEUX DE CONSTRUCTION
Normand, D. et M. Savard. 2007 Forintek, projet GR n° 4031.

TRIAGE ET SÉCHAGE DU BOIS DU GROUPE EPS DE L'EST EN FONCTION DE LA TENEUR EN HUMIDITÉ INITIALE
Garrahan, P.A., M. Savard, et D.A. Cane. 1994. Forintek, projet n° 3743K441.

ANALYSE DES NIVEAUX DE DÉCLASSEMENT CAUSÉ PAR LE SÉCHAGE DES SCIAGES DE DIMENSIONS SPÉCIFIQUES D'ÉPINETTE-PIN-SAPIN
Garrahan, P. et D. Cane. 1988. Forintek, projet n° 3743K411.

ÉVALUATION TECHNICO-ÉCONOMOMIQUE DES EFFETS DE L'APPLICATION DE CHARGES AU-DESSUS DES PILES DE BOIS POUR RÉDUIRE LE DÉCLASSEMENT DU MÉLANGE ÉPINETTE-PIN-SAPIN
Garrahan, P.A.1997. Forintek, projet n° 3742K428.

FACTEURS AFFECTANT LA PRÉCISION DES HUMIDIMÈTRES DIÉLECTRIQUES
Garrahan, P. et V. Lavoie. 2004. Forintek, projet GR n°1941.

IMPACT DE LA VITESSE DE L'AIR SUR LE TAUX DE SÉCHAGE DE L'ÉPINETTE NOIRE
Normand, D. et V. Lavoie. 2005. Forintek, projet GR n° 4033.

DRYING SUBALPINE FIR WITH WET POCKETS
Hartley, I.D. 2007. Forintek, rapport SCF, projet n° 1003 (SCF n° 36).

EQUALIZING AND CONDITIONING OF SPF DIMENSION LUMBER
Cai, L., et L. Oliveira. 2001. Forintek, projet n° 2347.

THE CAUSES AND OCCURRENCE OF WARP IN EASTERN SPRUCE-PINE-FIR DIMENSION LUMBER
Barbour, R.J., et G. Chauret. 1993. Forintek, projet n° 3712K209.

RELATION ENTRE LES PROPRIÉTÉS PHYSIQUES ET LE TEMPS DE SÉCHAGE DU BOIS DU GROUPE EPS DE L'EST
Savard, M. 1995. Forintek, projet n° 3712K220.

MÉTHODE D'ÉVALUATION DU BOIS GELÉ LORS DE L'ÉTAPE DU RÉCHAUFFAGE
Léger, F. 2001. Forintek, projet n° 2673.

ESSAIS DE SÉCHAGE ET PRÉSÉCHAGE À L'AIR DU SAPIN BAUMIER
Tremblay, C. 2003. Forintek, projet n° 3259.

DRYING RATES OF SPF (WESTERN) LUMBER
Oliveira, L.C. 1995. Rapport de Forintek préparé pour le Service canadien des forêts, projet n° 1212K039 (SCF n° 30).

AUTRES PUBLICATIONS

DRY KILN OPERATOR'S MANUAL
Simpson, W.T. 1991. United States Department of Agriculture, Forest Service, Forest Products Lagboratory. Agriculture Handbook 188. (Disponible auprès de la Forest Products Society, Madison, WI).

DRY KILN SCHEDULES FOR COMMERCIAL WOODS – TEMPERATE AND TROPICAL
Boone, R.S., C.J. Kozlik, P.J. Bois, and E.M. Wengert. 1993. United States Department of Agriculture, Forest Service, Forest Products Laboratory. (Available through the Forest Products Society, Madison, WI) ISBN 0-935018-60-3.

SOFTWOOD DRYING – ENHANCING KILN OPERATIONS
Culpepper, L. 2000. Published by Miller Freeman Books, San Francisco. ISBN 0-87930-581-9.

HIGH TEMPERATURE DRYING – ENHANCING KILN OPERATIONS
Culpepper, L. 1990. Published by Miller Freeman Books, San Francisco. ISBN 0-87930-186-4.

NOTES

NOTES

NOTES

Cette publication a été possible grâce au financement de Ressources naturelles Canada – Service canadien des forêts.

Pour tout renseignement supplémentaire, veuillez communiquer avec :

Publications - Région de l'Ouest
Tél. : 604 222-2743 / Téléc. : 604 222-5690
publications.forintek@fpinnovations.ca

Publications - Région de l'Est
Tél. : 418 659-2647 Téléc. : 418 659-2922
publications.forintek@fpinnovations.ca

www.FPInnovations.ca

FPInnovations[MC]

www.ingramcontent.com/pod-product-compliance
Lightning Source LLC
LaVergne TN
LVHW072013300926
849160LV00002B/9
9780864885418